建筑工程项目管理
(第2版)

关秀霞　高　影　主　编

清华大学出版社
北　京

内 容 简 介

本书以国家《建设工程项目管理规范》(GB/T 50326—2006)为基础，注重理论联系实际，侧重实际能力的培养，引入大量建筑施工企业的管理方法和经验，系统地介绍了建筑工程项目管理的内容。

本书共分 11 章，主要内容包括建设工程项目管理概述、工程项目组织、建筑工程施工合同管理、建筑工程进度控制、建筑工程项目成本管理、建设工程项目质量控制、工程项目职业健康安全与环境管理、工程项目资源管理、建筑工程项目收尾管理、建筑工程风险与沟通管理以及建筑工程项目管理规划。

本书既可作为高职院校建筑工程管理专业及相关专业的教材(建议 60～70 学时)，也可作为企业管理人员培训的参考资料。

图书在版编目(CIP)数据

建筑工程项目管理/关秀霞，高影主编. —2 版. —北京：清华大学出版社，2020.10（2024.3重印）
ISBN 978-7-302-56448-5

Ⅰ. ①建…　Ⅱ. ①关…　②高…　Ⅲ. ①建筑工程—工程项目管理　Ⅳ. ①TU712.1

中国版本图书馆 CIP 数据核字(2020)第 178383 号

责任编辑：桑任松
装帧设计：刘孝琼
责任校对：王明明
责任印制：宋　林
出版发行：清华大学出版社
网　　址：https://www.tup.com.cn，https://www.wqxuetang.com
地　　址：北京清华大学学研大厦 A 座　　邮　　编：100084
社 总 机：010-83470000　　邮　　购：010-62786544
投稿与读者服务：010-62776969, c-service@tup.tsinghua.edu.cn
质量反馈：010-62772015, zhiliang@tup.tsinghua.edu.cn
课件下载：https://www.tup.com.cn，010-62791865
印 装 者：三河市铭诚印务有限公司
经　　销：全国新华书店
开　　本：185mm×260mm　　**印　张**：19.75　　**字　数**：478 千字
版　　次：2014 年 1 月第 1 版　2020 年 11 月第 2 版　　**印　次**：2024 年 3 月第 4 次印刷
定　　价：56.00 元

产品编号：087167-01

前　言

本书是根据高等职业教育改革发展的需要，深入企业调研，了解建筑领域管理岗位任职需求，充分考虑高职高专建筑工程管理专业及相关专业学生的就业方向，参照相关的职业资格标准，以突出职业能力培养为原则编写的，具体包含以建筑工程施工阶段的项目管理为核心的项目组织管理、合同管理、质量管理、进度管理、成本管理、健康安全与环境管理、工程竣工收尾管理以及项目管理规划等内容。

本书的内容构建注重与实践工作相对接，与职业资格考试大纲相结合，凸显“以应用为目的，理论必需够用，易学易懂，适度拓展”的特色。

本书由黑龙江建筑职业技术学院组织编写，由关秀霞、高影任主编。其中关秀霞编写第1～3章(李玉甫编写第3章第3.7节)，张彬编写第4章，张怡编写第5章，关升编写第6～7章，高影编写第8、9、11章(中国北车集团鲁庆东编写第8章第8.2、8.4节)，王南编写第10章。本书由黑龙江建筑职业技术学院副院长王林生主审。

本书在编写过程中，参阅了多位专家学者的著作和成果，引用了建筑领域有关企业的管理文献，借鉴了工程项目管理的信息和实践经验(详见书后参考文献)，在此衷心地向有关人士表示感谢。

限于作者编写水平有限，书中难免有疏漏之处，恳请使用本书的师生及读者提出批评和建议，以便及时改正。

编　者

目　录

第 1 章　建设工程项目管理概述

【学习要点及目标】

- 了解项目、建设工程项目、项目管理及建设工程项目管理的概念。
- 了解项目的特点及分类。
- 了解项目管理的知识体系。
- 了解建设工程项目管理的目标。
- 了解项目管理及建设工程项目管理的内容。
- 了解项目管理及建设工程项目管理的程序和方法。

【核心概念】

项目　建设工程项目　项目管理　建设工程项目管理　项目管理目标

【引导案例】

某高校新校区建设项目包括教学楼、实训楼、食堂、学生公寓(12 栋)、图书馆等建筑工程，业主方就上述项目的勘察、设计、施工、监理和重要材料与设备的采购进行了招标。

在工程项目建设过程中，业主方的主要管理工作目标是严格控制工程的质量、工期和成本；设计方的主要管理工作目标是在保证建筑物的功能和使用周期的前提下，降低投资；监理方的主要管理工作目标是控制工程的质量和工期、投资和管理合同；承包方的主要管理工作目标是保证工程项目的质量、控制工期、降低成本、安全生产和文明施工。

本章主要介绍工程项目的特点、管理目标以及管理方法。

1.1　建设工程项目管理的有关概念

1.1.1　项目

1. 项目的概念

项目是在一定的时间、成本、资源等条件的约束下，完成具有特定目标的活动总和。

项目的范围非常广泛。常见的项目有科学研究项目，如基础科学研究项目、应用科学研究项目等；开发项目，如资源开发项目、工业产品开发项目等；建设项目，如道路桥梁工程、工业与民用建筑工程、水利工程等；大型体育及文艺项目，如每四年举办的奥运会、一年一度的春节晚会等。

2. 项目的特征

项目通常具有如下基本特征。

1) 一次性或单件性

项目的一次性或单件性是项目最显著的特征。任何项目从总体上看都是一次性的、不可重复的，都必然经历前期策划、批准、计划、实施、运行等过程，直到最后结束。项目的一次性，意味着一旦在项目实施过程中出现较大失误，其损失就不可挽回。项目的一次性或单件性决定了只有根据项目的具体特点和要求，有针对性地对项目进行科学管理，才能保证项目一次性成功。

项目的一次性是项目管理区别于企业管理最显著的标志之一。通常的企业管理工作，特别是企业的职能管理工作，虽然具有阶段性，但它是循环的、有继承性的；而项目管理却是一个独立的管理过程，它的组织、计划、控制都是一次性的。

2) 目标性

目标是项目存在的前提，任何项目都有预定的目标。目标可以概括为能效、时间和成本。

(1) 能效。如某工业产品开发项目，能效目标包括产品的特性、使用功能、质量等方面，如大型演唱会获得的社会效果。

(2) 时间。项目的时间性目标主要是指一个项目必须在限定的时间内完成，通常由项目的准备时间、持续时间和结束时间构成。如某城市的地铁工程在某年某月某日正式通车。

(3) 成本。成本目标是以尽可能少的消耗(投资、成本)实现预定的项目目标，实现预期的功能要求，获得预期的经济效益。

3) 约束性

项目的约束性主要来源于项目的成就条件，主要有资金约束、人力资源和其他物质资源约束、其他条件约束等。

(1) 资金约束。无论是科研项目、工业产品研发项目还是建设项目，都不可能没有资金方面的限制。通常情况下必须按照投资者所具有的或能够提供的资金情况进行项目策划，必须按照项目的实施计划合理安排资金使用计划。如建设项目的限额设计，就充分体现了资金对项目的约束性。

(2) 人力资源和其他物质资源约束。一个项目从前期策划、批准、设计、计划、实施到运行，每个阶段都必须有与之相适应的人力资源进行组织、协调和管理工作，以保证项目的实现，如建设工程项目需要技术咨询类、管理类、鉴定类以及具体操作的各技术工种类的人力资源，如果缺乏某一方面的人力资源，实现项目目标可能缺乏保障。除此之外，任何项目的完成都要有必需的物质资源，同时也受其约束，如建设项目需要的物质资源主要有建筑材料、完成建设项目的各种建筑施工机械、实验设备、仪器仪表等。当完成项目过程中缺乏某些物质资源时，项目可能就会发生变更，以至于需要修正项目设计方案。

(3) 其他条件约束。如技术、信息资源、地理条件、气候条件、空间条件限制，有的项目可能还会受历史文化背景的限制。

4) 整体性

任何项目中的一切活动或资源的投入都是相互关联的，一起构成密不可分的统一的整体，如果缺少某些活动、过程或资源的投入，项目就会受到影响，甚至失败。

5) 不可逆性

项目是按一定程序进行的活动，不可逆转，必须保证一次成功。因此项目具有一定的风险性。

3. 项目的分类

项目按专业特征可以分为科研实验项目、工程项目、维修项目和咨询服务项目等。

1.1.2　建设工程项目

1. 建设工程项目的概念

建设工程项目是指为完成依法立项的新建、改建、扩建等各类工程而进行的有起止时间的、达到规定要求的一组相互关联的受控活动组成的特定过程，包括策划、勘察、设计、采购、施工、试运行、竣工验收和考核评价等。例如：具有一定接待能力的客运站、具有一定长度和等级的公路、具有一定生产能力的工厂或车间、具有一定意义的公共设施、具有一定规模的住宅小区、具有代表性意义或深刻文化内涵的广场景观等建设项目。

2. 建设工程项目的组成

建设工程项目可分为单项工程、单位(子单位)工程、分部(子分部)工程和分项工程。

1) 单项工程

单项工程是指在一个建设项目中，具有独立设计文件，竣工后可以独立发挥生产能力或效益的一组配套齐全的工程项目。单项工程是建设工程项目的组成部分，一个建设项目可以仅包括一个单项工程，也可以包括多个单项工程。

2) 单位工程

单位工程是指具备独立设计文件，并能形成独立使用功能的建筑物或构筑物。对于建筑规模较大的工程，可将其能形成独立使用功能的部分作为一个子单位工程。具有独立施工条件和能形成独立使用功能是单位(子单位)工程划分的基本要求。

单位工程是单项工程的组成部分。按照单项工程的构成，又可将其分解为建筑工程和设备安装工程。如工业厂房中的土建工程、设备安装工程、工业管道工程等分别就是单项工程中所包含的不同性质的单位工程。

3) 分部工程

分部工程是单位工程的组成部分，应按专业性质、建筑部位确定。一般工业与民用建筑工程的分部工程包括地基与基础工程、主体结构工程、装饰装修工程、屋面工程、给排水及采暖工程、电气工程、智能建筑工程、通风与空调工程、电梯工程。

当分部工程较大或较复杂时，可按材料种类、施工特点、施工程序、专业系统及类别将其划分为若干个子分部工程。

4) 分项工程

分项工程是分部工程的组成部分，一般按主要工程、材料、施工工艺、设备类别等进行划分。分项工程是计算工、料及资金消耗的最基本构成要素。

3. 建设工程项目的特点

1) 建设工程项目的目标性

建设工程项目具有明确的建设目标，包括宏观目标和微观目标。政府部门主要是控制项目的宏观经济效果、社会效益和环境影响；投资者主要控制的是投资成本、质量和项目的周期；项目承建者主要控制的是项目实施过程中的安全、质量、工期、施工成本和职业健康与环保。

2) 建设工程项目的单一性

建设工程项目的单一性主要体现在工程项目设计的单一性和施工的单件性。每一个工程项目的最终产品均有特定的功能和用途，每个建筑工程项目都有各自的特性。

3) 建设工程项目的程序性

建设工程项目的程序性是指从策划决策、勘察设计、建设准备、施工、生产准备、竣工验收、投入生产到交付使用的整个建设过程中，各阶段之间存在严格的先后次序，可以进行合理交叉，但不能任意颠倒次序。工程项目建设的程序性是工程建设过程中客观规律的反映。

4) 建设工程项目的约束性

建设工程项目除具有一般项目的约束性以外，在实施阶段主要受下列条件约束。

(1) 时间约束。建设工程项目必须在合理的时间内完成。

(2) 资源约束。建设工程项目必须控制在一定的人力、物力和投资总额的范围内。

(3) 质量约束。建设工程项目利用科学的管理方法和手段，必须达到预期的质量标准、生产能力、技术水平和效益目标。

5) 建设工程项目的风险性

由于建设工程项目的投资额度大、建设周期长、体积庞大，可利用的资源广泛，受自然、经济、社会等因素影响较大，因此建设工程项目有很大的风险性。

6) 建设工程项目管理的复杂性

工程项目在建设过程中由于参与单位众多，各单位之间的责任界定复杂，沟通、协调困难；工程项目在实施阶段主要进行露天作业，受自然条件影响大，施工作业条件差，施工过程设计变更多，组织管理任务繁重，导致项目管理复杂。

4. 建设工程项目的分类

1) 按性质分类

建设工程项目按性质分类，可分为新建项目、扩建项目、改建项目、迁建项目和恢复项目。

(1) 新建项目是指从无到有、“平地起家”的建设项目。现有企事业单位和行政单位一般不应有新建项目，有的单位如果基础薄弱需要再兴建项目的，其新增的固定资产价值超过原有全部固定资产价值(原值)的三倍时，才算新建项目。

(2) 扩建项目是指现有企、事业单位在原有场地或其他地点，为扩大生产能力或增加经济效益而增建的生产车间、独立的生产线或分厂的项目，也包括事业和行政单位在原有的业务系统的基础上扩充规模而进行的新增固定资产项目。

(3) 改建项目包括挖潜、节能、安全、环境保护等工程项目。

(4) 迁建项目是指原有企事业单位，根据自身生产经营和事业发展的要求，按照国家调整生产力布局的经济发展战略的需要或出于环境保护等其他方面的考虑，搬迁到异地建设的项目。

(5) 恢复项目指原有企事业单位和行政单位，因在自然灾害或战争中原有固定资产全部或部分报废，需要进行投资重建来恢复生产能力和业务工作条件、生活福利设施等的工程项目。这类项目，无论是按原有规模恢复建设，还是在恢复过程中同时进行扩建，都属于恢复项目。但对尚未建成投产或交付使用的项目，遭到破坏后，若仍按原设计重建的，原建设性质不变；如果按新设计重建，则应根据设计的内容来确定其性质。

2) 按用途分类

建设工程项目按用途可分为生产性项目和非生产性项目。

(1) 生产性项目。这是指直接用于物质资料生产或直接为物质资料生产服务的工程项目，有工业项目和非工业项目。它主要包括以下各点。

① 工业建设项目。包括工业、国防和能源建设项目。

② 农业建设项目。包括农、林、牧、渔、水利建设项目。

③ 基础设施建设项目。包括交通、邮电、通信建设项目以及地质普查、勘探建设项目等。

④ 商业服务建设项目。包括商业服务、饮食、仓储、综合技术服务等建设项目。

(2) 非生产性项目。这是指用于满足人们的物质文化、福利需要的建设项目和非物质资料生产部门的建设项目。它主要包括以下各点。

① 办公用房。是指国家各级党政机关、社会团体、企业管理机关的办公用房。

② 居住用房。包括住宅、公寓、别墅等。

③ 公共建筑。包括科学、教育、文化艺术、广播电视、卫生、博览、体育、社会福利事业、咨询服务、宗教、金融、保险等建筑。

④ 其他工程项目。不属于上述各类的其他项目。

3) 按规模分类

为适应工程项目分级管理需要，国家规定基本建设项目分为大型、中型和小型三类；更新项目分限额以上和限额以下两类。现行的划分标准如下所述。

(1) 按投资额划分的基本建设项目，属于生产性的工程项目中的能源、交通、原材料部门的项目，投资额度达到 5000 万元以上为大中型项目；其他部门和非工业项目，投资额度达到3000万元以上为大中型项目。

(2) 按生产能力或使用效益划分的工程项目，以国家对各行各业的具体规定作为标准。

(3) 更新改造项目只按投资额度标准划分。能源、交通、原材料部门投资额度达到5000万元及以上的工程项目和其他部门投资额度达到3000万元以上的项目为限额以上项目，其余项目为限额以下项目。

小贴士 在国家统一下达的计划中，下列项目不作为大中型项目安排。

① 分散零星的江河治理、植树造林、草原建设；原有水库加固，并结合加高大坝、扩大溢洪道和增修灌区配套工程，除国家指定项目外，不作为大中型项目。

② 分段制整，施工期长，年度计划有较大伸缩性的工航道整治疏浚工程。

③ 科研、文教、卫生、广播、体育、出版、计量、标准、设计等事业单位的建设(包括工业、交通和其他部门所属的同类事业单位)，新建工程按大中型标准划分，改、扩建工程除国家指定项目外，一律不作为大中型项目。

④ 城市的排水管网、污水处理、道路、立交桥梁、防洪环保工程；城市一般民用建筑工程包括集资统一建设的住宅群、办公和生活用房等。

⑤ 名胜古迹、风景点、旅游区的恢复、修建工程。

⑥ 施工队伍以及地质勘探单位等独立的后方基地建设(包括工矿业的农副业基地建设)。

⑦ 采取各种形式利用外资或国内资金兴建的旅游饭店、旅馆、贸易大楼、展览馆等。

4) 按建设项目的经济效益、社会效益和市场需要分类

建设工程项目可分为竞争性项目、基础性项目和公益性项目。

(1) 竞争性项目。该项目主要是指投资效益比较高、竞争性比较强的工程项目。

(2) 基础性项目。该项目主要是指具有自然垄断性和建设长期性、投资额度大而收益低的基础设施和需要政府重点扶持的一部分基础工业项目，以及用直接增强国力的符合经济规模的支柱产业项目。

(3) 公益性项目。该项目主要包括科技、文教、卫生、体育和环保设施，公、检、法机关和政府机关、社会团体办公设施、国防建设等。公益性建设项目的投资主要由政府安排。

5) 按投资来源分类

建设工程项目按投资来源分类，有政府投资项目和非政府投资项目。

按照其营利性不同，政府投资项目又可分为经营性政府投资项目和非经营性政府投资项目。

6) 按专业分类

建设工程项目按专业分类，可分为建筑工程项目、土木工程项目、线路管道安装工程项目和装饰工程项目。

7) 按作业阶段分类

建设工程项目按作业阶段分类，可分为预备工程项目、筹建工程项目、实施工程项目、建成工程项目、投产工程项目和收尾工程项目。

8) 按管理者分类

建设工程项目按管理者分类，可分为建设项目、工程勘察设计项目、工程监理项目、工程施工项目和工程开发项目，它们的管理者分别是建设单位、勘察设计单位、监理单位、施工单位和开发单位。

1.1.3　项目管理

1. 项目管理的概念

项目管理是指在一定的约束条件下，为实现项目目标(在规定的时间内和预算费用内，达到所要求的质量标准)而对项目所实施的计划、组织、指挥、协调和控制的过程。

项目管理的目的是保证项目目标的实现，由于项目具有一次性和单件性的特点，要求项目管理具有针对性、系统性、程序性和科学性。只有运用系统工程的理论、观点和方法对项目进行管理，才能保证项目的顺利完成。

2. 项目管理知识体系

项目管理知识体系(PMBOK)是指项目管理专业知识的总和，该体系由美国项目管理学会(PMI)开发。国际化标准组织(ISO)以该体系为基础，制定了项目管理标准 ISO10006。

项目管理知识体系包括九个知识领域，即范围管理、时间管理、成本管理、质量管理、人力资源管理、沟通管理、采购管理、风险管理和综合管理。

(1) 项目范围管理。是指对项目应该包括什么和不应该包括什么进行定义和控制的过程。具体内容包括项目核准、范围规划、范围定义、范围核实和范围变更控制。

(2) 项目时间管理。是指项目按期完成所必需的一系列管理活动。具体内容包括活动定义、活动安排、活动时间安排估算、进度计划和进度控制。

(3) 项目成本管理。是指为确保项目在批准的预算范围内完成所需要进行的各个过程。具体内容包括资源计划、成本估算、成本预算和成本控制。

(4) 项目质量管理。是指为满足利益相关者的需要而展开的活动。项目质量管理包括工作质量管理和项目产出物的质量管理。具体内容包括质量策划、质量保证和质量控制。

(5) 项目人力资源管理。是指对项目组织中的人员进行招聘、培训、组织和调配，同时对成员的思想、心理和行为进行恰当地引导、控制与协调，充分发挥其主观能动性的过程。具体内容包括组织规划、人员招聘和团队建设。

(6) 项目沟通管理。是指为项目信息合理收集和传输，以及最终处理所需实施的一系列过程。具体内容包括沟通规划、信息传输、进展报告和管理收尾。

(7) 项目采购管理。是指整个项目生命期内，有关项目组织从外部寻求和采购各种项目所需资源的管理过程。具体内容包括采购规划、询价与招标、供方选择、合同管理和合同收尾。

(8) 项目风险管理。是指系统识别和评估项目风险因素，并采取必要的对策控制风险的过程。具体内容包括风险识别、风险评估、风险对策和风险控制。

(9) 项目综合管理。是指在项目生命期内协调所有其他项目管理知识领域所涉及的活动的过程。具体内容包括项目计划制订、项目计划实施和综合变更控制。

1.1.4 建设工程项目管理

1. 建设工程项目管理的概念

建设工程项目管理是指项目组织运用系统工程的理论和方法对建设项目周期内的所有工作(包括项目建议书、可行性研究、评估论证、设计、采购、施工、验收、项目后评价等)进行计划、组织、指挥、协调和控制的过程。

2. 建设工程项目管理的特点

建设工程项目管理是一次性任务的管理，它具有如下特点。

1) 建设工程项目管理的目标性

建设工程项目管理具有明确的目标，项目整体以及项目的某个组成部分、某个阶段、某一段时间、某一个管理者均有一定的目标。项目的全过程主要有安全目标、质量目标、进度目标、成本目标，这几方面的目标相对独立又相互制约。工程项目管理的重点在于在约束的条件下，充分调动和利用各种资源完成既定任务，实现预期目标。

2) 建设工程项目管理的全过程性和综合性

建设工程项目各阶段既有明确的界限，又有机衔接、不可间断，这就决定了项目管理是对项目周期全过程的管理，如对项目要实施可行性研究、勘察设计、招标投标、施工等各阶段全过程的管理。在工程项目建设过程中，每个阶段又包含进度、质量、投资(成本)以及安全等方面的管理，因此工程项目管理是全过程性、综合性的管理。

3) 建设工程项目管理的动态性

建设工程项目管理要素(人、机、料、法、环、资金)的动态性决定了建设工程项目管理具有动态性，在建设工程项目管理过程中，要采用动态控制的方法，即根据阶段性的检查计划值与实际值的偏差，制定整改措施，纠正偏差，修订计划目标，使目标得以实现。

4) 建设工程项目管理以项目经理为核心

建设工程项目管理是一个复杂的系统工程，具有较大的责任和风险，涉及人力、物力、财力、技术、信息、设计、施工、监理、工程验收及结算等多方面多元化的关系。为更好地进行建设工程项目管理的计划、组织、指挥、协调和控制，必须实行以项目经理为核心的管理模式，必须授予项目经理必要的权力，使其能够及时处理项目实施中的各种问题。

3. 建设工程项目管理的发展趋势

为适应建设项目大型化、项目大规模融资及分散项目风险等需求，建设工程项目管理呈现出集成化、国际化、信息化趋势。

1.2 建设工程项目管理的目标和任务

1.2.1 建设工程项目管理的目标

建设工程项目管理是对项目全过程的计划、组织、指挥、协调和控制，建设工程项目管理的核心任务是控制项目目标(造价、质量、进度)，最终实现项目的功能，以满足使用者的需求。

建设工程项目的造价、质量、进度三大目标是一个相互关联的统一整体，三大目标之间存在着对立统一、相互制约的关系，在工程管理过程中，应注意统筹兼顾，合理确定三大目标。

1. 建设工程项目的造价目标

小贴士　建设工程造价通常是指工程的建造价格。从业主的角度而言，工程造价是指有计划地建设某项工程，预期开支或实际开支的全部固定资产投资和流动资产投资费用；从市场交易的角度而言，工程造价是指为建设某项目工程，预计或实际在土地市场、设备、技术劳务市场、承包市场等交易活动中，形成的工程承发包(交易)价格。

工程造价目标是在保证建设项目质量目标的前提下，在保证目标工期内，保证按既定的投资完成工程建设任务而作出的规定。

2. 建设工程项目的质量目标

建设工程项目的质量目标是指对工程项目实体、功能和使用价值，以及参与工程建设的有关各方工作质量的要求或需求的标准和水平，也就是对项目符合有关法律、法规、规范、标准程度和满足业主要求程度作出的明确规定。

3. 建设工程项目的进度目标

建设工程项目的进度目标就是项目最终动用的计划时间，也就是工业项目负荷联动试车、民用及其他建设项目交付使用的计划时间。

1.2.2　建设工程项目管理的类型

在建设项目的决策和实施过程中，由于各阶段的任务和实施的主体不同，在项目中所处的地位不同，发挥的作用不同，形成了项目管理的不同类型。通常建设工程项目管理类型有业主方项目管理、工程总承包方项目管理、设计方项目管理、施工方项目管理和供货方项目管理。

1. 业主方项目管理

业主方项目管理包括投资方和开发方的项目管理，它是全过程项目管理，贯穿于项目从决策到实施的各个环节。

业主方项目管理的目标包括投资目标、进度目标和质量目标。

业主方管理的主要任务包括投资管理、进度管理、质量管理、合同管理、信息管理、组织和协调。

小贴士　由于项目实施的一次性及项目管理的系统性和复杂性，致使业主自行管理项目存在着很大的局限性，为此业主需要专业化、社会化的项目管理单位为其提供项目管理服务。项目管理单位既可以为业主提供全过程的管理服务，也可以根据业主的需要提供阶段性的管理服务。

2. 工程总承包方项目管理

施工项目总承包的方式有多种，有项目设计、施工任务的综合承包方式，也有设计、采购和施工承包(即 EPC 承包)方式。建设项目总承包方的项目管理涉及项目实施的全过程，即设计前的准备阶段、设计阶段、施工阶段、动工前的准备阶段和保修阶段。

总承包方项目管理目标包括项目总投资目标、项目总承包成本目标、项目的进度目标和项目的质量目标。

项目总承包方的项目管理任务包括安全管理、投资与成本控制、质量管理、进度管理、信息管理，以及与总承包方相关各方的组织与协调。

3. 设计方项目管理

勘察设计单位的项目管理工作主要涉及设计前的准备阶段、项目设计阶段、施工阶段和动工前的准备阶段和保修阶段。

设计方项目管理目标必须服从于工程项目总体目标。

设计方项目管理的任务主要包括与设计有关的安全管理、设计成本管理、设计进度管理、设计质量管理、设计合同管理、与设计有关的工程造价管理，以及与设计有关的组织和协调。

小贴士　承揽到勘察设计业务后，需要根据勘察设计合同所界定的工作目标及责任义务，采用先进的技术和科研成果，在技术和经济上对项目的实施进行全面详细的安排，最终形成设计图纸和说明书，并在项目施工过程中参与监督和验收。因此勘察设计方的项目管理不只局限于项目勘察设计阶段，而且还要延伸到施工验收阶段。

4. 施工方项目管理

施工方是对承担施工任务的单位的统称，它可能是施工总承包方、分包方或是仅提供劳务的参与方。尽管施工方的角色不同，其管理工作及管理工作的重点不同，但施工方管理工作仍然主要在施工阶段进行，有时也涉及设计准备阶段、设计阶段、动工前的准备阶段和保修阶段。

施工方项目管理的目标有项目施工质量(Quality)、成本(Cost)、工期(Delivery)、安全和现场标准化(Safety)、环境保护(Environment)五个方面(简称 QCDSE 目标体系)。

施工方管理任务主要包括施工安全管理、质量管理、成本管理、施工进度管理、施工合同管理、施工信息管理以及其他与施工有关的组织与协调。

5. 供货方项目管理

供货方的项目管理工作主要在施工阶段进行，但也涉及设计前的准备阶段、设计阶段、动工前的准备阶段和保修阶段，应根据供应合同所界定的任务进行相关的管理，以适应建设工程项目总目标的要求。

供货方项目管理目标包括供货成本目标、供货进度目标和供货质量目标。

供货方项目管理任务主要包括供货安全管理、供货成本管理、供货进度管理、供货质量管理、供货信息管理以及与供货有关的组织与协调。

1.2.3　建设工程项目管理的任务

建设工程项目管理的任务是在项目可行性研究、投资决策的基础上，对勘察设计、建设准备、施工及竣工验收等全过程的一系列活动进行规划、协调、监督、控制和总结评价，采用合同管理、组织协调、目标控制、风险管理和信息管理等措施，保证项目质量、进度、造价等目标得到有效控制。

1. 合同管理

建设工程项目合同体系包括咨询服务合同、工程总承包合同、勘察设计合同、施工合同、材料及设备采购合同、项目管理合同、监理合同、造价咨询合同。

合同管理主要是对各类合同订立和履行过程的管理，包括合同文件的选择，合同条件的谈判、协商，合同书的签订，合同履行过程中的检查、变更、违约和纠纷的处理，以及总结评价等。

2. 组织协调

组织协调是实现项目管理目标必不可少的手段和方法，在项目实施过程中，参与项目的各方需要处理和协调众多的、复杂的业务组织关系。组织协调有三个层面，其一是外部环境的协调，如与政府部门、资源供应及社区环境协调等；其二是项目参与单位之间的协调；其三是参与单位内部各部门、各层次及个人之间的协调。

3. 目标控制

目标控制是指项目管理人员在动态的环境中为保证既定目标的实现而进行的一系列的检查和调整活动的过程。项目目标控制贯穿于项目的全过程。

4. 风险管理

随着工程项目规模的大型化和技术的复杂化，业主及参与各方所面临的风险越来越多，遭遇风险的损失程度也越来越大。因此，为保证投资效益，必须对风险进行识别、评估，并提出风险对策。

5. 信息管理

信息管理是项目目标控制的基础，其主要任务是及时、准确地向各层级领导、各参与单位以及各类人员提供所需的不同程度的信息。建设项目的各参与单位应建立完善的信息收集制度，做好信息编目和流程设计工作，实现信息的科学检索和传递，并且利用好现有的信息资源。

6. 环境保护

工程项目建设可以改造环境、为人类造福，优秀的建筑作品可以增添社会景观和历史人文价值，为防止项目在建设中对环境的破坏，应在工程建设中强化环保意识。切实有效地防止对自然环境、生态平衡、空气、水质、历史文物的破坏。项目管理者必须充分研究和掌握国家或地区有关环境保护的法规和规定。对环境保护有要求的项目，在可行性研究和项目决策阶段必须提出环境影响评估报告，严格按照工程建设程序向环保行政主管部门报批。在项目实施阶段做到主体工程与环境保护工程同时设计、同时施工、同时投入运行。

1.3 建设工程项目管理的内容和方法

1.3.1 工程项目管理的内容

根据《建设工程项目管理规范》(GB/T 50326—2006)规定，建设工程项目管理的内容包括：建立项目管理组织、制定“项目管理规划”、项目目标控制(包括项目进度控制、项目质量控制、项目资金控制、项目成本控制)、项目资源管理(包括人力资源管理、材料管理、项目机械设备管理、项目技术管理、项目资金管理)、项目合同管理、项目信息管理、项目现场管理、项目组织协调、项目竣工管理、项目考核评价、项目回访保修、项目合同管理。

从广义上理解，建设工程项目管理还应包括项目招投标管理和合同的签订。

1. 建立项目管理组织

(1) 由项目建设的参与方根据需要确定项目管理组织，并选聘称职的项目负责人或项目经理。

(2) 选用恰当的组织方式，建立项目管理机构，明确责、权、利。

(3) 根据项目的需要建立各项管理制度。

2. 制定项目管理规划

项目管理规划是对项目管理目标、内容、方法、步骤、重点等进行预测和决策作出安排的文件。我国《建设工程项目管理规范》中所指的项目管理规划包括“项目管理规划大纲”和“项目实施管理规划”两大类。

项目管理规划大纲的内容有项目概况、项目实施条件分析、项目管理目标、项目组织结构、质量目标和施工方案、工期目标和施工总进度计划、成本目标、项目风险预测、项目安全目标、项目现场管理和施工平面图、投标和签订合同文明施工与环境保护。

项目实施管理规划的内容有工程概况、施工部署、施工方案、进度计划、资源供应计划、施工准备工作计划、施工平面图、施工技术组织措施、项目风险管理、项目信息管理、技术经济指标计算与分析。

3. 项目目标控制

项目目标控制主要是指控制进度目标、质量目标、成本目标、职业健康与安全目标。

4. 项目资源管理

项目资源管理主要是指针对项目的人力、机械设备、材料、技术、资金进行管理。

5. 项目合同管理

项目合同管理是项目管理的核心，贯穿于项目管理的全过程。建立合同管理制度，应设立专门机构或人员负责合同管理工作。

合同管理应包括合同的订立、实施、控制和综合评价等工作。

6. 项目信息管理

项目信息管理是一项复杂的管理活动，对工程的目标控制、动态管理必须依靠信息管理。

7. 项目现场管理

施工现场是建筑企业的主战场，是企业经济目标向物质成果转化的场所。加强现场管理是施工企业管理工作的重要方面。施工项目现场管理的好坏直接体现了企业的管理水平和整体实力。

现场管理工作主要从三个阶段(项目施工准备阶段、项目施工阶段及项目竣工验收阶段)入手，对项目目标保证体系、管理要素实施动态控制。

1.3.2 工程项目管理程序

工程项目管理工作是指与项目建设相关各方的管理工作，是项目管理机构按一定逻辑关系完成项目管理目标的工作流程。下面主要介绍业主或项目管理公司、承包商、工程监理单位关于工程项目管理的程序。

1. 项目业主或项目管理公司关于项目管理的程序

(1) 确定项目管理机构。
(2) 编制项目管理规划大纲。
(3) 分解项目工作结构。
(4) 策划项目分标。
(5) 招标和合同策划。
(6) 实施与控制项目目标。
(7) 工程竣工验收。
(8) 项目验收后评价。

2. 项目承建单位关于项目管理的程序

(1) 确定项目管理机构。
(2) 确定项目经理。
(3) 编制项目管理规划大纲。
(4) 编制投标文件。
(5) 签订工程合同。
(6) 企业法定代表人与项目经理签订《项目管理目标责任书》。
(7) 项目经理部编制《项目管理实施规划》。
(8) 进行项目开工前的准备工作。
(9) 在项目施工过程中按“项目管理实施规划”进行管理。
(10) 进行竣工验收阶段的竣工结算、清理债权债务、移交资料和工程。
(11) 对项目进行经济分析，作出项目管理报告。

(12) 企业管理职能部门对项目管理工作进行考核评价。

(13) 项目部解体。

(14) 保修期间，企业根据《工程质量保修书》和相关约定，进行项目回访保修。

3. 项目监理单位关于项目管理的程序

(1) 确定项目监理机构。

(2) 确定项目总监理工程师。

(3) 编制监理规划。

(4) 项目实施过程中对投资、进度、质量的控制。

(5) 审核签证有关竣工文件。

1.3.3 工程项目管理的分类与方法

1. 工程项目管理的分类

1) 按项目管理方法分

按项目管理方法分，工程项目管理方法有行政管理方法、经济管理方法、技术管理方法和法律管理方法。

(1) 行政管理方法。是指上级单位或领导人，包括项目负责人和各职能部门，利用其行政地位和权力，通过发布指令，运用审查、组织、协调、监督、指导、检查、考核、激励等手段进行管理。其管理方法直接、迅速、有效。采用行政管理方法要注意的是：指令要少一些，指导要多一些；批评要少一些，激励要多一些。项目建设的各方各层管理均可以采用该方法，但一般情况下，项目经理主要使用行政管理方法。

(2) 经济管理方法。是指用经济类手段进行管理，如实行经济承包责任制，制定经济分配及激励办法以调动积极性，制订项目资金收支计划、物质管理办法等。该方法主要适用于项目承建单位。

(3) 技术管理方法。是指综合运用管理技术对项目实施管理的方法，主要有目标管理法、网络计划法、价值工程法、数理统计法、线性规划法、ABC 分类法等。该方法有利于参与项目的各方对项目进行管理。

(4) 法律管理方法。是指通过贯彻有关法律、法规、制度、标准等加强对项目的管理。该方法贯穿于项目的全过程，有利于参与项目的各方对项目进行管理。

2) 按项目管理的性质分

按项目管理的性质分，工程项目管理方法分为阶段化管理、量化管理和优化管理。

(1) 阶段化管理。阶段化管理是指从立项之初直到项目交付使用全过程的管理。根据工程项目的特点，可将项目管理分为若干阶段，然后对项目各阶段实施管理，并依据项目每个阶段的目标和工作重点确定各自的方法和手段。

(2) 量化管理。在项目管理过程中，应尽可能将各种目标、投入、成果等分类量化，做到责任清楚，用明确的模块或子系统表达目标和所需资源，把各种指标存入数据库，为管理工作提供参考和依据。

(3) 优化管理。是指贯穿于项目管理全过程的不断完善的管理活动。这种管理活动是从项目实际出发，有目的、有计划地推进基础优化管理(工作规范化、计量标准化、信息系统化、定额严格化)、质量优化管理(强化质量意识、落实质量责任制、建立质量信息反馈系统)、成本优化管理(预测目标成本、分解目标成本、控制目标成本、分析目标成本)、资源优化管理、现场优化管理(建立安全、文明施工保证体系，消除生产现场的一切松、散、脏、乱、差现象)，以优化全员素质。

3) 按项目管理目标分

按项目管理目标分，工程项目管理方法可分为进度管理方法、质量管理方法、成本管理方法和安全管理方法。

2. 工程项目管理的主要方法

工程项目管理的主要方法是项目目标管理方法，而实现各项目标的方法有进度目标控制的网络计划方法，质量目标控制的全面质量管理方法，成本目标控制的可控责任成本方法，安全目标控制的安全责任制法等。该方法主要适用于项目承建单位。

1) 目标管理方法

目标管理方法是项目管理的基本方法，是项目参与方普遍采用的方法。目标管理的主要步骤如下所述。

(1) 确定项目组织内部各层次、各部门的职责分工，提出需完成的工作任务和工作效率要求。

(2) 将项目组织的任务转化为具体的目标，既要明确成果性目标(如质量、进度、安全、文明施工)，又要明确效率性目标(如成本、劳动生产率、机械效率)。

(3) 落实目标，包括落实目标的责任主体，明确主体的责权利，落实监督检查的责任人及监督检查的方法，以及落实保证目标实现的条件。

(4) 对目标的执行过程进行协调和控制，发现偏差及时分析原因并纠正。

(5) 对目标的执行结果进行评价。

2) 网络计划方法

网络计划方法是进度控制的主要方法，项目业主方的项目招标、监理方的进度控制、承包方的投标及进度控制，都离不开网络计划，网络计划方法已被公认为是进度控制的最佳方法。

3) 全面质量管理方法

全面质量管理方法是工程项目质量控制的主要方法。全面质量管理方法可以归纳为“三全、一多样”。“三全”是指管理主体是项目管理的全部机构和全体成员，管理对象是项目建设的全过程；“一多样”是指管理方法的多样。“全过程的质量管理”主要体现在对工序、分项工程、分部工程、单位工程、单项工程、建设项目等形成的全过程和所涉及的各种要素的全面管理。多样的质量管理方法体现在对质量的管理可采用一般技术法(编制切实可行的施工组织设计、图纸会审、技术交底、技术复核)、试验方法(各种检验、试验、化验)、检查验收法(预验收、隐蔽工程验收、结构工程验收、其他验收、单位工程验收)以及多单位控制方法(业主和设计单位控制、质量监督部门控制、监理单位控制、项目部控制、操作者自控)。

4) 可控责任成本方法

可控责任成本方法是通过明确项目实施过程中的每个责任单元的责任人可控责任成本

目标，控制每项生产要素的量与价的成本控制方法。

5) 安全责任制方法

安全责任制方法是用制度规定每个项目管理成员的安全责任，是安全控制的主要方法。安全责任制按不同的岗位确定每个人的安全责任，并制定检查与考核制度。

思考题与习题

一、简答题

1. 什么是项目？项目有哪些基本特征？
2. 什么是建设工程项目？建设工程项目如何分类？
3. 什么是建设工程项目管理？
4. 建设工程项目管理目标有哪几个方面？
5. 建设工程项目管理有哪些基本任务？
6. 建设工程项目管理有哪些方法？

二、单项选择题

1. 任何项目任务完成，实现目标，项目即告结束，没有重复。这个项目特征是(　　)。

A. 一次性特征　　B. 整体性特征

C. 目标明确性特征　　D. 寿命周期阶段特征

2. 任何项目都应从全局出发综合考虑各项资源要素，使其得到最佳配置。这指的是项目的(　　)特征。

A. 一次性特征　　B. 整体性特征

C. 目标明确性特征　　D. 寿命周期阶段特征

3. 根据项目目标的要求，对项目范围内的各项活动作出合理的规划和安排是项目管理的(　　)职能。

A. 项目组织　　B. 项目领导　　C. 项目计划　　D. 项目控制

4. 设计方的项目管理工作主要在(　　)进行。

A. 设计阶段　　B. 决策阶段　　C. 使用阶段　　D. 施工阶段

5. 项目实施阶段管理的主要任务是(　　)。

A. 确定项目的定义　　B. 通过管理使项目的目标得以实现

C. 为业主提供建设服务　　D. 施工合同管理

三、多项选择题

1. 下列对项目管理特点叙述正确的有(　　)。

A. 项目管理的对象是项目或当作项目的作业

B. 项目管理的全过程需要体现系统管理思想

C. 项目管理组织是传统的固定建制的组织形式

D. 项目管理强调的是专业化的目标管理

E. 项目管理需要借助于先进的管理方法、工具和手段

2. 项目管理的职能包括(　　)。

A. 项目计划　　B. 项目组织　　C. 项目领导　　D. 项目控制

E. 项目创新

3. 项目决策阶段管理工作主要包括(　　)等内容。

A. 确定建设任务和建设原则

B. 确定项目实施的组织

C. 确定建设项目的投资目标、进度目标和质量目标

D. 确定招标投标工作

E. 确定和落实建设地点

4. 建设工程项目管理的内涵是：自项目开始至项目完成，通过项目策划和项目控制，以使项目的(　　)得以实现。

A. 成本目标　　B. 费用目标

C. 进度目标　　D. 管理目标

E. 质量目标

5. 项目管理按建设工程项目不同参与方的工作性质和组织特征，可划分为(　　)的项目管理。

A. 施工方　　B. 建设物资供货方

C. 建设项目总承包方　　D. 设计方

E. 投标方

6. 施工方项目管理的目标主要包括(　　)。

A. 施工的投资目标　　B. 施工的进度目标

C. 施工的安全管理目标　　D. 施工的质量目标

E. 施工的成本目标

7. 业主在设计准备阶段的投资控制任务包括(　　)。

A. 编制项目总投资分解的初步规划

B. 分析总投资目标实现的风险，编制投资风险管理的初步方案

C. 对设计方案提出投资评价建议

D. 编制设计任务书

E. 编制设计阶段资金使用计划，并控制其执行

8. 项目范围管理指的是保证项目包含且仅包含项目所需的全部工作的过程，它主要涉及(　　)的管理。

A. 范围目标控制　　B. 范围验证

C. 范围计划编制　　D. 范围定义

E. 范围变更控制

第2章　工程项目组织

【学习要点及目标】

- 了解工程项目组织概念。
- 了解项目组织的构成要素。
- 了解项目组织的方式。
- 了解工程项目经理部的作用。
- 了解项目经理部组织人员的配备原则。
- 了解项目经理部的各项制度。
- 了解项目经理部的组织运行和解体。
- 了解项目经理的作用及项目经理应具备的素质。
- 了解项目经理责任制及项目经理的选拔。

【核心概念】

项目组织机构　项目经理部　项目经理　项目经理责任制　项目管理目标责任书

【引导案例】

某市经济创新研发中心项目，建筑规模为9.62万平方米，工程造价约5.2亿元，工期530天，该工程由中国建筑一局(集团)公司承建，该项目组织结构如图2-1所示。本章主要介绍项目组织的形式、项目组织管理制度及项目经理责任制。

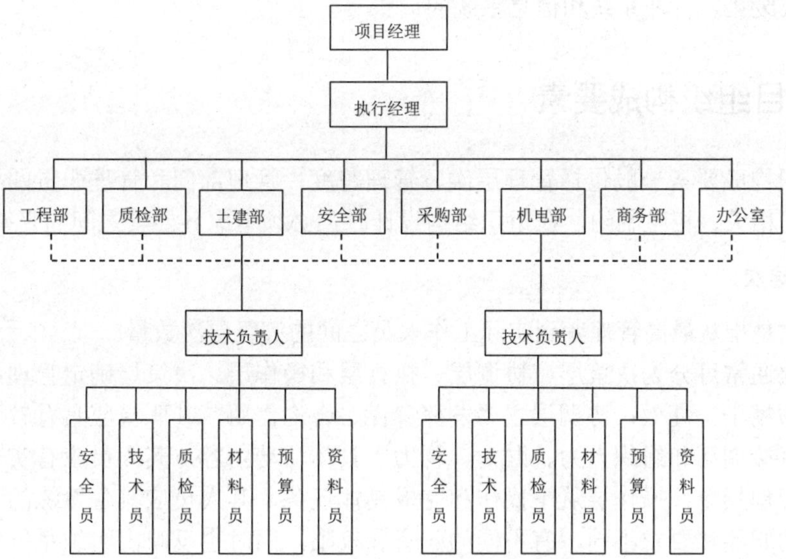

图 2-1　某市经济创新研发中心项目

2.1　项目组织概述

2.1.1　组织及其职能

1. 组织的基本概念

组织有两种含义。一是指组织机构，即按一定的领导体制、部门设置、层次划分、责任分工、规章制度和信息系统等构成的结合体；二是指组织行为，即通过一定的权力和影响力，对所需要的资源进行合理配置，以实现一定的目标。

2. 组织的必要条件

(1) 目标是组织存在的必要前提。

(2) 必须有分工与协作。

(3) 设有不同层次的权力和责任制度，以实现组织目标。

3. 组织的基本内容

组织是项目管理的基本职能，其基本内容如下所述。

(1) 组织设计。包括选定一个合理的组织系统，划分各部门的权力和职责，建立各种基本规章和制度。

(2) 组织运行。规定组织中各部门之间的相互联系，明确信息流通和信息反馈渠道，以及各部门之间的协调原则。

(3) 组织调整。根据工作需要和客观条件的变化，分析现有组织系统的适应性、有效性和存在的缺陷，对现有组织进行调整和重新组合，包括组织形式的变化、人员变动、规章制度的修订或废止、责任系统和信息系统的调整等。

2.1.2 项目组织构成要素

项目组织构成要素一般包括管理层次、管理跨度、管理部门和管理职责四个方面。各要素之间密切相关、相互制约，在组织结构设计时，必须考虑各要素之间的平衡与衔接。

1. 管理层次

管理层次是指从最高管理者到实际工作人员之间的等级层次数量。

管理层次通常可分为决策层、协调层、执行层和操作层。决策层确定管理组织的大政方针，它必须精干、高效；协调层主要发挥参谋、咨询作用，其职员应具有较强的业务能力；执行层直接调动和组织人力、财力、物力等具体活动内容，其人员应有实干精神，并能坚决贯彻管理指令；操作层从事操作和完成具体任务，其人员应具备熟练的业务技能。这四个层次的职能和要求不同，有不同的职责和权限，同时也反映出组织系统中人数的变化规律：从上到下责权递减、人数递增。

管理层数不宜过多，否则是一种浪费，会使信息传递变慢、指令失真、协调困难。

2. 管理跨度

管理跨度是指一名上级领导人员所直接领导的下级人数，也是指某一个组织单元直接管理的下一层次组织单元的数量。

管理跨度的大小取决于需要协调的工作量。管理跨度的弹性很大，影响因素也很多，它与组织单元分工、管理人员的性格、才能、个人经历、授权程度以及被管理者的素质有很大关系，此外还与职能的难易程度、工作地点远近、工作的相似程度、工作程序和工作制度有关。应确定适当的工作跨度，并在实践中做必要的调整。

3. 管理部门

部门的划分要根据组织目标与工作内容确定，形成分工明确、相互配合的组织系统。组织系统中各部门的合理划分对发挥组织效应具有十分重要的作用，如果部门划分不合理，会造成控制、协调困难，也会造成人浮于事、资源浪费。

4. 管理职责

确定组织系统中各部门的职责，应使纵向的领导、指挥、检查灵活，确保指令传递速度快、信息反馈及时，同时要使组织中各部门在横向之间相互联系、协调一致。

2.1.3 组织活动基本原理

1. 要素有用性原理

一个组织系统中的基本要素有人力、财力、物力、信息、时间等。在组织活动中应根据各要素作用的大小、主次、好坏进行合理安排和使用，充分发挥各要素的作用，做到“人尽其才、财尽其力、物尽其用”，尽最大可能提高各要素的利用率。

2. 动态相关性原理

组织系统处在静态是相对的，处在动态是绝对的。系统内各要素之间既相互联系，又相互制约；既相互依存，又相互排斥，这种相互作用可以推动组织的进度与发展。充分发挥组织系统中各要素之间的作用，是提高组织管理效应的有效途径。

3. 主观能动性原理

人是有思想、有感情、有创造力的。组织管理者的重要任务就是把人的主观能动性发挥出来，以取得更好的组织管理效果。

4. 规律效应性原理

规律是指客观事物本质的、必然的联系。组织管理者在管理过程中要掌握规律，按规律办事，以实现预期的目标和取得良好的效应。

2.1.4　项目组织的概念

项目组织是指为进行项目管理、实现组织职能而进行的项目组织系统的设计与建立、组织运行和组织调整三方面工作的总称。

1. 项目组织系统的设计与建立

项目组织系统的设计与建立是指经过筹划、设计，建成一个可以完成项目管理任务的组织机构，建立必要的规章制度，划分明确岗位、层次、部门的责任和权力，建立形成管理信息系统和责任分工系统，并通过一定的岗位人员和部门人员的规范化活动和信息流通实现组织目标。

2. 组织运行

组织运行是指按照组织要求由各岗位和各部门实施组织行为的过程，是按照组织分工、顺序完成各自工作的过程。组织运行要抓好三个关键性问题：一是人员配置，二是业务界定与接口，三是信息反馈。

3. 组织调整

组织调整是指在组织运行过程中，对照组织目标，检查组织系统中的各环节，并对不适应组织运行和发展的各环节进行改进和完善。

项目组织打破了传统的组织界限，项目的生产过程和任务可以由不同的部门或不同的企业承担，通过综合、协调、激励，共同完成目标任务。项目组织强调“目标—任务—工作过程—人员”体系的运行。

2.1.5　项目组织基本结构

项目组织主要是由完成项目结构图中各项工作的人、单位、部门组合起来的群体；也包括为项目提供服务或与项目有关的部门，如政府机关、鉴定部门等。它由项目组织结构图表示，按项目工作流程进行工作，其成员完成各自的工作任务。

1. 项目组织的结构和层次

1) 项目的所有者或上层领导

项目的所有者一般由决策层和管理层组成，投资者自身或委托一个项目主持人(业主/项目管理公司)承担项目实施全过程的主要责任和任务，通过确立目标、选择不同的方案、制订实现目标的计划和对项目进行宏观控制，保证项目目标的实现。

项目的上层领导是项目的发起人，可能包括企业经理、对项目投资的财团、政府机关、社会团体领导，它属于项目组织的最高层，对整个项目负责，最关心的是项目整体经济效益。

2) 项目的管理者(项目组织层)

项目的管理者由业主指定，为业主提供有效、独立的管理服务，负责项目实施的具体事务性管理工作，其主要职责是实现业主的投资意图，保护业主利益，保证项目整体目标的实现。

3) 项目具体任务的承担者(操作层)

项目的操作层包括承担项目的专业设计单位、施工单位、供应商、技术咨询工程师(工程监理单位)，他们的主要任务和责任是参与或进行项目设计，计划和实施控制，按合同约定的时间、成本、质量完成自己承担的任务，向业主或项目管理者提供信息、报表和相关资料。

该层面可能包括项目合作单位或与项目有关的政府部门和公共服务部门。

2. 项目组织基本原则

1) 目标统一原则

项目的参加者具有不同的利益，有不同的目标，为保证项目顺利实施、实现项目总目标，项目的参加者必须做到以下几点。

(1) 项目参加者应就项目总体目标达成一致。

(2) 在项目的设计、合同、计划、组织管理规范等文件中贯彻落实总目标。

(3) 在项目实施的全过程中，兼顾各方利益，使项目参加者各自实现目标。

(4) 为实现项目统一目标，项目实施过程中必须统一指挥，制定统一的方针和政策。

2) 责权利平衡原则

在项目组织设置过程中，应明确投资者、业主、项目其他参与者及其他利益相关者的经济关系、责任和权限，通过合同、计划、组织规划等文件定义，形成一个严密的体系，并达到责权利的平衡。

(1) 权责对等。项目参与各方的责任和权力有复杂的制约关系，责任和权力是互为条件的。

(2) 权责制约。如果组织成员中一项权力的行使会对项目的其他各方产生影响，则该项权力应受到制约，以防滥用权力。行使权力就应承担相应的责任。

(3) 权责分明。权力和责任之间必然存在一定的逻辑关系，任何权力都有相应的责任制约，应清楚地划分各自的任务、责任的界限，这是设立权力和责任的基础。权力界定不清将会导致有任务而无人完成、推卸责任、权力争执、组织摩擦和降低工作效率的情况发生。

(4) 通过合同、管理规范、奖励政策对项目的参与者进行保护，项目参与各方应按合同公平地分配风险并支付相应酬金，特别是承包商和供应商。例如，承包合同中应有违约及违约责任承担条款和争议解决条款；在业主严重违约的情况下，项目参与各方应有终止合同的权利及索赔权利等。

3) 适应性和灵活性原则

项目组织设置的适应性和灵活性原则如下所述。

(1) 确保项目组织结构设置适合项目的范围、环境条件以及业主的项目战略。项目的组织形式是灵活多样的，不同的项目有不同的组织形式，甚至一个项目的不同阶段就有不同的授权和不同的组织形式。

(2) 项目组织应处理好下列关系。

① 兼顾其他利益相关者的利益。

② 处理好项目组织的有关职能部门，特别是业主方负责的进度计划、与质量和成本控制的职能部门的合作关系。

4) 保证项目组织人员责任的连续性和统一性原则

为保证项目目标的实现，保证项目管理的连续性和统一性，主要应从以下几个方面入手。

(1) 项目工作最好由一个单位或一个部门全过程地、全面地负责。例如：项目实行“设计—采购—施工”总承包方式。

(2) 防止责任盲区，防止无人负责的情况发生，防止无人承担工作任务的情况出现。

(3) 减少责任连环。在项目建设过程中，过多的责任连环会损害组织责任的连续性和统一性，例如在项目实施过程中，业主对工程项目实行“包工部分包料”的发包形式，一旦问题出现，责任分析较难，而且计划组织协调也较难。

(4) 保证组织相对的稳定性，包括人员、结构、组织规则和程序的稳定性。

5) 合理授权原则

项目的任何组织单元，为实现项目总目标都要扮演一定的角色，有一定的工作任务和责任。同时也必须拥有相应的权力、手段和信息去完成任务。

项目组织必须设置合理的组织职权结构、理顺职权关系，没有授权或授权不当将会导致失控或决策渠道阻塞。合理的授权应遵守以下原则。

(1) 根据要完成的任务和预期要取得的结果进行授权，构成目标、责任、权力的逻辑关系，并制定完成程度考核指标。

(2) 根据要完成的任务选择人员，分配职位和职务，分权需要有强有力的下层管理人员。

(3) 采用适当的控制手段，确保下层恰当地使用权力，防止失控。

(4) 在组织中保证信息的公开和畅通，使整个项目运作透明。

(5) 对有效的授权和有工作成效的下层单位应给予奖励。

(6) 谨慎行使授权。

2.2　工程项目管理组织方式

工程项目管理组织方式简称项目管理方式或项目管理模式，是指项目建设参与各方之间的生产关系，包括有关各方的经济法律关系和工作(或协作)关系。工程项目管理方式的选择取决于工程项目的规模、特点、业主/项目法人的管理能力和工程建设条件等方面。目前国内外已形成多种工程项目管理模式。

2.2.1 建设单位自行管理模式

建设单位自行管理模式是我国传统的工程项目管理模式。由业主组建，项目管理机构进行管理，该机构负责项目建设资金的使用、办理前期手续、委托勘察设计、采购设备材料、招标施工及工程监理单位以及竣工验收，并在整个建设过程中进行各方面的协调、监督、管理，也称平行发包管理模式。其组织结构如图2-2所示。

这种管理模式有以下特点。

(1) 业主有大量的工作，要多次招标，需要做精细的工作计划及控制。

(2) 在项目实施中，业主必须负责协调各方关系，易出现责任“盲区”，因此这类管理模式中出现争执和索赔的情况较多。

(3) 业主管理和控制比较细，必须具有较强的项目管理能力。

(4) 业主面对很多承包商(勘察、设计、施工、咨询、材料设备供应等单位)，管理的单位多，管理跨度大，易造成项目协调困难，造成工程中的混乱和失控现象。

(5) 由于临时组建项目班子，可能会出现管理非专业化或没有工程管理经验的情况，容易造成浪费和损失。

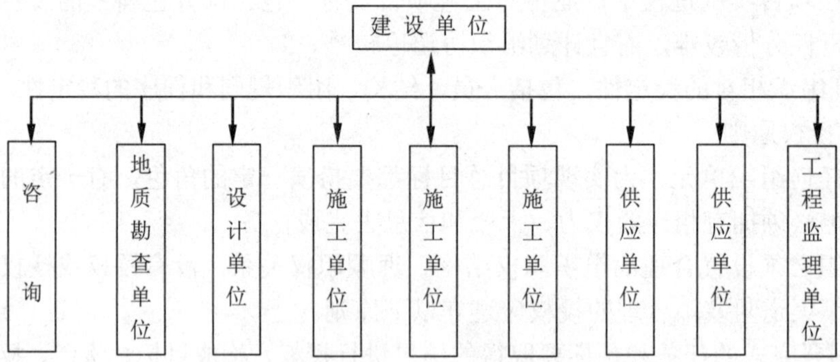

图2-2 业主自行管理模式

2.2.2 工程项目总承包模式

工程项目总承包模式是指将项目的全过程或其中的某个阶段(如设计或施工)的全部工作发包给一家资质条件符合要求的承包单位，由该承包单位再将若干个专业性较强的部分工程任务发包给不同专业的承包单位去完成，并统一协调和监督各分包单位的工作。这样业主仅与总承包单位签订合同，而不用与各专业分包单位签订合同。

总承包模式有以下特点。

(1) 有利于组织管理。由于业主只与总承包商签订合同，合同结构简单，有利于业主对合同进行管理，同时由于合同数量少，使业主的组织管理和协调工作量小，同时可以发挥总承包多层次协调的积极性。

(2) 有利于控制工程造价。由于总承包合同价格可以较早确定，业主承担的风险较少。

(3) 有利于控制工程质量。由于总承包与分承包之间通过分包合同建立了责、权、利关系，在承包商内部，工程质量既有分包商的内部控制，又有总承包商的监督和管理，从而增加了工程质量监控环节。

(4) 有利于缩短建设工期。总承包商具有控制积极性，分承包商之间具有相互制约的作用。此外，在工程设计与施工总承包的条件下，由于设计单位与施工单位由一个单位统筹安排，使两个阶段能够有机融合，一般均能达到设计阶段与施工阶段相互搭接。

(5) 对总承包单位而言，责任重、风险大、获利高。

工程项目总承包模式的组织结构如图 2-3 所示。

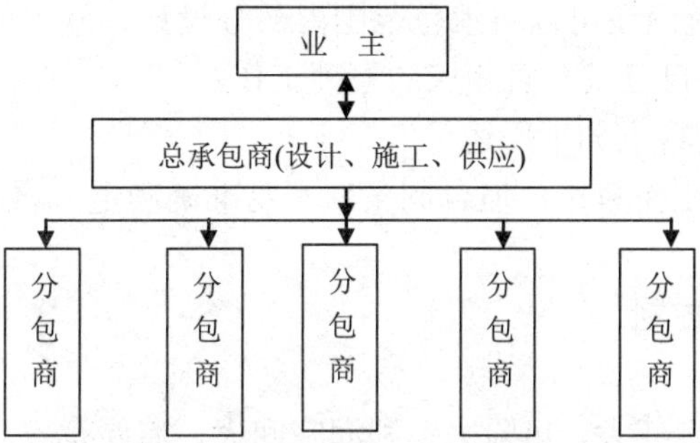

图 2-3　工程项目总承包模式

2.2.3　工程项目联合体承包管理模式

当工程项目规模巨大或技术复杂，承包市场竞争激烈，由一家公司承包有困难时，可以由几家公司联合起来成立联合体(Joint Venture，JV)，去竞争承揽工程任务，以发挥各公司的特长和优势。联合体通常由一家或几家发起，经过协商各自投入联合体的资金份额、机械设备等固定资产及人员数量，签署联合体协议，建立联合体组织机构，产生联合体代表，以联合体名义与业主签订工程承包合同，其结构如图 2-4 所示。

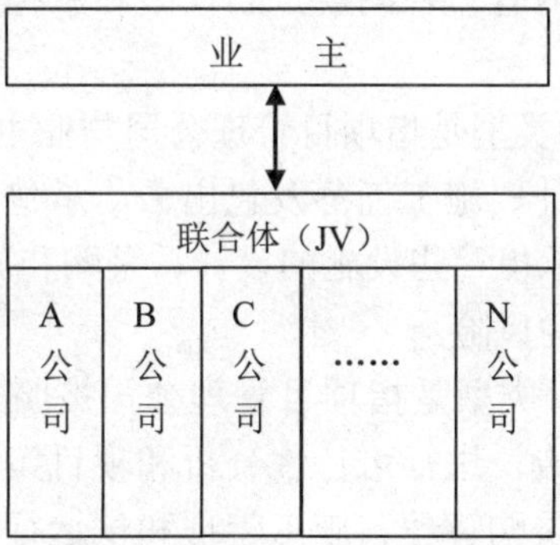

图 2-4　工程项目联合体承包管理模式

联合体承包管理模式的特点如下所述。

(1) 对于业主而言，与总承包模式相同，合同结构简单，组织协调工作量小，而且有利于工程造价和建设工期的控制。

(2) 对于联合体而言，可以集中各成员单位的资金、技术、设备和管理方面的优势，克服单一公司能力不足的困难，不仅增强了竞争力，而且也增强了抗风险能力。

2.2.4 EPC 承包管理模式

EPC 承包也可称为项目总承包，由承包商负责工程项目的设计(Engineering)—材料设备采购(Procurement)—施工(Construction)。总承包(简称 EPC)是最典型、最全面的工程项目承包方式，业主仅面对一家承包商，由该承包商负责一个完整的工程项目的设计、施工、设备供应等工作，EPC 承包商还可以将承包范围内部分设计、施工或设备供应等工作分包给相应的分包单位去完成，自己只负责相应的管理工作。

EPC 承包管理模式的特点如下所述。

(1) 业主的组织协调工作量小，但合同条款不易准确确定，容易造成较多的合同纠纷，合同管理难度大。

(2) 有利于工程造价控制。

(3) 有利于缩短工期。

(4) 对总承包而言，责任大、风险大、利润空间大，需要有较高的管理水平和丰富的管理经验。

2.2.5 项目管理模式

项目管理模式(Project Management Approach，PMA)是近年来国际上流行的项目管理模式，该模式是管理公司(一般为具有相当实力的工程公司或咨询公司)受项目业主的委托，根据合同约定，代表业主对工程项目的组织实施进行全过程或若干阶段的管理和服务。项目管理公司作为业主代表，帮助业主进行前期策划、可行性研究、项目计划以及工程实施的设计、采购、施工、试运行等工作。近年来我国实行的工程代建制就属于项目管理模式。

根据项目管理公司的服务内容、合同规定的权限和承担的责任不同，项目管理模式一般可分为以下两种类型。

(1) 项目管理承包型。这种类型是指项目管理公司与业主签订项目管理承包合同，代表业主管理项目，而将项目的设计、施工任务发包出去，承包商与项目管理公司签订承包合同。但有些项目管理公司也会承担一些设施的设计、采购和施工工作。在这种管理模式中，项目管理公司要承担项目超支的风险。

(2) 项目管理咨询型。这种类型是指项目管理公司按照合同约定，在工程项目决策阶段，为业主编制可行性研究报告，进行可行性分析和项目策划；在工程项目实施阶段为业主提供招标代理、设计管理、采购管理、施工管理和试运行管理服务；代表业主对工程项目质量、安全、进度、费用等进行管理。这种管理模式风险较低，项目管理公司根据合同承担管理责任，并得到相对固定的服务费。

2.2.6　建造—经营—模式

BOT(Build-Operate-Transfer)即建造—经营—转让模式，这种模式是 20 世纪 80 年代兴起的一种带资承包方式。其程序一般是由一个或几个大承包商或开发商牵头，联合金融界组成财团，就某一工程项目(一般都是大型基础设施，如隧道、港口、高速公路、电厂等)向政府提出建议和申请，取得建设和经营项目的许可。政府若同意建议和申请，则将建设和经营项目的特许权授予财团。财团负责资金筹集、工程设计和施工的全部工作。竣工后，在特许期间内经营该项目，通过向用户收取费用，加收投资，偿还贷款并获得利润，特许期满则将经营项目无偿交给政府经营。

这种模式的特点如下所述。

(1) 解决政府建设资金短缺的问题，不形成债务，政府不承担建设和经营的风险。

(2) 对承包商来说跳出设计、施工的小圈子，实现工程项目前期和后期的总承包，竣工后参与经营管理，利润来源不局限于施工阶段。

(3) 承包商要有高超的融资能力、技术经济管理水平和较强的承担风险的能力。

2.2.7　项目业主选择项目管理模式应考虑的因素

项目业主选择项目管理模式时一般应考虑项目的规模、性质、建筑市场状况；业主的协调管理能力；设计深度与详细程度。另一方面，建筑市场上承包商的供应情况和建筑法律的完善程度也制约着业主对项目管理模式的选择。

2.3　工程项目经理部

在项目建设过程中无论是项目业主、设计单位、施工单位，还是工程监理单位，均需建立一个完善的管理机构，并要根据项目管理的要求，确定机构中各部门的职责和各岗位的职责。本节主要介绍施工单位项目管理机构——工程项目经理部。

2.3.1　工程项目经理部的概念

工程项目经理部是在企业法人授权及企业的支持下，为工程项目管理建立的一次性的管理组织机构。项目经理部是代表企业履行合同的主体，以实现项目目标为宗旨，负责项目从开始施工到竣工之间的生产过程的管理，并接受企业职能部门的指导、监督、检查、服务和考核。

项目经理部由项目经理、职能部门或各专业技术人员和管理人员组成。项目经理及经理部的成员可以在企业内部产生，也可以面向社会进行招聘。

2.3.2 工程项目经理部的地位

工程项目经理部是施工项目管理的核心。从业主的角度看，项目经理部是建设单位成果目标实现的责任承担者，是业主(包括监理单位)监督控制的对象；从企业的角度看，项目经理部既是企业的一个下属机构，又是施工项目的独立利益群体；从项目施工的作业层面的角度看，项目经理部负有管理和服务双重职能。

2.3.3 工程项目经理部的作用

工程项目经理部在项目经理的领导下，在项目施工管理中主要发挥以下作用。

(1) 负责项目从开工到竣工全过程的生产管理工作，对生产要素及各种资源进行有效的使用和控制。

(2) 执行项目经理的决策意图，并为项目经理提供各种管理信息。

(3) 协调与相关企业及项目部各部门之间、管理人员之间的工作关系，发挥每个人的作用，为共同的目标努力工作。

(4) 协调与业主、监理及其他合作单位的关系。

2.3.4 工程项目经理部的构建原则

工程项目经理部的构建一般应遵循以下原则。

(1) 根据项目的规模、复杂程度和专业特点设计构建项目经理部的结构形式。

(2) 项目部的人员配备应面向现场，满足现场计划调度、技术质量、成本与核算、劳务与物质、安全与文明作业的需要。

(3) 项目经理部是一个一次性的弹性的组织机构，因此应根据工程的开展情况以及对项目部每个成员的考核情况，不断地吸收相关管理人员进行优化的动态管理组织。

2.3.5 工程项目经理部的组织形式

工程项目经理部的组织形式是根据工程的规模特点设计的，常见的有以下几种形式。

1) 直线制

直线制是一种最简单的组织机构形式。在这种组织结构中，各职位均垂直排列，项目经理直接进行垂直领导，直线制项目经理部组织结构如图 2-5 所示。

其特点如下所述。

(1) 组织结构简单，职责分明，指挥灵活。

(2) 权力集中、决策迅速、项目经理的责任大，要求项目经理必须是“全能”型人才。

(3) 每个工作部门和工作人员都有一个上级，指令呈线性化。

(4) 这种组织形式适合于中小型项目，无法全面实现管理工作的专业化。

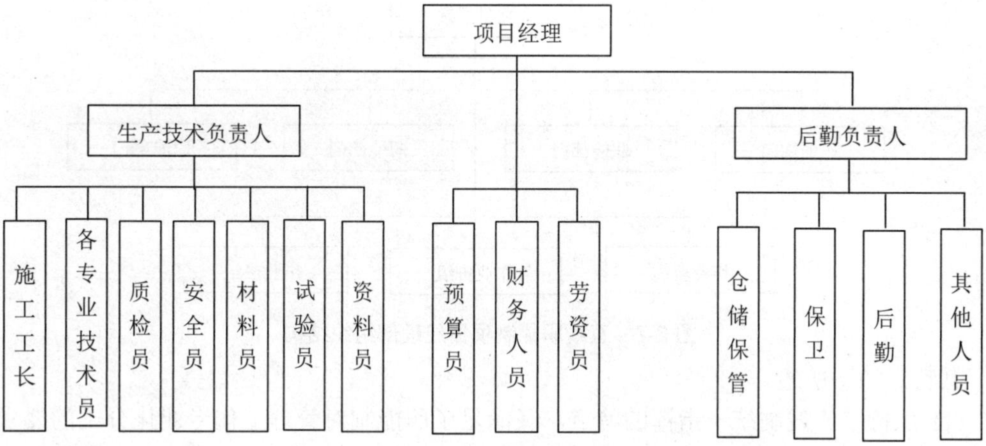

图 2-5 直线制项目经理部组织结构

2) 职能制

职能制组织结构是在各管理层之间设置职能部门，各职能部门分别从不同的角度对下级执行者进行业务管理。在职能组织结构中，各级领导不直接指挥下级，而是指挥职能部门。各职能部门可以在上级领导的授权范围内，就其所辖业务范围向下级执行者发布命令和指示，职能制项目经理部组织结构如图 2-6 所示。

其特点如下所述。

(1) 强调管理业务的专门化，注重发挥各专家在项目管理中的作用。

(2) 管理人员工作单一，易于提高工作质量，可以减轻领导者的负担。

(3) 管理层次及管理关系不容易处理好，容易形成多头领导，使下级执行者接受多头指令，容易造成责任划分不清。

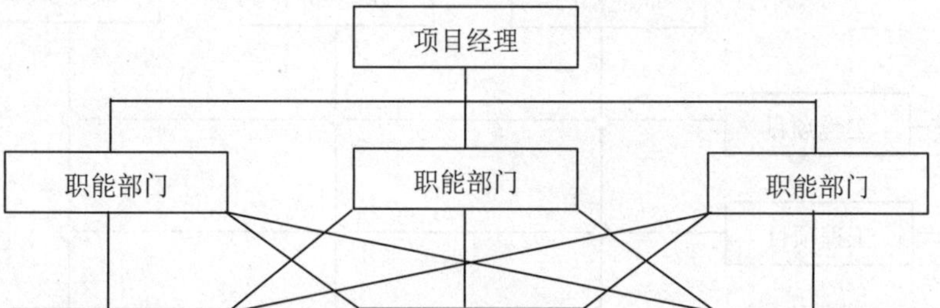

图 2-6 职能制项目经理部组织结构

3) 直线职能制

直线职能制组织结构吸收了直线制和职能制两种组织结构形式的优点。与职能制组织结构相同的是各管理层之间设职能部门，但职能部门只作本层次领导的参谋，不直接指挥下一级。职能部门的指令必须经过同层次领导的批准才能下达。各管理层之间按直线制的原理构成上下级关系。直线职能制项目经理部组织结构如图 2-7 所示。

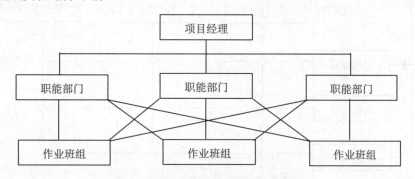

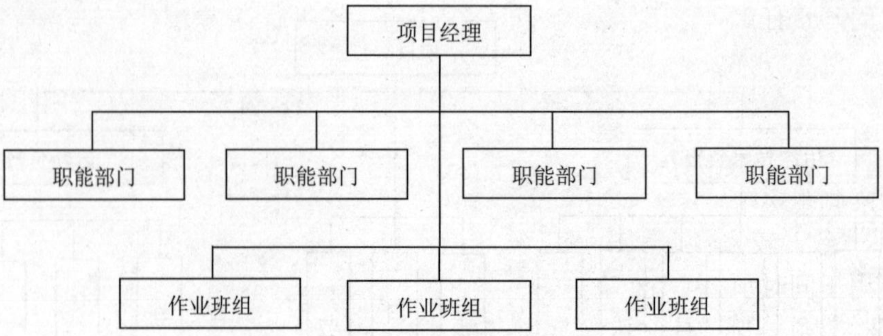

图 2-7　直线职能制项目经理部组织结构

其特点如下所述。

(1) 保持了直线制统一指挥的特点，又满足了职能制对管理工作专业化分工的要求。

(2) 集中领导，职能清楚，有利于提高管理效率。

(3) 组织结构中横向联系差，信息传递路线长，职能和指挥之间容易产生矛盾。

(4) 不能适应大型复杂项目或涉及各个部门的项目，局限性较大。

4) 矩阵制

矩阵制组织结构是把按职能划分的部门与按工程项目设立的管理机构，依据矩阵的方式有机地结合起来的一种组织机构形式。各项目管理机构的管理人员是从各职能部门临时抽调的，归项目经理统一管理，待完工交付后，又回到原来的职能部门或到另外的工程项目组织机构中工作。矩阵制项目经理部组织结构如图 2-8 所示。

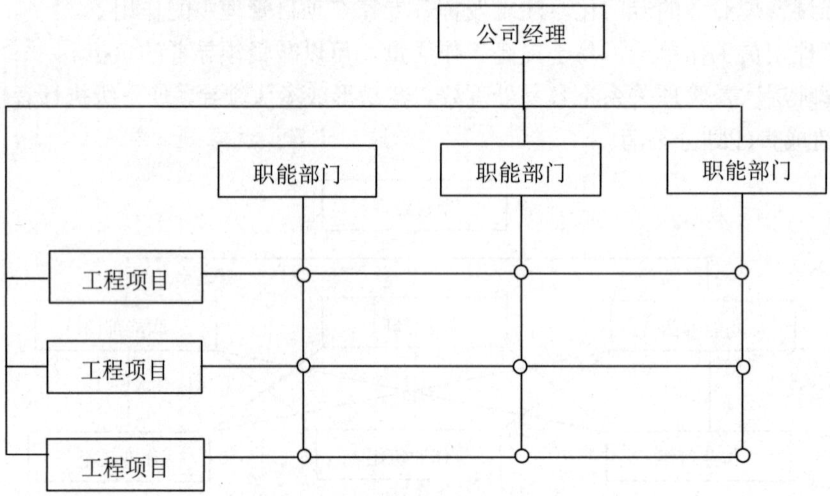

图 2-8　矩阵制项目经理部组织结构

其特点如下所述。

(1) 能够根据任务的实际情况灵活地组建与项目相适应的管理机构，具有较大的机动性和灵活性。

(2) 能够形成以项目任务为中心的管理系统，集中全部资源为各项目服务。项目目标能够得到保证。

(3) 项目组织成员仍属于一个职能部门，可以保证项目组织和项目管理工作的稳定性。

(4) 权力与责任趋于灵活，能充分发挥各职能部门的专业作用，保证信息和指令迅速传达。

(5) 矩阵制组织机构对企业管理水平、项目管理水平、领导管理艺术、组织机构办事效率、信息畅通等有较高要求。

(6) 矩阵制组织结构中的每个成员都受项目经理和本部门责任人的双重领导，如果双方领导目标不一致，较易产生矛盾。

(7) 适用于同时承担多个工程项目管理的公司与大型、复杂的施工项目。

5) 事业部制

事业部制组织结构是企业内部派往项目的管理班子，对企业外部具有独立法人资格的组织机构形式。其组织结构如图 2-9 所示。

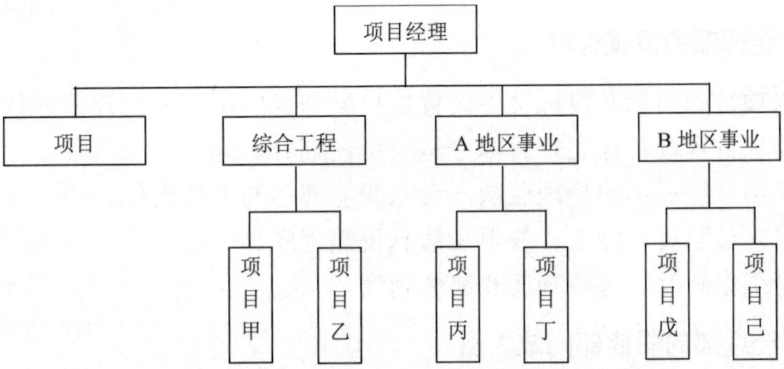

图 2-9　事业部制项目经理部组织结构

其特点如下所述。

(1) 企业成立事业部，对企业内部而言是职能部门，对外而言是一个独立的单位。

(2) 事业部可以按地区设立，也可以按工程类型或经营内容设立。

(3) 事业部可以延伸企业的经营职能，扩大企业经营市场。

(4) 企业对项目经理部的约束力减弱，协调指导的机会少，由于跨地区导致管理难度增大。

(5) 一个地区只有一个项目而没有后续工程时，不宜设立事业部。

(6) 事业部与企业占领某地区的市场情况有关，该地区没有项目时，事业部应撤销。

2.3.6　项目经理部管理制度的建立

1. 建立项目经理部管理制度的意义

项目经理部的管理制度是项目部进行项目管理工作的标准和依据，是在遵照企业制度的前提下，针对项目的具体要求制定的；是规范项目管理行为、约束项目实施活动、保证项目目标实现的前提和基础。

2. 项目经理部管理制度的作用

项目经理部管理制度的作用主要表现在两个方面：其一是贯彻国家和企业与施工工程项目有关的法律、法规、制度、条例、规程、方针、政策，指导施工项目管理；其二是规范施工项目经理部作业人员的行为，使之按规定的程序、标准、要求、方法进行施工和管理活动，防止出现事故和纰漏，从而保证项目目标的顺利实现。

3. 项目经理部管理制度的内容

项目经理部管理制度的内容包括项目管理人员岗位责任制度、项目技术管理制度、项目安全管理制度、项目质量管理制度、项目安全文明施工及职业健康管理制度、项目组织机构人员管理与考核制度、机械设备管理制度、材料管理制度、财务管理制度、项目例会管理制度、项目分包管理制度、项目信息管理制度、项目分配与奖惩管理制度等。

2.3.7 工程项目经理部的职能部门及人员配置

1. 项目经理部的设置程序

(1) 根据项目的招标及投标文件设置项目经理部的组织形式及管理任务。

(2) 根据项目管理目标进行目标分解与责任划分。

(3) 确定项目经理部的管理层次，设立职能部门与工作岗位。

(4) 确定人员职责、分工、权限及信息反馈程序。

(5) 制定工作制度、考核制度和奖惩制度。

2. 项目经理部的职能部门或人员

项目经理部的职能部门及人员配置必须满足工程项目合同目标的管理需要，并满足对项目的质量、进度、成本、安全、文明施工和资源与信息管理的需要。通常应设立如下部门。

(1) 工程技术部门。负责施工组织设计、计划与统计、生产调度、技术管理、安全与文明施工等工作。

(2) 经营核算部门。负责预结算、合同管理、施工索赔、成本核算、资金收支、劳动力配置等工作。

(3) 物资采购部门。负责材料设备的询价、购置计划、采购、运输、保管，以及工器具的租赁、使用与保管等工作。

(4) 质量与安全监督部门。主要负责工程质量、职业健康安全管理和环境保护等工作。

(5) 试验与计量部门。主要负责测量、试验和计量工作。

项目经理部的职能人员配置，可以根据项目部的结构形式及各部门的职责配备相关的专业技术人员和其他管理人员。

2.3.8 工程项目经理部的职责

工程项目经理部的职责主要有以下几个方面。

(1) 项目经理部根据项目管理规划对管理目标进行分析并对责任目标进行分解，划分各部门的岗位职责及人员责任，严格界定业务接口。

(2) 在项目经理的领导下制定工程项目部规章制度及管理标准。

(3) 按合同目标实施全过程目标控制与资源优化及动态管理。

(4) 按计划完成阶段性的工作任务并实现其目标。

(5) 进行阶段性的工作总结，采用 PDCA 管理原理管理各项工作。

(6) 对施工项目目标管理进行阶段性的分析、考核评价，对各职能部门或各岗位人员工作实施考核。

(7) 协调企业内部、项目部内部以及外部的各种关系。

(8) 进行工程项目竣工阶段的工作。

(9) 做好项目竣工后的总结与评价工作。

2.3.9 工程项目经理部的解体

1. 项目经理部解体程序

项目经理部解体前，应成立以项目经理为首的善后工作小组，由工程技术负责人、预算员、财务员、材料员各一人组成，主要负责剩余材料的处理、工程款的回收、财务账目的移交，以及解决与各合作方的有关遗留问题，善后工作日期一般规定为三个月(从批准项目解体之日算起)。

在施工项目全部竣工交付验收签字之日起十五天内，项目经理部应根据工作需要向企业工程管理部门写出项目经理部解体报告，向企业有关部门提出留守人员名单及时间，经有关部门审批后执行。

企业工程管理部门主要负责项目管理部解体后工程项目保修期间的善后问题处理，包括因质量问题造成的返(维)修。

2. 项目经理部解体条件

项目经理部是一次性的生产管理项目组织，工程竣工后，如果具备下列条件，项目经理部应解体并做好善后处理工作。

(1) 工程已经竣工验收，工程结算工作已完成。

(2) 与各分包单位及其他合作单位结算完毕。

(3) 已与发包单位订立“项目保修责任书”。

(4) “项目管理目标责任书”已履行完毕，经企业管理层审核合格。

(5) 各项善后工作已与企业主管部门协商一致，并办理完有关手续。主要是向相关管理部门交接项目管理文件、资料、账册、办公设备、印件保管及管理人员的考核资料等。

2.4 工程项目经理

项目经理是项目经理部的最高决策者和灵魂，项目经理的管理理念、经营管理水平直接影响着项目经理部的工作效果和业绩，项目经理是企业的形象代表，优秀的项目经理既是企业的经济效益和社会效益的直接责任人，又是实现业主项目目标的基本保证。

2.4.1 项目经理的概念

施工企业的项目经理是受企业法人委托，对工程项目施工过程全面负责的项目最高管理者，是建筑施工企业法定代表人在项目管理中的代表人，是企业法人一次性授权的代理人。项目经理在项目管理中处于核心地位，是项目责、权、利的主体。

2.4.2 项目经理应具备的素质

由于项目经理在项目管理中的重要作用，项目经理的知识结构、能力、综合素质必须达到一定的标准。按照项目及项目管理的要求，项目经理应具备下列素质。

(1) 符合项目管理要求的能力，善于领导、组织、协调与沟通。

(2) 具有相应的管理执业资质、经验和业绩。

(3) 具有项目管理需要的法律、法规知识，以及经营管理、专业技术、经济管理等专业知识。

(4) 具有良好的职业道德和团结合作精神，遵纪守法、爱岗敬业、诚实信用、尽职尽责。

(5) 多谋善断、思维敏捷、坚决果断。

(6) 年富力强、体魄健康、精力充沛、意志坚强。

2.4.3 项目经理责任制

1. 项目经理责任制的概念

项目经理责任制是以项目经理为责任主体，以工程项目为对象，以项目经理全面负责为前提，以“项目管理目标责任书”为依据，以实现项目最佳经济效果为目的，以创建优质工程为目标，实行从工程项目开工到竣工验收交工的一次性、全过程的管理。

2. 项目经理责任制的作用

项目经理责任制有利于明确项目经理部、企业与职工三者之间的责、权、利；有利于项目的规范化、科学化管理；有利于保证和提高工程质量，缩短工期，降低成本，保证安全与文明施工。

3. 项目经理责任制的特点

项目经理责任制是指项目经理全面负责，统一指挥，项目管理班子全员参与管理，全体成员根据职责分工承担相应的责任，并享有相应的权益。

项目经理责任制体现了“目标突出、责任明确、利益直接、奖罚严明、考核严格”的管理特点，权力与责任、利益与风险同在。

2.4.4 项目管理目标责任书

项目管理目标责任书是由企业法定代表人根据施工合同和经营管理目标要求明确规定

项目经理部应实现的成本、质量、进度和安全等控制目标的文件。

项目管理目标责任书是在项目实施之前，由企业法定代表人或其授权人与项目经理协商制定的明确各方权利和义务关系的文件。

项目管理目标责任书的内容如下所述。

(1) 明确企业各业务部门与项目经理部之间的关系。

(2) 明确项目经理部使用作业队伍的方式、项目所需材料供应方式和机械设备供应方式。

(3) 明确应实现的项目进度目标、项目质量目标、项目安全目标和项目成本目标。

(4) 在企业制度规定以外的，由法定代表人向项目经理委托的事项。

(5) 企业对项目经理部人员进行奖惩的依据、标准、办法及应承担的风险。

(6) 项目经理解职和项目经理部解体的条件及方法。

2.4.5　项目经理的责权利

1. 项目经理的职责

(1) 代表企业实施施工项目管理。贯彻执行国家法律、法规、方针、政策和强制性标准，执行企业的管理制度，维护企业的合法权益。

(2) 履行项目管理目标责任书规定的任务。

(3) 建立质量管理体系和安全管理体系并组织实施。

(4) 组织编制项目管理实施规划，包括计划和施工技术方案，制定安全生产和保证质量的各项规定。

(5) 对进入现场的生产要素进行优化配置和动态管理；进行现场安全文明施工管理，发现和处理突发事件。

(6) 对工程项目施工进行有效的控制，执行有关技术规范和标准，积极推广应用新技术，确保工程质量和工期，努力提高经济效益。

(7) 在授权范围内负责与企业管理层、劳务作业层、各协作单位、发包人、分包人和监理工程师等的协调，解决项目中出现的问题。

(8) 按项目管理目标责任书处理项目经理部与国家、企业、分包单位以及职工之间的利益分配。

(9) 参与工程竣工验收，准备结算资料，接受审计。

(10) 分析总结项目部工作成果，处理项目经理部解体后的善后工作。

(11) 协助企业进行项目的检查、鉴定和评奖申报。

2. 项目经理的权限

项目经理在授权期限和范围内行使以下权力。

(1) 以企业法定代表人的身份自理与所承担的工程基础有关的外部关系，受委托签署有关合同。

(2) 经授权组建项目经理部，确定项目经理部的组织结构，组建项目管理班子，选择、聘任管理人员，确定管理人员的职责。

(3) 主持项目部工作，组织制定施工项目的各项管理制度，并定期进行考核、评价和奖惩。

(4) 指挥工程项目的生产经营活动，调配并管理进入工程项目的人力、资金、物资、机械设备等生产要素。

(5) 根据企业法定代表人授权或按照企业的规定选择、使用作业队伍。

(6) 在企业财务制度规定的范围内，根据企业法定代表人授权和施工项目管理的需要，决定资金的投入和使用，决定项目经理部的计酬办法，进行合理的经济分配。

(7) 行使企业法定代表人授予的其他管理权力。

3. 项目经理的利益

项目经理的利益可分为两大类，其一是物质奖励，其二是精神奖励。项目经理应享有以下利益。

(1) 获得基本工资、岗位工资和绩效工资。

(2) 除按项目管理目标责任书可获得的物质奖励外，还可获得表彰、记功、优秀项目经理等荣誉称号。

(3) 经考核和审计，未完成“项目管理目标责任书”确定的项目管理责任目标或造成亏损的，应按其中相关条款承担责任，并接受经济或行政处罚。

项目经理在承担工程项目施工的管理过程中，应当接受企业领导和上级有关部门的工作检查及职工民主管理机构的监督。

4. 项目经理的职责及工作程序

1) 项目经理的职责

(1) 确定项目管理机构，制定项目总的管理目标，进行目标分解，实现总体控制。

(2) 选配相关人员，明确各岗位人员职责，制定项目管理规章制度。

(3) 组织项目部开展日常事务性工作，及时签订合同及变更，对重大技术措施、进度、人事任免、财务工作、资源调配等管理工作作出决策。

(4) 协调项目组织内部及外部的经济、技术合作关系。

(5) 建立项目部内部及对外的信息系统。

(6) 实施合同，处理好合同履行过程中的各类问题，处理好总包与分包关系，处理好与项目相关的各单位之间的关系，与业主和监理单位相互监督，保证项目顺利完成。

2) 项目经理的工作程序

项目经理的工作程序依次为：编制项目管理规划大纲；编制投标书并进行投标；签订施工合同；项目经理接受企业法定代表人的委托组建项目经理部；企业法定代表人与项目经理签订项目管理目标责任书；项目经理部编制项目管理实施规划；进行项目开工前的准备工作；施工期间按项目管理实施规划进行管理；在项目竣工验收阶段进行竣工结算、清理各种债权债务、移交资料和工程，进行经济分析，作出项目管理总结报告并报送企业管理层有关职能部门；企业管理层组织考核委员会对项目管理工作进行考核评价并兑现项目管理目标责任书中的奖惩承诺；项目经理部解体，在保修期满前企业管理层根据工程质量保修书中的约定进行项目回访保修。

2.4.6　项目经理与建造师职业资格的相关规定

1. 项目经理资格制度向建造师制度的过渡

建设部办公厅于 2007 年 11 月 19 日发出《关于建筑业企业项目经理资质管理制度向建造师执业资格制度过渡有关问题的补充通知》，为了确保建筑业企业项目经理资质管理制度向建造师执业资格制度平稳过渡，妥善解决尚未取得建造师执业资格的持有项目经理资质证书人员的实际问题，作出了如下规定。

(1) 按照建设部 2003 年 4 月《关于建筑业企业项目经理资质管理制度向建造师执业资格制度过渡有关问题的通知》(建市[2003]86 号)的要求，自 2008 年 2 月 27 日开始停止使用建筑业企业项目经理资质证书。

(2) 具有统一颁发的建筑业企业一级项目经理资质证书，且未取得建造师资格证书的人员，符合下述条件之一的，可申请一级建造师临时执业证书。

① 2007 年度担任大型工程施工项目经理的。

② 2007 年度未担任大型工程施工项目经理的，应当同时满足下列条件。

a. 年龄不超过 55 周岁。

b. 符合《建造师执业资格考核认定办法》(国人部发[2004]16 号)和《关于印发〈一级建造师注册实施办法〉的通知》(建市[2007]101 号)中业绩规模、数量和专业的要求，年龄、业绩计算时间截至 2007 年 12 月 31 日。

符合上述①、②条件的，由申请人通过受聘建筑业企业按照属地化原则向省、自治区、直辖市建设主管部门申报，申报程序按建市[2007]101 号文执行。各地审查汇总后于 2007 年 12 月 31 日前报建设部。2008 年 2 月 27 日前，经建设部审批后，委托各省级建设主管部门向符合条件者颁发一级建造师临时执业证书。证书有效期为 5 年，于 2013 年 2 月 27 日废止。

(3) 取得一级建造师临时执业证书的人员，其注册、执业、变更、注销和继续教育等，按照注册建造师制度有关规定执行。

(4) 取得一级建造师临时执业证书的人员，在持证有效期内通过考试取得建造师资格证书的，应当在 3 个月内完成专业注册，原一级建造师临时执业证书自动失效，建设部负责收回其临时执业证书和执业印章。

(5) 二级建造师临时执业证书颁发工作由各省、自治区、直辖市建设主管部门参照本通知精神另行规定，并将名单报建设部备案。

具有建筑业企业一级项目经理资质证书，未取得建造师资格证书且不符合颁发一级建造师临时执业证书条件的，可由省级建设主管部门根据《关于印发〈二级建造师执业资格考核认定指导意见〉的通知》(建市[2004]85 号)的规定，对符合条件者颁发二级建造师临时执业证书。具有一级项目经理资质证书的人员不能同时获取一、二级建造师临时执业证书。

2. 注册建造师与项目经理的关系

(1) 建造师是专业资格人员的职称，项目经理是岗位名称，建造师是一种执业资格，而项目经理是依存于项目存在而被授权的一次性的岗位任职，项目结束后，该项目经理不复存在。

(2) 建造师与项目经理从事的工作都是工程的管理，但执业范围不同，建造师执业的范围较大，可涉及建设项目多个方面的管理，而项目经理只是建造师执业范围中的一项。

(3) 我国全面实施建造师执业资格制度后仍要坚持落实项目经理岗位责任制。

思考题与习题

一、简答题

1. 项目组织形式有哪几种？各有哪些特点？
2. 项目组织构成要素有哪些？
3. 建立项目组织应考虑哪些因素？
4. 项目管理模式有哪几种形式？
5. 简述项目经理应具备的知识、素质和能力。
6. 什么是项目经理责任制？
7. 项目经理的责、权、利体现在哪几个方面？
8. 如何构建建筑工程项目经理部？

二、单项选择题

1. 项目组织存在的前提是(　　)。

A. 目标　　B. 分工　　C. 权力与责任制度　　D. 合作

2. 不属于项目组织设计内容的是(　　)。

A. 项目目标的设计　　B. 组织结构的设计

C. 组织职能的设计　　D. 组织管理方式的设计

3. 不属于项目经理在项目收尾阶段工作的是(　　)。

A. 开展经验交流活动　　B. 进行财务账目等收尾活动

C. 评价项目质量　　D. 编写项目后执行报告

4. 对项目经理工作表述不正确的是(　　)。

A. 工作程序从开始接受委托或任命时正式启动

B. 编制项目工作大纲

C. 建立工作基础

D. 只负责沟通、传递指令，无权对项目制订计划、组织实施

5. 通过授权和提供环境引导项目获得经济的或非经济收益的是(　　)。

A. 项目成员　　B. 职能部门　　C. 供应商　　D. 总经理

三、多项选择题

1. 项目团队的作用主要体现在(　　)。

A. 增强项目的效益　　B. 增强项目组织凝聚力

C. 满足项目团队成员的心理需要　　D. 便于项目成员之间沟通

E. 减少浪费

2. 项目组织设计的内容包括(　　)。

A. 组织目标的设计　　B. 组织结构的设计
C. 组织职能的设计　　D. 组织管理方式的设计
E. 组织绩效的设计

3. 职能式项目组织的优点包括(　　)。

A. 有利于企业技术水平的提升　　B. 有利于资源利用的灵活性与低成本
C. 有利于组织的控制　　D. 有利于全面型人才的成长
E. 有利于项目控制

4. 职能式项目组织的缺点包括(　　)。

A. 机构重复及资源的闲置　　B. 不利于企业专业技术水平的提高
C. 协调的难度较大　　D. 不稳定性
E. 项目组成员责任淡化

5. 强矩阵中项目成员的汇报关系包括(　　)。

A. 向项目经理汇报为主　　B. 向职能经理汇报为主
C. 向项目经理汇报为辅　　D. 向职能经理汇报为辅
E. 向项目经理和职能经理汇报同等重要

6. 项目发起人在项目启动阶段的主要工作包括(　　)。

A. 草拟项目概念文件及项目章程　　B. 编制项目实施可行性文件
C. 选择项目经理　　D. 为项目获取资金支持
E. 定义组织对项目的需求

7. 项目经理在项目收尾阶段的主要工作包括(　　)。

A. 编写项目总结报告　　B. 进行财务方面的收尾活动
C. 将所有的项目文件归档　　D. 签署并批准项目结束
E. 开展项目经验/教训交流活动

第3章　建筑工程施工合同管理

【学习要点及目标】

- 了解建筑工程招投标的概念。
- 了解招标分类与招投标程序。
- 了解招标的内容及分类。
- 了解联合体投标的有关规定。
- 了解合同管理的概念与合同签订的程序。
- 了解合同跟踪与控制作用。
- 了解合同变更的内容和程序。
- 了解合同索赔的起因与索赔的概念和程序，学会撰写索赔报告。

【核心概念】

建筑工程招标　建筑工程投标　工程合同管理　合同变更　施工索赔

【引导案例】

某建筑职业技术学院学术交流中心项目，框架结构，建筑面积3965m^2，三层，对该项目进行公开招标，要求投标人资质等级为房屋建造二级以上(含二级)，招标形式为委托招标。业主与中标人就中标项目进行合同签约，工程在施工过程中，发生了设计变更和现场洽商事项，承包方对该事项按合同条款进行了索赔。承包方按合同条款完成了工程项目，并验收合格。本章主要介绍工程项目招标、投标、合同管理，以及合同索赔方面的知识。

3.1 建筑工程项目招投标管理概述

3.1.1 建筑工程招投标概述

1. 建筑工程招投标概念

建筑工程项目招标，是指招标人将拟发包的工程内容和要求对外发布，招引和邀请多家承包商参与承包工程建设任务的竞争，以便从中选择承包单位的活动。

建筑工程项目投标，是指投标人愿意按照招标人的规定和条件承揽工程，编制工程估价单、施工方案等文件向招标人投函，请求承包建设任务的活动。

整个招标投标过程包括招标、投标和定标(决标)三个主要阶段。招标是招标人事先公布有关工程、货物和服务等交易业务的采购条件和要求，以吸引他人参加竞争。这是招标人为签订合同而进行的准备，在性质上属要约邀请。投标是投标人获悉招标人提出的条件和要求后，以订立合同为目的向招标人表示出愿意参加有关任务的承接竞争，在性质上属于要约。定标是招标人完全接受提出最优条件的投标人，在性质上属于承诺。

2. 建筑工程招标投标分类

建筑工程招标投标可以按照不同的标准进行分类。

1) 按工程建设程序分类

建筑工程招标投标按工程建设程序可分为建设项目可行性研究招标投标、工程勘察设计招标投标、材料设备采购招标投标和施工招标投标。

2) 按行业和专业分类

建筑工程招标投标按行业和专业可分为工程勘察设计招标投标、设备安装招标投标、土建施工招标投标、建筑装饰装修施工招标投标、工程咨询和建设监理招标投标以及货物采购招标投标。

3) 按建设项目的组成分类

建筑工程招标投标按建设项目的组成可分为建设项目招标投标、单项工程招标投标、单位工程招标投标以及部分分项工程招标投标。

4) 按工程发包承包的范围分类

建筑工程招标投标按工程发包承包的范围可分为工程总承包招标投标、工程分承包招标投标和工程专项承包招标投标。

5) 按工程是否有涉外因素分类

建筑工程招标投标按照工程是否有涉外因素，可分为国内工程招标投标和国际工程招标投标。

3. 工程招标投标活动的基本原则

1) 合法原则

合法原则是指建设工程招标投标主体及一切活动，必须符合法律、法规、规章和有关政策的规定。

(1) 主体资格要合法。招标人必须具备一定的条件才能自行组织招标，否则只能委托具有相应资格的招标代理机构组织招标；投标人必须具有与其投标的工程相适应的资格等级，并经招标人资格审查，报建设工程招标投标管理机构进行资格复查。

(2) 活动依据要合法。招标投标活动应按照相关的法律、法规、规章和政策性文件开展。

(3) 活动程序要合法。建设工程招标投标活动的程序，必须严格按照有关法规规定的要求进行。当事人不能随意增加或减少招标投标过程中某些法定步骤或环节，更不能颠倒次序，超过时限，任意变通。

2) 统一原则

(1) 管理必须统一。要建立和实行有建设行政主管部门(建设工程招标投标管理机构)统一归口管理的行政管理体制。在一个地区只能有一个主管部门履行政府统一管理的职责。

(2) 规范必须统一。如市场准入规则的统一，招标文件文本的统一，合同条件的统一，工作程序、办事规则的统一等。

3) 公开原则

公开原则是指建设工程招标投标活动应具有较高的透明度。具体有以下几层含义。

(1) 建设工程招标投标的信息公开。

(2) 建设工程招标投标的条件公开。

(3) 建设工程招标投标的程序公开。

(4) 建设工程招标投标的结果公开。

4) 诚实信用原则

诚实信用原则是在建设工程招标投标活动中，招(投)标人应当以诚相待，不得弄虚作假，隐瞒欺诈，损害国家、集体和其他人的合法权益。

5) 择优原则

择优原则即对所要选择的现有对象进行分析、比较，从中选择最优对象的原则。

4. 招标方式

(1) 公开招标。是指招标人以招标公告的方式邀请不特定的法人或其他组织投标。

(2) 邀请招标。是指招标人以投标邀请书的方式邀请特定的法人或其他组织投标。

5. 法律规定必须进行招标的工程建设项目的范围和规模标准

1) 必须招标的项目

《招标投标法》第三条规定：在中华人民共和国境内进行下列工程建设项目，包括项目的勘察、设计、施工、监理以及与工程建设有关的重要设备、材料等的采购，必须进行招标。

(1) 大型基础设施、公用事业等关系社会公共利益、公众安全的项目。

(2) 全部或者部分使用国有资金投资或者国家融资的项目。

(3) 使用国际组织或者外国政府贷款、援助资金的项目。

2) 依法必须公开招标的项目

(1) 国务院发展计划部门确定的国家重点工程建设项目。

(2) 各省、自治区、直辖市人民政府确定的重点工程建设项目。

(3) 全部使用国有资金投资的工程建设项目。

(4) 国有资金占控股或主导地位的工程建设项目。

上述工程项目的勘察、设计、施工、监理以及与工程建设有关的重要设备、材料等的采购，达到下列标准之一的，必须进行招标。

(1) 施工单项合同估算价在 200 万元人民币以上的。

(2) 重要设备、材料等货物的采购，单项合同估算价在 100 万元人民币以上的。

(3) 勘察、设计、监理等服务的采购，单项合同估算价在 50 万元人民币以上的。

(4) 单项合同估算价低于(1) (2) (3)项规定的标准，但项目总投资额在 3000 万元人民币以上的。

小贴士　(1) 关系社会公共利益、公众安全的基础设施项目包括以下几个方面。

① 煤炭、石油、天然气、电力、新能源等能源项目。

② 铁路、公路、管道、水运、航空以及其他交通运输业等交通运输项目。

③ 邮政、电信枢纽、通信、信息网络等邮电通信项目。

④ 防洪、灌溉、排涝、引(供)水、滩涂治理、水土保持、水利枢纽等水利项目。

⑤ 道路、桥梁、地铁和轻轨交通、污水排放及处理、垃圾处理、地下管道、公共停车场等城市设施项目。

⑥ 生态环境保护项目。

⑦ 其他基础设施项目。

(2) 关系社会公共利益、公共安全的公共事业项目包括以下几个方面。

① 供水、供电、供气、供热等市政工程项目。

② 科技、教育、文化等项目。

③ 体育、旅游等项目。

④ 卫生、社会福利等项目。

⑤ 商品住宅，包括经济适用住房等项目。

⑥ 其他公共事业项目。

(3) 使用国有资金投资的项目包括以下几个方面。

① 使用各级财政预算资金的项目。

② 使用纳入财政管理的各种政府性专项建设基金的项目。

③ 使用国有企业、事业单位自有资金，并且由国有资产投资者实际掌握控制权的项目。

(4) 国家融资的项目包括以下几个方面。

① 使用国家发行债券所筹资金的项目。

② 使用国家对外借款或者担保所筹资金的项目。

③ 使用国家政策性贷款的项目。

④ 国家授权投资主体融资的项目。

⑤ 国家特许的融资项目。

(5) 使用国际组织或者外国政府资金的项目包括以下几个方面。

① 使用世界银行、亚洲开发银行等国际金融组织贷款资金的项目。

② 使用外国政府及其机构贷款资金的项目。

③ 使用国际组织或者外国政府援助资金的项目。

6. 建筑工程项目招标程序

工程项目招标程序一般可分为三个阶段，即招标准备阶段、招标阶段和决标成交阶段。招标程序如图 3-1 所示。

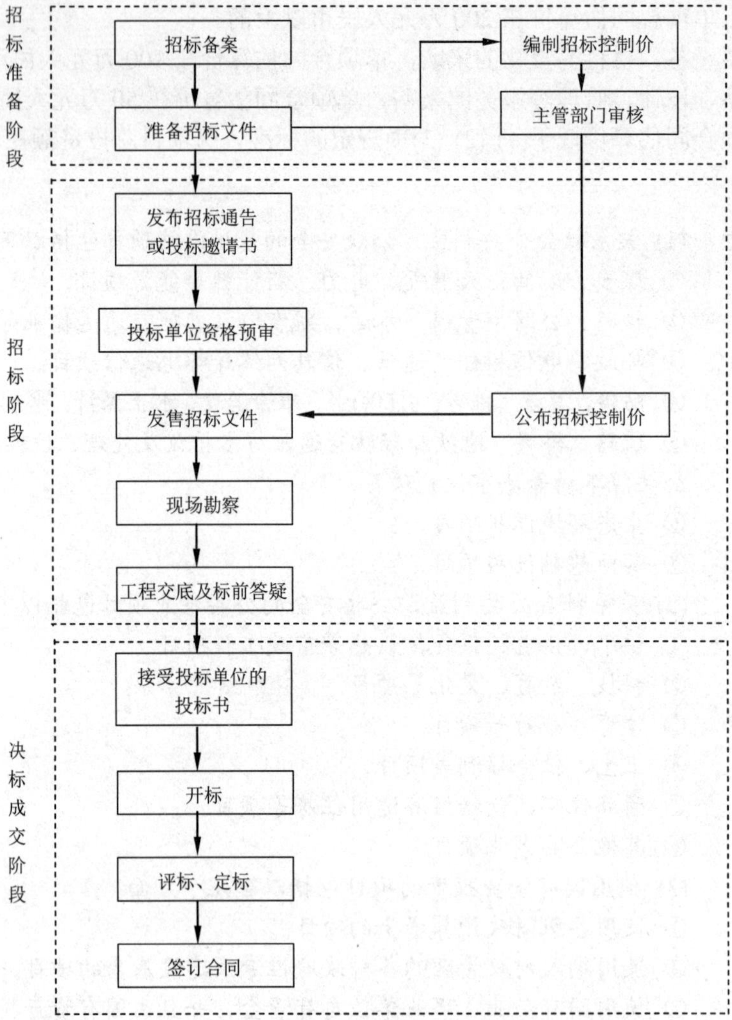

图 3-1　招标程序

1) 招标准备阶段

(1) 招标备案。在发出招标公告或投标邀请函 5 日前，向工程所在地的县级以上人民政府建设行政主管部门或其授权的招投标监督管理机构备案。建设行政主管部门自收到备案资料之日起，5 个工作日内没有异议的，招标人可以发布招标公告或投标邀请书；不具备招标条件的，责令停止办理招标事宜。

(2) 编制招标相关文件。

① 招标文件。招标文件是合同文件的组成部分，是投标人编制投标文件的依据，是评标委员会评标的依据，是签订合同的基础。招标文件一般包括投标邀请书、投标人须知、合同主要条款、投标文件格式、采用清单计价的须提供工程量清单、技术条款、设计图纸、

评标标准和办法、投标辅助资料。

② 招标控制价。是指招标工程的最高限价。

③ 招标通告(或投标邀请函)。内容包括招标工程项目名称、地点、规模、计划开竣工时间、对投标人的资质等级要求、资格审查方式以及获得招标文件(或资格审查文件)的时间及费用。

2) 招标阶段

(1) 对投标人的资格进行审查。资格审查可分为预审和后审。资格预审是在发售招标文件之前对拟投标人进行的资格审查；资格后审是在开标以后对投标人进行的资格审查。

资格审查的内容包括投标人的一般情况(营业资格、资质条件、获得的认证)、投标人的技术力量(人员及装备)、投标人的财务状况、投标人的经验业绩、投标人的社会信誉(合同履约情况、是否拖欠农民工工资)。

(2) 发售招标文件。招标文件只能发售给资格审查合格的投标人或资质条件符合招标人要求的拟投标人。

(3) 现场勘察。招标人统一组织投标人对招标工程项目现场进行勘察，或投标人自行勘察。

(4) 工程交底及标前答疑。在现场勘察完之后，在开标前招标人就工程情况应向投标人交底，就投标人对《招标文件》(包括图纸、工程量清单)、项目施工现场等方面提出的问题进行答疑。并下发答疑文件。答疑文件是招标文件的组成部分，应下发给所有的投标人。

3) 决标成交阶段

(1) 接受投标人提交的投标文件。出现下列情况，投标人的投标文件将被拒收。

① 未按招标文件要求密封或者未按要求提交投标保证金的投标文件。

② 迟于投标文件提交截止时间的投标文件。

(2) 开标。开标是当众宣布投标人的投标信息。

(3) 评标。评标委员会(专家人数最少占 2/3，业主人数最多占 1/3)按照招标文件的评标标准和办法对有效投标文件进行符合性、有效性和合理性的评审和比较。

(4) 定标。根据评标结果推选中标候选人。根据《招投标法》的规定，中标人的投标应当符合下列条件之一。

① 能够最大限度地满足招标文件中规定的各项综合评价标准。

② 能够满足招标文件的实质要求，并且经评审报价最低，但是投标报价低于成本的除外。

(5) 签约。《招投标法》规定：中标通知书发出后，招标人改变中标结果的，或者中标人放弃中标项目的应当承担法律责任。中标通知书发出后 30 日内招标人与中标人签订合同。

建筑工程项目主要根据项目的性质、规模和自身的人员情况确定招标形式(自行或委托招标)和招标方式，并按上述招标程序进行相关招标工作。

3.1.2　建筑工程投标概述

1. 建筑工程投标的概念

建筑工程项目投标，是指投标人愿意按照招标人的规定和条件承揽工程，编制工程估价单、施工方案等文件向招标人投函，请求承包建设任务的活动。

2. 投标方式

1) 独立投标

独立投标是指一个法人或组织在资质等级范围内独立进行某一工程项目投标。

2) 联合体投标

两个或两个以上的法人或组织组成联合体进行投标。联合体投标应符合以下规定。

(1) 联合体所有成员的资质等级及其他资格条件必须满足招标文件的要求。

(2) 联合体要有牵头人。

(3) 联合体成员之间要有协议，以便明确各方的权力和责任。

(4) 联合体成员资质按成员最低资质核定。

(5) 联合体成员不能就联合体所投项目再进行独立投标。

3. 投标程序

投标程序如图 3-2 所示。

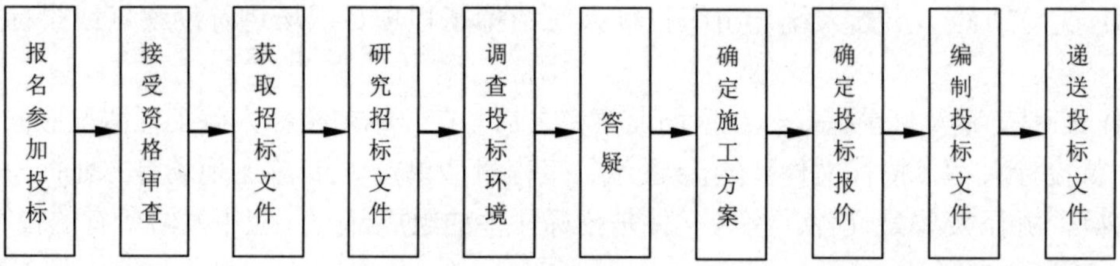

图 3-2　投标程序

(1) 报名参加投标。投标人应携带资质证书及相关文件进行投标报名或资格审查申请报名。

(2) 接受资格审查。投标人应按照《资格审查预审文件》的要求提供资质证明文件、经验和业绩证明文件、财务状况文件以及其他证明投标人技术及综合能力的文件。投标人资格审查通过后，方可获取招标文件。

(3) 获取招标文件。通常如果工程项目招标采用资格预审，则凭资格审查合格通知及相关文件购买招标文件；如果是资格后审，则凭资质证书及其他证明投标人身份的文件购买招标文件。

(4) 研究招标文件。投标人投标工作机构的成员要认真研究招标文件的各项条款，各专业技术人员要研究施工图纸，工程造价人员要进行核算工程量清单或计算工程量等工作。

(5) 调查投标环境。投标人获得招标文件后，应在规定的时间参加招标人组织的现场勘察或自行勘察。对工程所在地的环境勘察包括以下内容。

① 工程所在地的现场条件(水、电、交通、周边建筑物等，有无古物名木)。

② 自然条件。

③ 社会治安情况，当地的民风民俗和当地生活水平。

④ 当地的市场供应情况(原材料的供应及价格、劳动力资源)、是否有外协的可能。

(6) 答疑。投标人在答疑会上提出所有的疑问，包括文件条款、图纸、清单和现场。或按招标文件的要求以书面形式将所有的疑问在规定的时间内提交给招标人。

(7) 确定施工方案。在现场勘察及获得招标人的答疑解释文件后，制定符合招标项目的施工方案。在制定施工方案时，要充分考虑方案的合理性与经济性。

(8) 确定投标报价。投标报价有两种方式，其一是定额计价方式；其二是清单计价方式。投标报价是决定投标人是否中标的关键因素。施工方案是投标报价的重要依据，因此投标报价要准确合理。

(9) 编制投标文件。投标文件的组成内容及格式要严格按招标文件的要求编制。编制完成后要进行审核、校对、签署和标识。

(10) 递送投标文件。文件编制审核完成后，按招标文件的要求进行包封和标识，并在招标文件规定的时间和地点携带有关证件递送投标文件。

4. 投标决策

施工企业在获得某一工程项目招标信息后，企业有关负责人及相关人员要进行分析决策，决定是否投标。决策有以下三个方面的内容。

(1) 针对某项目是否投标，即选择投标对象。

(2) 若投标，投什么性质的标，是投风险标，还是投保险标，即报价策略。

(3) 在投标中如何取胜，即策略和技巧。

5. 投标应注意的事项

(1) 谨慎决策。决策时要考虑多方面的因素。

① 项目的可靠性。即要考虑项目是否真实，项目资金是否落实，项目业主是否具有履约能力和社会信誉。

② 投标的可行性。即既要考虑投标人自身的条件(技术能力、装备、财力、经验)，又要考虑项目中标后对企业未来的影响。

③ 中标的可能性。即要考虑项目是否复杂、规模大小、工期长短，竞争是否激烈，竞争对手是否强大等。

(2) 投标注意事项。

① 投标人编制的资格审查申请文件、投标文件要完全符合招标人相关文件的要求并注意文件的完整有效性、符合性、准确性、合理性以及文件的美观性。

② 按招标人的要求提交投标保证金。

③ 按时按要求参加开标会议。

④ 评标期间按评委的要求进行相关的答疑和澄清文件内容。

⑤ 不违反《招投标法》及相关法律、法规。

6. 招投标的管理

建设部第 23 号令指出：建设部负责全国工程建设施工招标投标的管理工作，其主要职责如下所述。

(1) 贯彻执行国家有关工程建设招标投标的法律、法规和方针、政策，制定施工招标投标的规定和办法。

(2) 指导、检查各地区、各部门招标投标工作。

(3) 总结、交流招标投标工作的经验，提供服务。

(4) 维护国家利益，监督重大工程的招标投标活动。

(5) 审批跨省的施工招标投标代理机构。

省、自治区、直辖市人民政府建设行政主管部门，负责管理本行政区域内的施工招标投标工作，其主要职责如下所述。

(1) 贯彻执行国家有关工程建设招标投标的方针、政策和法规、规定，制定施工招标投标实施办法。

(2) 监督、检查有关施工招标投标活动，总结、交流工作经验。

(3) 审批咨询、监理等单位代理施工招标投标业务的资格。

(4) 调解施工招标投标产生的纠纷。

(5) 否决违反招标投标规定的定标结果。

省、自治区、直辖市建设行政主管部门可以根据需要，报请同级人民政府批准，确定各级施工招标投标办事机构的设置及其经费来源。

根据同级人民政府建设行政主管部门的授权，各级施工招标投标办事机构具体负责本行政区域内施工招标投标的管理工作。其主要职责如下所述。

(1) 审查招标单位的资质。

(2) 审查招标申请书和招标文件。

(3) 审定标底。

(4) 监督开标、评标、定标和议标。

(5) 调解招标投标活动中的纠纷。

(6) 否决违反招标投标规定的定标结果。

(7) 处罚违反招标投标规定的行为。

(8) 监督承发包合同的签订、履行。

国务院工业、交通等部门要会同地方建设行政主管部门，做好本部门直接投资和相关投资公司投资的重大建设项目施工招标管理工作。其主要职责包括下述各点。

(1) 贯彻国家有关工程建设招标投标的方针、政策和法规、规定。

(2) 指导、组织本部门直接投资和相关投资公司投资的重大工程建设项目的施工招标工作和本部门直属施工企业的投标工作。

(3) 监督、检查本部门有关单位从事施工招标投标活动。

(4) 向项目所在的省、自治区、直辖市建设行政主管部门办理招标等有关事宜。

3.2 施工合同概述

3.2.1 建设工程合同与施工合同的概念

1. 建设工程合同的概念

建设工程合同是承包人进行工程建设，发包人按合同规定支付价款的合同。按照《中华人民共和国合同法》的规定，建设工程合同包括三种，即工程勘察合同、设计合同和施工合同。建设工程合同是一种诺成、有名、双务、有偿、要式合同。

2. 施工合同的概念

施工合同即建筑安装工程承包合同，是发包人和承包人为完成商定的建筑安装工程，明确相互权利和义务的合同。承包人应完成一定的建筑安装工程任务，发包人提供必要的施工条件并支付工程价款。

施工合同是建设工程合同的一种，它们与其他合同一样是双务合同。

3.2.2　施工合同的主体资格

施工合同的主体一般只能是法人。施工合同的当事人是发包人和承包人，双方是平等的民事主体。承发包双方签订合同必须具备相应的资质和履行合同的能力。

1. 发包人主体资格

发包人一般只能是经过批准进行工程项目建设的法人，所建设的项目必须是国家批准的建设项目，发包人应落实投资计划，并具备相应的履约能力和组织协调能力。

发包人既可以是建设单位，也可以是取得项目总承包资格的总承包单位或项目管理公司。

发包人应将工程发包给依法中标的承包单位；实行直接发包的，发包人应将工程发包给具有相应资质条件的承包单位。

2. 承包人主体资格

承包人必须持有依法取得的资质证书，并在其资质等级范围内承揽工程。

承包人可以是项目管理公司、总承包公司、专业承包公司和劳务分包公司。

禁止施工企业超越本企业资质等级许可的业务范围，或者用其他建筑施工企业的名义承揽工程；禁止建筑施工企业以任何方式允许其他单位或个人使用本企业的资质证书、营业执照，以本企业名义承揽工程。

3.2.3　施工合同的特征

施工合同具有以下特征。

1. 合同主体的严格性

根据国家的有关规定，签订建设工程合同的主体必须是法人或者其他经济组织。

其中承包单位还必须具有国家规定的资质条件。无营业执照或无承包资质的单位不能作为建设工程合同的主体，资质等级低的单位不能越级承包建设工程。

2. 合同“标的物”的特殊性

建设工程合同的标的与其他合同相比较，具有特殊性。建筑产品的固定性和生产的流动性，建筑产品的类别庞杂形成的产品的单件性，生产建筑产品所消耗的资源巨大，生产建筑产品所涉及的技术的综合性和复杂性等都决定了合同标的的特殊性。

3. 合同履行期限的长期性

建设工程的结构复杂，体积大，建筑材料类型多，工作量大，实施周期较长，且国家又在建筑产品的质量保修期中规定了较长的期限，这决定了建设工程合同履行期限的长期性。

4. 合同条款内容多

施工合同条款除《合同法》规定的工程范围、建设工期、中间交工的开工和竣工时间、工程质量、工程造价、技术资料交付时间、材料和设备供应责任、拨款和结算、竣工验收、质量保修范围和质量保证期、双方相互协作条款外，还有很多具体内容，例如：有关工程范围内容，建筑物的结构特征和规模，属于群体工程的施工合同还要将构成该群体工程项目的各个单位工程一一列表；有关图纸、技术资料提供份数，有无保密要求等；涉及保密工程质量方面的规定，如施工工程使用的标准和规范，工程质量检验和验收的程序；有关保证工期的施工进度计划，提前工期、顺延工期、延误工期的责任；合同价款的预付、支付和调整；材料、设备供应、运输验收、保管；工程设计变更；工程竣工验收和结算；发包单位应负责土地征用，现场“三通一平”，提供水准点与坐标控制点、水位地质资料等责任；承包企业应负责提供施工进度计划，提供非夜间施工使用的照明、看守、警卫，向有关部门报告工程质量及施工安全等责任。

除上述列举的施工合同具体内容外，关于安全施工、专利技术使用、发现地下障碍和文物、工程分包、不可抗力、工程担保、工程有无保险、合同解除或缓建等也是施工合同的重要内容。

5. 合同监督的严格性

由于工程项目对国民经济的发展及人民的生活工作有着重大影响，因此国家对建设工程的建设和合同的履行都有严格的管理制度。

6. 合同形式的特殊要求

建设工程合同应当采用书面形式。

3.2.4 建设工程合同的分类

建设工程合同根据其不同的特点可以有不同的分类。

1. 按承发包的范围划分

1) 建设工程总承包合同

建设工程总承包合同是指建设项目的发包人在建设项目实施前将建设项目的全过程实施委托给一个承包商而签订的合同，一般又称为交钥匙工程。

2) 建设工程承包合同

建设工程承包合同，即建设项目的发包人将建设项目实施过程中的勘察、设计、施工任务分别委托给具有相应资质的勘察、设计、施工承包商而签订的合同。通常建设工程承包合同包括专业承包合同。

3) 建设工程分包合同

建设工程分包合同，是建设工程的总承包人根据总承包合同的规定和发包人的同意，将总承包工程中的一部分发包给有相关资质的专业承包商所签订的合同。《建筑法》中明确规定了分包合同的具体条款，同时也规定分包商不能把自己分包的项目再次分包给别的承包商。

2. 按承包的内容划分

1) 建设工程勘察合同

建设工程勘察合同是委托人与承包人为完成一定的勘察任务，明确双方权利、义务关系而签订的协议。勘察合同的发包方一般是建设项目业主或建设项目总承包单位，承包人是勘察单位。“工程勘察”是指根据建设工程的要求，查明、分析、评价建设场地的地址以及地理环境和岩土工程条件，编制建设工程勘察文件的活动。其任务是为建设项目的选址、工程设计和施工提供科学可靠的依据。

2) 建设工程设计合同

建设工程设计合同是委托人与承包人为完成一定的设计任务，明确双方权利、义务关系而签订的协议。设计合同发包方一般是建设项目业主或建设项目总承包单位，承包人是设计单位。“工程设计”是指根据建设工程的要求，在正式进行工程的建设安装之前，预先确定工程规模、主要设备配置、施工图纸设计等内容。根据我国现行的法律、法规的规定，一般建设工程按初步设计和施工图设计两个阶段进行设计，对于技术复杂而又缺乏经验的建设工程，需增加技术设计阶段；对一些大型联合企业、矿区和水利枢纽，还需要进行总规划设计或总体设计。

3) 建设工程施工合同

建设工程施工合同是发包人和承包人为完成特定建设工程项目的建筑、安装任务，明确双方权利和义务关系而签订的协议。建设工程施工合同的主体是发包方和承包方，发包方可以是建设工程业主；承包方是具有相应资质的施工企业。其主要内容包括工程范围、建设工期、工程的开工和竣工时间、工程质量、工程造价、材料和设备供应责任、拨款和结算、竣工验收、技术资料交付时间、质量保修范围和质量保修期、双方相互协作等。“工程施工”是指对工程进行实际的建设过程。

3.2.5　施工合同的作用

1. 明确发包人和承包人在工程施工中的权利和义务

施工合同一经签订，即具有法律效力。施工合同明确了发包人和承包人在工程施工中的权利和义务，是双方在履行合同中的行为准则，双方都应以施工合同作为行为的依据。双方应当认真履行各自的义务，任何一方无权随意变更或者解除施工合同；任何一方违反合同规定的内容，都必须承担相应的法律责任。如果不签订施工合同，将无法规范双方的行为，也无法明确各自在工程施工中所能享受的权利和承担的义务。

2. 有利于对施工合同的管理

合同当事人对工程施工的管理应当以施工合同为依据。同时，施工合同也是有关国家机关、金融机构对工程施工进行监督和管理的重要依据。

3. 保护建设工程施工阶段发包人和承包人的权益

依法订立的施工合同，使建设工程的发包人和承包人都从法律上受到保护。

(1) 施工合同依法保护发包方和承包方的利益。施工合同和其他合同一样，具有以下三方面特征。

① 合同是当事人意思表示相一致的协议。

② 合同当事人的法律地位平等。

③ 依法订立的合同具有法律效力。

工程建设的实施，在某种意义上讲就是一项执行法律的活动，而施工合同可以把技术、经济和法律三者科学地结合在一起。

(2) 施工合同是追究违反法律的依据。

正是因为施工合同是工程发包人和承包人之间共同协商一致的协议。因而双方必须严格遵守、严格履行，不得违反。所谓违反合同，即当事人订立合同后却未履行自己应尽的合同义务。例如，订立施工合同后，发包人未按合同规定支付工程价款；承包人施工的工程质量不符合合同规定，都属于违反合同的行为。无论是哪种违约，权利受到侵害的一方，就要以施工合同为依据，根据有关法律，追究对方的法律责任。

(3) 施工合同是调解、仲裁和审理纠纷的依据。

3.3 施工合同的订立

3.3.1 选择施工合同文本

目前国内使用的建设工程施工合同文本是由建设部、国家工商行政管理局于1999年12月24日印发的《建设工程施工合同(示范文本)》(GF—1999—0201)，以下简称示范文本。

建设工程合同示范文件还包括《建设工程施工专业分包合同(示范文本)》(GF—2003—0213)和《建设工程劳务分包合同(示范文本)》(GF—2003—0214)。

“示范文本”是借鉴国际通用的《土木工程施工合同条件》(FIDIC条款)针对我国主要工程施工特点制定的，适用于各类公用建筑、民用住宅、工业厂房、交通设施及线路、管道的施工和设备安装等工程。

我国建设部在《建设工程施工合同管理办法》中明确规定：签订合同必须以《建设工程施工合同(示范文本)》中的合同条件明确约定条款。

3.3.2 建设工程施工合同的组成

《建设工程施工合同(示范文本)》由“协议书”“通用条款”和“专用条款”三部分组成，并附有三个附件。

1. 协议书

协议书是《建设工程施工合同(示范文本)》的纲领性文件，包括工程概况、工程承包范围、合同工期、质量标准、合同价款、组成合同的文件及双方的承诺等内容。

2. 通用条款

通用条款是根据《合同法》《建筑法》等法律条文对承发包双方的权利和义务作出的约定，除双方协商一致对其中的某些条款做修改、补充或取消外，双方都必须履行。通用条款由 11 个部分、47 条组成。11 个部分包括：词语定义及合同文件；双方一般权利和义务；施工组织设计和工期；质量与检验；安全施工；合同价款与支付；材料设备供应；工程变更；竣工验收与结算、违约；索赔和争议；其他。通用条款在使用时不能做任何改动，应原文照搬。

3. 专用条款

专用条款是对通用条款作出的必要修改和补充，其条款项目与通用条款相一致，由当事人根据工程的具体情况予以明确或者对通用条款进行补充。与通用条款相比，专用条款具有以下特点：是谈判的依据和主要注意事项；与通用条款相对应；具体内容由发包人与承包人协商后将工程的具体要求填写在合同文本中；解释优于通用条款。

4. 附件

《建设工程施工合同(示范文本)》附件，是对施工合同当事人权利和义务的进一步明确，以使施工合同当事人的有关工作一目了然，便于执行和管理。共有三个附件，附件一是《承包方承揽工程项目一览表》；附件二是《发包方供应材料设备一览表》；附件三是《建筑工程质量保修书》。

3.3.3　建设工程施工合同文件的内容

组成建设工程施工合同的文件包括以下基本内容。

(1) 施工合同协议书。

(2) 中标通知书。

(3) 投标书以及附件。

(4) 施工合同专用条款。

(5) 施工合同通用条款。

(6) 标准、规范以及有关技术文件、图纸、工程量清单。

(7) 工程报价单或预算书。

双方有关工程的洽商、变更等书面协议或文件可视为协议书的组成部分。

3.3.4　订立施工合同应当具备的条件

订立施工合同应具备如下条件。

(1) 初步设计已经批准。

(2) 工程项目已经列入年度建设计划。

(3) 有能够满足施工需要的设计文件和有关技术资料。

(4) 建设资金和主要建筑材料设备来源已经落实。

(5) 招投标工程的中标通知书已经下达。

3.3.5 施工合同订立的原则

建筑工程项目建设施工的发包人和承包人双方订立施工合同时应遵守以下几个原则。

(1) 遵守国家法律、行政法规和国家计划原则。订立施工合同的当事人双方，必须遵守国家法律和行政法规。建设工程施工对经济发展、社会活动有多方面的影响，国家有许多强制性的管理规定，施工合同当事人都必须遵守。

(2) 平等、自愿、公平原则。签订施工合同当事人双方，都具有平等的法律地位，任何一方都不得强迫对方接受不平等的合同条件。当事人有权决定合同内容及是否订立施工合同，合同内容应当是双方当事人真实意思的体现。合同的内容应当是公平的，不能损害任何一方的利益，对于显失公平的施工合同，当事人一方有权申请人民法院或者仲裁机构变更或者撤销。

(3) 诚实信用原则。诚实信用原则要求在订立施工合同时当事人双方要诚实，不得有欺诈行为，合同当事人应当如实地将自身和工程的情况介绍给对方。在履行合同时，施工合同当事人要恪守信用，严格履行合同。

3.3.6 施工合同订立的程序和方式

1. 合同的签订程序

施工合同订立的一般程序是要约—承诺。

(1) 要约。要约是希望和他人订立合同的意思表示，该意思表示应该符合下列规定：内容具体确定，表明经受要约人承诺，要约人即受该意思表示约束。

要约邀请不同于要约，要约邀请是希望他人向自己发出要约的意思表示。寄送的价目表、拍卖公告、招标公告、商业广告等都可视为要约邀请。

(2) 承诺。承诺是受要约人同意要约的意思表示。承诺应当具备以下条件：承诺必须由受要约人或其代理人作出；承诺的内容与要约的内容一致；承诺要在要约有效期内作出；承诺要送达要约人。

承诺可以撤回但不可以撤销。承诺在通知送达要约人时生效；不需要另行通知的，根据交易习惯或者根据要约的要求作出承诺的行为时生效。承诺生效时，合同成立。

2. 合同订立的方式

1) 通过招标的工程项目合同订立的方式

依据《招标投标法》的规定，中标通知书发出 30 天内，中标单位应与建设单位依据招标文件、投标书等签订工程承发包合同(施工合同)。签订合同的必须是中标的施工企业，投标书中已确定的合同条款在签订时不得更改，合同价应与中标价相一致。中标通知书发出后，招标人改变中标结果或中标人放弃中标项目的，相应责任人都将承担法律责任。

2) 直接发包的工程合同订立的方式

对于不适合招标的工程项目或法律法规允许直接发包的工程，在发包人对拟承包人进行资质考核后，双方就发包的工程项目的内容、质量标准、合同价款及材料供应方式等条款内容经协商达成一致意见后，双方可以签订工程施工合同。

3.4　施工合同的管理

3.4.1　施工合同管理的概念

建设工程施工合同管理是指各级工商行政主管部门、建设行政主管部门，以及建设单位、承包单位、监理单位依据法律法规，采取法律、行政的手段，对施工合同关系进行组织、指导、协调及检查监督，保护合同当事人的合法利益，处理合同纠纷，防止和制裁违法行为，保证施工合同贯彻实施的一系列活动。合同管理贯穿于招标投标、合同谈判与签约、工程实施、交工验收及保修等的全过程。

3.4.2　施工合同管理的特点

合同管理的特点是由工程的特点、环境和合同的性质、作用和地位所决定的。

1. 施工合同管理周期长

合同管理周期与工程项目建设周期相关。

2. 合同管理与投资效益及承包商经济效益密切相关

合同管理的目的是实现项目的目标，即质量目标、工期目标和成本目标。无论是投资方还是承包方，只有对合同进行有效的管理，才能实现经济效益和社会效益。

3. 合同管理具有动态性

由于施工合同履行过程中受外部的因素影响较多，合同的变更具有不可预见性。除此以外，在施工合同履行过程中，施工准备阶段、施工阶段、竣工验收阶段、保修阶段，管理工作的重点各不相同，所以要求合同管理必须是动态的。

4. 合同管理是综合性的全面的高层次的管理工作

施工合同管理是业主(包括监理工程师、项目管理公司)和承包商项目管理的核心工作，是项目管理中的一大管理职能，是一项综合性的、全面的、高层次的管理活动。

5. 合同管理具有一定的风险

工程项目实施周期长、涉及面广、受外界环境(政治、经济、社会、法律、自然条件)的影响大，这些因素是业主及承包商难以预测、不能控制的。

3.4.3 施工合同管理组织机构设置

施工合同管理组织作为动词的含义，是指为实现有序的合同管理而进行的组织系统的设计、建立、运行和调整。它包括人员的配备及权利的确定、工作划分、工程程序设计、合同分析、目标确定、检查及信息反馈、组织运行等。其作为名词的含义是管理机构。

业主方、监理方、承包方都应设置合同管理机构。

3.4.4 施工合同管理的主要工作内容

对于工程项目的参与者以及与合同有关的上级主管部门，对合同的管理工作与其所处的地位、所处的阶段有关。

1. 建设行政主管部门在施工合同管理中的主要工作

各级建设行政主管部门从市场管理的角度对施工合同进行宏观管理，管理的主要内容有以下几方面。

(1) 贯彻国家有关经济合同方面的法律、法规和方针政策。

(2) 制定和推荐使用施工合同示范文本。

(3) 指导合同当事人的合同管理工作，培训合同管理人员，总结交流工作经验。

(4) 审查和鉴证工程施工合同，监督检查合同履行情况，依法处理存在的问题，查处违法行为。

(5) 调节施工合同纠纷。

2. 业主及监理工程师在施工合同管理中的主要工作

(1) 业主的主要工作。业主的主要工作是对合同进行总体策划和总体控制，对授标及合同的签订进行决策，为承包商的合同实施提供必要的条件，委托监理工程师监督承包商履行合同。

(2) 监理工程师的主要工作。对实行监理的工程项目，监理工程师的主要工作由建设单位(业主)与监理单位双方约定。按照《建筑法》《建设工程监理规范》的规定，监理工程师必须站在公正的第三方的立场上对施工合同进行管理，其工作内容可以涉及包括招投标阶段和施工阶段的进度管理、质量管理、投资管理和组织协调的全部或部分。其主要工作内容如下所述。

① 协助业主组建招标机构，为业主起草招标申请书，并协助招标人向当地建设行政主管部门申请办理工程招标的审批工作，以及发布招标公告或投标邀请。

② 对投标人的投标资格进行预审。

③ 组织现场勘查和答疑。

④ 组织开标会议。

⑤ 合同谈判。

⑥ 起草合同文件和各种相关文件。

⑦ 解释合同，监督合同的执行，协调业主、承包商、供应商的合同关系，站在公正的立场上正确处理索赔与纠纷。

⑧ 在业主的授权范围内，对工程项目进行进度控制、质量控制、投资控制。

3. 承包商在施工合同管理中的主要工作

合同管理是施工承包单位的一项具体、细致的工作，贯穿于合同履行的全过程，应作为施工项目管理的重点和难点加以对待。其工作内容主要包括以下几点。

(1) 确定工程项目合同管理组织。包括项目(或工程队)的组织形式、人员分工和职责等。

(2) 合同文件、资料的管理。为了防止合同在履行中发生纠纷，合同管理人员应加强合同文件的管理，及时填写并保存经有关方面签证的文件和单据。

(3) 监督工程小组和分包商按合同施工，并做好各分包合同的协调和管理工作。以积极合作的态度完成自己的合同责任，努力做好自我监督。同时也应督促和协助业主和工程师履行他们的合同责任，以保证工程顺利进行。

(4) 对合同实施情况进行跟踪。收集合同实施的信息及各种工程资料，并进行相应的信息处理；将合同实施情况与合同分析资料进行对比分析，找出其中的偏差，对合同履行情况作出诊断；向项目经理提出合同实施方面的意见、建议，甚至警告。

(5) 进行合同变更管理。这里主要包括参与变更谈判，对合同变更进行事务性处理，落实变更措施，修改与变更相关的资料，检查变更措施的落实情况。

(6) 日常的索赔和反索赔。包括两个方面：与业主之间的索赔和反索赔；与分包商及其他方面之间的索赔和反索赔。在工程施工中，承包商与业主、总(分)包商、材料供应商、银行之间都可能发生索赔或反索赔。合同管理人员承担着主要索赔(反索赔)任务，负责日常的索赔(反索赔)事务处理。

(7) 建立合同管理系统。合同管理系统是目前国际上一种先进的合同管理技术，它借助于电子计算机的存储空间检索条款，分析手段迅速、可靠地为合同管理人员提供决策支持。随着建筑技术迅速发展、经济能力的不断扩大，工程项目的规模越来越庞大，涉及的方面也日益广泛，合同条款也日益复杂，组成合同文件的部分也越来越多，遇到合同履行中的问题时，若想高效地处理纠纷就需要借助于电子计算机。

3.5 施工合同的控制

3.5.1 合同控制概述

1. 合同控制的概念

合同控制是指承包商的合同管理组织为保证合同所约定的各项义务的履行及各项权利的实现，以合同分析的成果为基础，对整个合同实施过程进行全面监督、检查、对比和纠正的管理活动。

2. 工程实施控制的主要内容

工程合同实施控制包括成本控制、质量控制、进度控制与合同控制四个方面。各项控制的目标和依据如表 3-1 所示。成本、工期、质量是承包控制的三大目标，但安全、文明施工和环境保护等也是重要的管理目标。

表 3-1　工程实施控制的主要内容

项　目	控制内容	控制目的	控制依据
成本控制	保证按计划成本完成工程，防止成本超支和费用增加	计划成本	各分项工程、分部工程、总工程式的计划成本、人力、材料、资金计划、计划成本曲线
质量控制	保证按合同的质量标准完成工程，使工程顺利进行验收、交付使用，实现预期的功能目标	合同规定的质量标准	工程说明、规范、图纸、工作量表
进度控制	按预定的进度计划进行施工，按期交付工程，防止并承担工期拖延的责任	合同规定的工期	合同规定的总工期计划、业主批准的详细的施工进度计划、网络图、横道图等
合同控制	按合同全面完成承包商的责任，防止违约	合同规定的各项责任	合同范围内的各种文件、合同分析资料

3.5.2　合同控制的工作内容

1. 参与落实计划

合同管理人员和其他人员一起落实合同实施计划，为各工作小组或分包商提供必要的保证。

2. 协调各方面的关系

在合同范围内，协调业主、工程师、项目管理各职能人员、所属的各工程小组和分包商之间的关系，解决相互之间存在的问题。

3. 指导工作

合同管理人员对各工作小组或分包商进行工作指导、合同解释，使各工程小组树立全局观念。

4. 参与项目管理工作

合同项目管理的有关职能人员，每天要检查各工程小组和分包商的合同实施情况，按照合同要求的质量、数量、技术标准和工程进度进行检查，发现问题及时采取措施。

5. 合同实施情况的追踪、偏差分析与处理

在合同实施情况追踪的基础上，评价合同实施情况及其偏差，预测偏差的影响及发展趋势，并分析偏差产生的原因，以便对该偏差采取调整措施。

6. 负责合同变更管理

在大量的工程实践中，由于合同双方现实环境和相关条件的变化，往往会出现合同变更，而这些变更必须根据合同的相关条款适当地加以处理。任何合同的变更都是以一定的法律事实为依据来改变合同内容的法律行为。

7. 负责工程索赔

工程索赔是指在合同履行过程中，对于并非自己的过错，而是应由对方承担责任的情况造成的实际损失向对方提出经济补偿和（或）时间补偿的要求。

8. 负责文档管理

负责合同的查阅及调档，并作好相关记录，保证文档管理的机密性，整理完成的合同过程资料及合同电子版备档。

9. 负责争议的处理

参加合同纠纷处理，提出解决和处理纠纷的建议。

3.5.3　合同的跟踪

合同跟踪有两方面的含义，其一是承包商的合同管理职能部门对合同执行者的履行情况进行跟踪、监督和检查；其二是合同执行者本身对合同计划的执行情况进行跟踪、检查与对比。在合同实施过程中，二者缺一不可。

1) 合同跟踪的依据

(1) 合同及合同分析的检查。如各类计划、方案、合同变更文件是合同实施的依据。

(2) 各种实践工作的文件。如原始记录、各种工程报表、报告、验收结果等。

(3) 工程管理人员对现场情况的直观了解。施工现场巡视、与各种人员谈话、召集小组会议、检查工程质量和工程计量等，可以更快地反映问题。

2) 合同跟踪的作用

(1) 找出偏差，以便及时采取措施，调整合同实施过程，实现合同总体目标。合同跟踪是调整决策的前导工作。

(2) 使项目管理人员了解合同实施情况，对合同实施趋向和结果有一个清醒的认识。

3) 合同跟踪的对象

(1) 具体的合同实施工作。对照合同实施工作表的具体内容，分析该工作的实际完成情况。具体内容如下所述。

① 工作质量是否符合合同要求，如工作的精度、材料质量是否符合合同要求。

② 工作工程范围是否符合要求，有无合同规定以外的工作。

③ 是否在预定期限内完成工作任务，工期有无延长，延长的原因有哪些。

④ 成本有无增加或减少。

(2) 工程小组或分包商的工作。工程承包人可以将工程施工任务分解，交由不同的工程小组或发包给专业分包人完成，但必须对这些工程小组或分包人及其所负责的工程进行跟踪检查、协调关系，提出意见、建议或警告，保证工程总体质量和进度。

对专业分包人的工作和负责的工程，总承包商负有协调和管理的责任，并承担由此造成的损失，所以专业分包人的工作和负责的工程必须纳入总承包工程的计划和控制之中，防止因分包人工程管理失误而影响全局。

(3) 业主和其委托的工程师的工作。

① 业主是否及时、完整地提供了工程施工的实施条件，如场地、图纸、资料等。

② 业主和工程师是否及时给予指令、答复和确认等。

③ 业主是否及时并足额地支付了应付的工程款项。

(4) 工程总体实施状况。对工程总体实施状况的跟踪可以通过以下几个方面进行。

① 工程整体施工秩序状况。如果出现以下情况，合同实施必然有问题：现场混乱、拥挤不堪；承包商与业主的其他承包商、供应商直接协调困难；合同主体之间和工程小组之间协调困难；出现事先未曾考虑到的情况和局面；发生较严重的工程事故等。

② 已完工程未能通过验收。

③ 施工进度未能达到预定计划。

④ 计划与实际的成本曲线出现大的偏差。

3.5.4 合同偏差的纠正

承包商应根据合同实施偏差情况分析结果，采取相应的调整措施。

1) 组织措施

增加人员投入，调整人员安排，调整工作流程和工作计划。

2) 技术措施

变更技术方案，采用新的高效的施工方案。

3) 经济措施

增加资金投入，采取经济激励措施。

4) 合同措施

进行合同变更，签订附加协议，采取索赔手段。

3.5.5 合同实施后评价

合同执行后的评价，包括合同订立情况评价、合同执行情况评价、合同管理工作评价和合同条款评价。将合同订立和合同执行过程中的利弊得失、经验教训总结出来，作为以后合同管理的借鉴。

3.6 合同变更管理

合同变更是指合同成立以后、履行之前或履行过程中合同当事人不变，而合同的内容、客体发生变化的情形，一般是指在工程施工过程中，根据合同约定对施工的程序、工程数量、质量要求、工程价款以及标准等作出的变更。

3.6.1　合同变更产生的原因

合同变更是合同的特点之一，一项较为复杂的工程实施中的变更可能会很多，归纳起来有如下几种原因。

(1) 工程范围发生变化。业主有新变更指令，对建筑有新的要求，要求增加或删改某些项目，改变质量标准或改变项目用途。

(2) 政府部门对工程项目有新的要求。如国家计划改变、环境保护要求、城市规划发生变化，政府下达新的有关强制性的指令。

(3) 设计变化。由于设计的缺陷、专业工程之间的矛盾、设计错误等，必须对图纸进行修改。

(4) 工程环境的变化。在工程中遇到的实际现场条件同招标文件中的描述有本质差异，或发生不可抗力等，即预定的条件不准确。

(5) 合同的原因。由于合同实施出现的问题，必须调整合同目标或修改合同条款。

(6) 监理工程师、承包商的原因。监理工程师的指令错误，承包商的合同执行错误，导致质量缺陷，工期延误。

(7) 合同双方当事人由于倒闭或其他原因转让合同，造成当事人的变化。

3.6.2　合同变更的范围

合同变更的范围很广，一般在合同签订后包括工程范围、进度、工程质量要求、合同条款内容，以及合同双方责、权、利关系等的变化都可以视为合同变更。常见的变更有三种。

(1) 合同条款的变更。合同条件和协议书所定义的双方责任权利关系或一些重大问题的变更。

(2) 工程变更。工程施工过程中，工程师或业主代表在合同约定范围内对工程范围、质量、数量、性质、施工次序和实施方案等作出变更，是最常见和最多的合同变更。

(3) 合同主体的变更。如由于特殊原因造成合同责任和权益的转让，或合同主体的变化。

3.6.3　合同变更的处理

合同变更对工程施工过程的影响很大，会造成工期的拖延和费用的增加，容易引起双方的争执。工程变更是索赔的主要起因，所以合同双方都应十分慎重地对待合同变更问题，并应做好以下工作。

(1) 尽可能快速作出变更。提前发现变更需求，变更程序简单、快捷，否则可能会造成更大的返工损失。

(2) 迅速、全面、系统地落实变更指令。变更指令作出后，承包商应迅速、全面、系统地加以落实。而相关工程小组和分包商在落实变更指令之后，还必须制定相应的措施，并协调好各方面的工作。

(3) 保存原始设计图纸、设计变更资料、业主书面指令，以及变更后发生的采购合同、发票及实物或现场照片等。

(4) 进一步分析合同变更的影响。合同变更是索赔机会，应在合同规定的索赔有效期内完成索赔处理。在合同变更过程中，应记录、收集、整理所涉及的各种文件，如图纸、各种计划、技术说明、规范和业主的变更指令，以作为进一步分析的依据和索赔的证据。对于重大的变更，应先进行索赔谈判，待达成一致后，再实施变更。赔偿协议是关于合同变更的处理结果，也可作为合同的一部分。

(5) 合同变更的评审。在分析了合同变更的相关因素和条件后，应及时进行变更内容的评审，评审内容包括合理性、合法性、可能出现的问题及措施等。

3.6.4 合同变更程序

工程变更应有一定的程序，有一套申请、审查、审批手续，工程变更程序如图 3-3 所示。

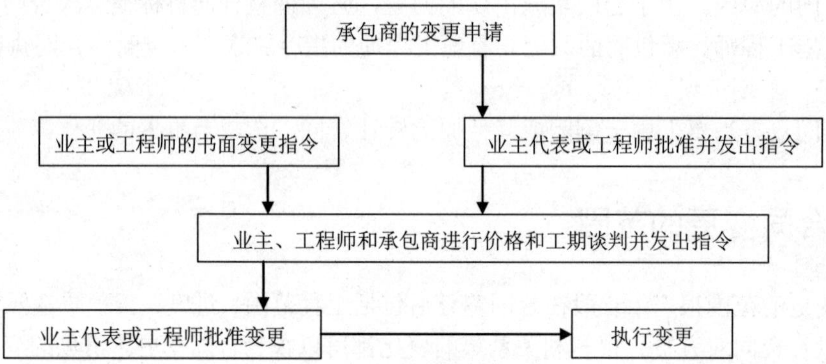

图 3-3 工程变更程序

1. 提出设计变更要求

业主和工程师及承包商均可提出设计变更要求，工程变更申请单见表 3-2。

表 3-2 工程变更申请单

致：(单位) 由于____原因，兹提出____工程变更(变更内容见附件)，请予以批准。 附件： 提出单位： 代 表 人： 日 期：		
建设单位代表： 签字： 日期：	设计单位代表： 签字： 日期：	项目监理机构： 签字： 日期：

1) 监理工程师提出变更要求

在施工过程中，由于设计中的缺陷或施工环境发生变化，监理工程师以节约成本、保证工期和保证工程质量为原则，提出变更申请。

2) 承包商提出变更要求

承包商在以下情况下可以提出变更要求。

(1) 工程遇到不能预见的地质条件或地下障碍物。

(2) 以便于施工、降低工程费用、缩短工期为目的。

(3) 由于市场的供应因素，设计中的材料或设备暂无供应。

(4) 适于承包项目的自有研发的新技术、新材料并经应用与推广的，可以提出变更。

3) 业主提出变更

业主提出的工程变更，常常是为满足使用上的需要，或因资金等方面的原因提出对原有工程项目规模和结构上的变化的要求。

4) 设计单位提出变更

由于国家指令、强制性的标准或其他设计的缺陷，设计单位可提出变更要求。

2. 监理工程师审批或批准

对于工程的任何变更，无论是哪一方提出，监理工程师都必须与项目业主进行充分协商，最后由监理工程师发出变更指令。项目业主可以赋予监理工程师一定的批准变更的权限(一般会规定变更费用额)，在此权限内工程师可以自主批准工程变更。

(1) 编制工程变更文件，发布变更指令。

(2) 承包商项目部的合同管理人员向监理工程师发出合同价款调整或工期和费用的索赔通知。

(3) 工程变更价款或工期延长的确定。

(4) 变更的费用支付及工期补偿。

3.6.5　合同变更的注意事项

(1) 对业主或监理工程师的口头变更指令，承包商必须遵照执行，但应在规定的时间内向监理工程师索要书面确认文件。如果监理工程师在规定的时间内未予书面否决，则承包商的书面要求文件可作为监理工程师对该工程变更的书面指令。监理工程师的书面指令是支付变更款项的依据。

(2) 工程变更不能超过合同规定的范围。如果超过了这个范围，承包商有权不执行变更指令或先商定价款后进行变更。

(3) 注意程序上的矛盾性。合同通常规定，承包商必须无条件执行变更指令，所以要特别注意工程变更的实施、价格谈判和业主批准三者之间在时间上的顺序。

(4) 在合同实施中，合同内容的任何变更都必须由合同管理人员提出，与业主、总承包商之间的任何书面信件、报告、指令等都应经合同管理人员进行技术和法律方面的审查，这样才能保证变更不会出现合同纠纷问题。

(5) 在商讨变更或协议变更过程中，承包商必须提出变更补偿(即索赔)问题。在变更执行前就应该明确变更范围、补偿方法、索赔计算方式、支付时间等。双方应就这些问题达成一致。

(6) 在工程变更中特别要注意因变更造成的返工、停工、窝工、修改计划等引起的损失，注意收集这方面的证据，在变更谈判中应对此进行洽商。

3.7 施工索赔管理

3.7.1 施工索赔概述

1. 施工索赔的概念

施工索赔是指承包商由于非自身原因，发生合同规定之外的额外工作或损失时，通过合同规定的程序向业主提出的费用或时间补偿的要求活动。施工索赔是法律和合同赋予的正当权利，也是维护自身经济效益的手段。

2. 施工索赔的分类

1) 按索赔有关当事人分类

按索赔有关当事人分类，索赔可分为承包人与发包人之间的索赔；承包人与分包人之间的索赔；承包人或发包人与供货人之间的索赔；承包人或发包人与保险人之间的索赔。

2) 按照索赔目的和要求分类

(1) 工期索赔。即承包人向业主，或分包人向承包人要求延长工期。

(2) 费用索赔。即要求补偿经济损失，调整合同价格。

3) 按照索赔事件的性质分类

(1) 工程延期索赔。由于发包人未按合同要求提供施工条件，或发包人指令工程暂停，或因不可抗力事件造成工期拖延的，承包人可以向发包人提出索赔；由于承包人的原因导致工期拖延的，发包人可以向承包人提出索赔；由于非分包人的原因导致工期拖延的，分包人可以向承包人提出索赔。

(2) 工程加速索赔。通常是由于发包人或工程师要求承包人提前合同工期，承包人提出的索赔。

(3) 工程变更索赔。由于发包人或工程师指令增加、减少工程量或者增加附加工程、修改设计、变更施工顺序等，造成工期延长和费用增加的，承包人对此可向发包人提出索赔，分包人也可以对此向承包人提出索赔。

(4) 工程终止索赔。由于发包人违约或发生了不可抗力事件造成工程非正常终止的，承包人和分包人因蒙受经济损失而提出索赔；由于承包人或者分包人的原因导致工程非正常终止，或者合同无法继续履行的，发包人可以对此提出索赔。

(5) 不可预见的外部障碍或条件索赔。即承包商在施工现场遇到不能预见的外界障碍或条件时，承包人可以据此提出索赔。

(6) 不可抗力事件引起的索赔。FIDIC 施工合同条件中，不可抗力通常是满足以下条件的特殊事件或情况：一方无法控制的，该方在签订合同前不能对其进行合理防备的，发生后该方不能合理避免或克服的，不主要归因于另一方的。不可抗力事件发生导致承包人损失的，通常应该由发包人承担，即承包人可以据此提出索赔。

(7) 其他索赔。即货币贬值、汇率变化、物价变化、政策法令变化等原因引起的索赔。

4) 按照索赔的起因分类

索赔可分为发包人违约索赔、合同错误索赔、合同变更索赔、环境工程变化索赔、不可抗力因素索赔等。

5) 按照索赔的依据分类

(1) 合同内索赔。即双方在合同中约定了可给予承包人补偿的事项，承包人可据此向发包人提出索赔要求。这类索赔较为常见。

(2) 合同外索赔。即引起索赔的干扰事件已经超出了合同条文的范围或合同条文中没有规定，索赔的依据需要扩大到相关法律法规，如《民法》《建筑法》等。

(3) 道义索赔。此类索赔不是根据法律和合同，而是取决于发包人的道义、通融。发包人可以从工程整体利益角度选择同意或不同意。

6) 按照处理索赔的方式分类

(1) 单项索赔。单项索赔只针对在合同实施过程中某一干扰事件发生时或者发生后在合同规定的索赔有效期间内向业主提交索赔报告，处理起来比较简单。

(2) 总索赔，又称为一揽子索赔。它是指承包人在工程竣工结算前，将施工过程中未得到解决的或承包人对发包人答复不满意的单项索赔集中起来，综合提出一份索赔报告。

3.7.2　索赔的依据和证据

1. 索赔的依据

(1) 合同文件。包括本合同协议书，中标通知书，投标书及其附件，合同专用条款，合同通用条款，标准、规范及有关技术文件，图纸，工程量清单，工程报价单或预算书等。《建设工程施工合同(示范文本)》(GF—99—0201)中列举了发包人可以向承包人提出索赔的依据条款，也列举了承包人与分包人之间索赔的诸多依据条款。

(2) 法律、法规。

(3) 工程建设惯例。

针对具体的索赔要求，索赔的具体依据也不同，如有关工期的索赔就要依据有关的进度计划、变更指令等提出。

2. 索赔的证据

索赔的证据是当事人用来支持其索赔成立或与索赔有关的证明文件和资料。索赔证据作为索赔文件的组成部分。在项目实施过程中，会产生大量的工程信息和资料，这些信息和资料是开展索赔的重要证据。

常见的工程索赔证据如下所述。

(1) 各种合同文件。包括施工合同协议书及其附件、中标通知书、投标书、标准和技术规范、图纸、工程量清单、工程报价单或者预算书、有关技术资料和要求、施工过程中的补充协议等。

(2) 与工程有关的各种来往函件、通知、答复等。

(3) 与工程有关的各种会谈纪要、工程各项会议纪要。

(4) 经过发包人或者监理工程师批准的承包人的施工进度计划、施工方案、施工组织设计和现场实施情况记录。

(5) 工地的交接记录(应注明交接日期，场地平整情况，水、电、路情况等)，图纸和各种材料交接记录。

(6) 施工现场记录。包括有关设计交底、设计变更、施工变更指令；工程材料和机械设备的采购、验收与使用等方面的凭证及材料供应清单、合格证书；工程现场水、电、道路等开通、封闭的记录；停水、停电等各种干扰事件和工程有关的照片、录像、影像记录等。

(7) 气象报告和资料，如有关温度、风力、雨雪的资料。

(8) 施工日记、备忘录等。

(9) 发包人或者监理工程师签认的签证。

(10) 发包人或者监理工程师发布的各种书面指令和确认书，以及承包人的要求、请求、通知书等。

(11) 工程中规定的各种检查验收报告和各种技术鉴定报告。

(12) 建筑材料和设备的采购、订货、运输、进场、使用方面的记录、凭证和报表等。

(13) 市场行情资料。包括市场价格、官方的物价指数、工资指数、中央银行的外汇比率等公布资料。

(14) 招标文件和现场资料。

(15) 工程结算资料、财务报告、财务凭证及各种会计核算资料等。

(16) 国家法律、法令、政策文件。

索赔证据应该具有真实性、及时性、全面性、关联性及有效性。

3.7.3 索赔程序

本小节主要介绍承包人向发包人索赔的程序。

(1) 意向通知。索赔事件发生后28天内，承包人应通知监理工程师，表明索赔意向，争取支持。索赔意向通知要简明扼要地说明索赔事由发生的事件、地点以及发生过程，描述发展动态、索赔依据和理由、索赔事件的不利影响等。

(2) 提交索赔报告。承包人在索赔事件发生后，应立即收集索赔证据，寻找合同依据，进行责任分析，计算索赔金额和延长工期，最后形成索赔报告，在发出索赔意向28天内报送监理工程师，抄送业主。

(3) 索赔处理。监理工程师接到索赔报告和有关资料，28天内给予答复，或要求承包人进一步补充索赔理由和证据，监理工程师 28 天内未予答复或未对承包人作出进一步要求的，应视为该索赔已经批准。

监理工程师接到索赔报告后，对不合理、证据不足之处应提出反驳意见，监理工程师根据自己掌握的资料和处理索赔的工作经验可以就以下问题提出质疑。

① 索赔事件不属于业主和工程师的责任，而是第三方责任。

② 事实和合同依据不足。

③ 承包人未遵守意向通知的要求。

④ 合同中开脱责任条款已免除了业主补偿责任。

⑤ 索赔是由不可抗力引起的，承包人没有划分和证明双方责任的大小。

⑥ 承包人没有采取适当的措施减少损失。

⑦ 承包人必须提供进一步证明。

⑧ 损失计算夸大。

⑨ 承包人以前已明示了放弃此次索赔的要求。

3.7.4 索赔报告

索赔报告的基本内容有如下几项。

(1) 题目。高度概括索赔内容，如“关于×××事件的索赔”。

(2) 事件。陈述事件发生的过程，如工程变更情况、施工期间监理工程师的指令、双方往来函件、会谈的经过及纪要等，着重指出业主或工程师的责任。

(3) 理由。提出作为索赔依据的具体合同条款、法律、法规依据。

(4) 结论。指出索赔事件给承包人造成的影响和损失。

(5) 计算。列出费用损失和工期延期的计算公式(方法)、数据、表格和计算结果，并依此提出索赔要求。

(6) 综合。总索赔应在综合上述索赔的基础上提出索赔总金额或工程总延期天数的要求。

(7) 附录。各种证据材料。

思考题与习题

一、简答题

1. 简述建筑工程招标工作程序。
2. 简述招标的内容。
3. 简述关于公开招标的范围。
4. 简述投标工作的程序。
5. 关于联合体投标有哪些相关规定?
6. 简述现场勘察对投标人的重要意义。
7. 发包人对合同的管理工作有哪几个方面?
8. 承包人对合同的管理工作有哪几个方面?
9. 简述合同变更程序。
10. 索赔的起因有哪几个方面?
11. 施工索赔的证据有哪些?
12. 索赔的程序是怎样的?
13. 索赔报告的主要内容有哪些?
14. 如何进行施工索赔?

二、单项选择题

1. 根据《合同法》的规定，下列属于建设工程合同的是(   )。
A. 招投标代理合同　B. 脚手架租赁合同　C. 施工合同　D. 承揽合同

2. 建筑工程开工前，建设单位应当按照国家有关规定向(   )申请领取施工许可证。
A. 业主单位所在地县级以上人民政府工程立项审批主管部门
B. 业主单位所在地县级以上人民政府建设行政主管部门
C. 工程所在地县级以上人民政府工程立项审批主管部门
D. 工程所在地县级以上人民政府建设行政主管部门

3. 《招标投标法》第四十六条规定，招标人和中标人应当自中标通知书发出之日起(   )内，按照招标文件和中标人的投标文件订立书面合同。
A. 30个工作日　B. 15个工作日　C. 15天　D. 30天

4. 工程变更不能超出合同规定的工程范围。如果超过了这个范围，承包商(   )。
A. 有权不执行变更　B. 无条件执行变更
C. 听从业主指令　D. 听从工程师指令

5. 索赔的性质属于(   )。
A. 经济补偿行为　B. 经济惩罚行为　C. 责任追究行为　D. 纠纷诉讼行为

6. 要想取得索赔的成功，提出索赔要求不需符合的条件是(   )。
A. 客观性　B. 合法性　C. 合理性　D. 方向性

7. 对整个工程实际发生的合理成本与原成本之差额提出的索赔属于(   )。
A. 补偿索赔　B. 综合索赔　C. 单项索赔　D. 道义索赔

三、多项选择题

1. 在建设工程项目合同体系中，业主和承包商是两个最主要的节点。属于业主主要合同关系的有(   )。
A. 工程承包合同　B. 工程咨询合同　C. 项目管理合同
D. 工程分包合同　E. 劳务分包合同

2. 在建设工程施工合同争议的解决办法中，发生争议后，在一般情况下，双方都应继续履行合同，保持施工连续，保护好已完工程。当出现(   )情况时，可停止履行合同。
A. 单方违约导致合同确已无法履行，双方协议停止施工
B. 调解要求停止施工且为双方接受
C. 仲裁机构要求停止施工
D. 当地政府要求停止施工
E. 法院要求停止施工

3. 工程变更是建筑施工生产的特点之一，主要原因是(   )。
A. 业主方对项目提出新的要求
B. 由于现场施工环境发生了变化
C. 发生不可预见的事件，引起停工和工期拖延
D. 由于现场施工机械损坏，引起停工和工期拖延
E. 由于招标文件和工程量清单不准确引起工程量增减

4. 当工程变更发生时，要求工程师及时处理并确认变更的合理性。在提出工程变更要求和确认工程变更之间的一般过程有(　　)。

A. 分析工程变更对项目目标的影响

B. 分析工程变更对项目结构的影响

C. 分析有关的合同条款和会议、通信记录

D. 分析有关的法律、法规条款和施工组织设计

E. 初步确定处理变更所需的费用、时间范围和质量要求

5. 在国际承包工程中，经常出现工程变更已成事实后，再进行价格谈判，这对承包商很不利。当遇到这种情况时，承包商可采取的对策有(　　)。

A. 暂时停止施工

B. 控制施工进度

C. 采用浮动单价计算变更价款

D. 采用成本加酬金计算变更价款

E. 保存完整的变更实施记录和照片

6. 在工程索赔的实践中，(　　)不允许索赔。

A. 承包商对索赔事项的发生原因负有责任的有关费用

B. 承包商对索赔事项未采取减轻措施因而扩大的损失费用

C. 承包商进行索赔工作的准备费用

D. 不可抗力

E. 因非承包商原因一周内停水、停电、停气造成的停工累计超过 6 小时

7. 进行综合索赔时，承包商必须事前征得监理工程师的同意，并提出的证明是(　　)。

A. 综合索赔方法优于其他方法

B. 承包商的投标报价是合理的

C. 实际发生的总成本是合理的

D. 承包商具有索赔能力

E. 承包商对成本增加没有任何责任

第 4 章　建筑工程进度控制

【学习要点及目标】

- 了解进度与进度控制的概念。
- 了解进度控制的原理。
- 掌握进度计划编制步骤。
- 掌握流水施工的原理。
- 掌握网络计划技术。
- 了解建筑工程进度调整系统。
- 掌握建筑工程进度偏差的分析方法。
- 掌握建筑工程进度计划的调整方法。

【核心概念】

进度　进度控制　流水施工　流水步距　网络图　关键线路　关键工作　前锋线

【引言】

建筑工程施工最重要的是保证工程成本、工期、质量满足合同目标的要求。因此，一项建筑工程能否在预定的时间内交付使用，不仅关系到投资效益的发挥，还关系到企业的经济效益。工程实践表明，若建筑工程施工进度控制失控，必然造成人力、物力和财力的严重浪费，甚至会影响工程投资、工程质量和施工安全。因此，对建筑工程进度进行有效的控制，使其顺利实现预定的工期及质量目标，是建筑工程在施工过程中必不可少的一个重要环节。本章主要介绍建筑工程进度控制的有关知识。

4.1　建筑工程进度控制概述

建筑工程施工最重要的是保证工程成本、工期、质量满足合同目标的要求。因此，一项建筑工程能否在预定的时间内交付使用，将关系到企业的经济效益。工程实践表明，若建筑工程施工进度控制失控，必然造成人力、物力和财力的严重浪费，甚至会影响工程投资、工程质量和施工安全。

4.1.1　进度与进度控制的概念

1. 进度

进度是一个将任务、工期、成本有机地结合起来所形成的综合性指标，用以反映建筑工程的实施情况。建筑工程上用来描述进度的量有以下几个。

(1) 持续时间。人们常用已经使用的工期与工程的计划工期相比较来描述工程的完成情况。但是工期与进度在概念上是不一致的。

(2) 工程活动的结果状态数量。如现浇混凝土的体积、土石方的开挖量等。

(3) 共同适用的某个工程计量单位。工程中常用的有劳动工时消耗、材料消耗、成本等。

2. 进度控制

进度控制是指在工程施工阶段，按既定的施工工期，编制出最优的施工进度计划，在执行该计划的过程中，经常检查施工实际进度情况，并将其与计划进度相比较，若出现偏差，应及时分析偏差产生的原因及其对工期的影响程度，制定出必要的调整措施，并对原进度计划进行修改，直至工程竣工，交付使用。其最终目的是确保工程进度目标的实现，建筑工程进度控制的总目标是建设工期。

进度控制和工期控制是两个既有联系又有区别的概念。工期控制的目的是使工程实施活动与工期计划在时间上相吻合。进度控制的总目标与工期控制是一致的，但是进度控制不仅追求时间上的吻合，还追求消耗与劳动成果的一致性。一般情况下，在工程施工过程中，对进度的控制往往又表现为对工期的控制，只有进行有效的工期控制，才能进行有效的进度控制。

4.1.2　建筑工程进度控制的任务和程序

建筑工程进度控制的主要任务是编制施工总进度计划并控制其执行，按期完成整个建筑工程的施工任务；编制单位工程施工进度计划并控制其执行，按期完成单位工程的施工任务；编制分部分项工程施工进度计划并控制其执行，按期完成分部分项工程的施工任务；编制季度、月(旬)作业计划并控制其执行，完成规定的目标等。

项目经理部的进度控制应按下列程序进行。

(1) 根据施工合同确定的开工日期、总工期和竣工日期，确定施工进度目标，明确计划开工日期、计划总工期和计划竣工日期，确定项目分期分批的开、竣工日期。

(2) 编制施工进度计划，具体安排实现前述目标的工艺关系、组织关系、搭接关系、起止时间、劳动力计划、材料计划、机械计划和其他保证性计划。

(3) 向监理工程师提出开工申请报告，在监理工程师开工令指定的日期开工。

(4) 实施施工进度计划，在实施中加强协调和检查，如出现偏差(不必要的提前或延误)应及时进行调整，并不断预测未来进度状况。

(5) 工程竣工验收前抓紧收尾阶段进度控制；全部任务完成后，进行进度控制总结，并编写进度控制报告。

由上述各点可知，建筑工程进度控制程序是一个动态的循环过程。它包括进度目标的确定，以及施工进度计划的编制、跟踪、检查与调整，其基本程序如图 4-1 所示。

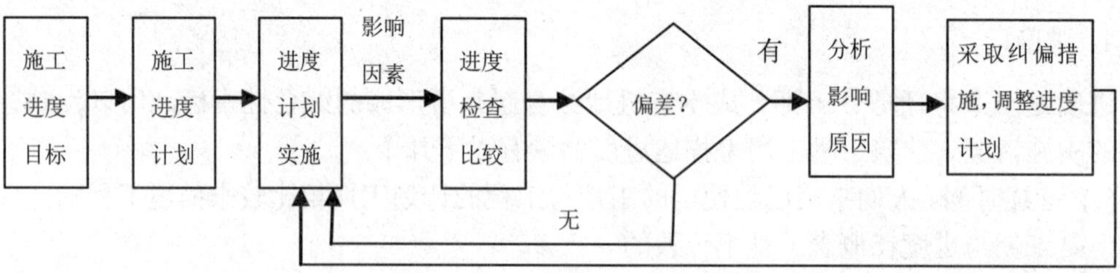

图 4-1　建筑工程进度控制程序

4.1.3　建筑工程进度控制的目标

1. 建筑工程进度控制的总目标

建筑工程进度控制以实现施工合同约定的竣工日期为最终目标。作为一项建筑工程，总有一个时间限制，即建筑工程的竣工时间，而建筑工程的竣工时间就是施工阶段的进度目标。有了这个明确的目标，才能进行有针对性的进度控制。

在确定施工进度目标时，应考虑的因素有：建筑工程总进度计划对项目施工工期的要求、项目建设的特殊要求、已建成的同类或类似工程项目的施工期限、建设单位提供资金的保证程度、施工单位可能投入的施工力量、物资供应的保证程度、自然条件及运输条件等。

2. 建筑工程进度目标体系

建筑工程进度控制的总目标确定后，还应对其进行层层分解，形成相互制约、相互关联的目标体系。建筑工程进度的目标是从总的方面对项目建设提出的工期要求，但在施工活动中，是通过对最基础的分部分项工程的施工进度控制来保证各单位工程、单项工程或阶段工程进度控制的目标完成，进而实现建筑工程进度控制总目标的完成。

施工阶段的进度目标可根据施工阶段、施工单位、专业工种和时间进行分解。

(1) 按施工阶段分解。

根据工程特点，可将施工过程分为几个施工阶段，如基础、主体、屋面、装饰。根据总体网络计划，以网络计划中表示这些施工阶段起止的节点为控制对象，明确提出若干阶段目标，并对每个施工阶段的施工条件和问题进行更加具体的分析研究和综合平衡，制定各阶段的施工规划，以阶段目标的实现来保证总目标的实现。

(2) 按施工单位分解。

若建筑工程由多个施工单位参加施工，则要以总进度计划为依据，确定各单位的分包目标，并通过分包合同落实各单位的分包责任，以各分包目标的实现来保证总目标的实现。

(3) 按专业工种分解。

只有控制好每个施工过程完成的质量和时间，才能保证各分部工程进度目标的实现。因此，既要对同专业、同工种的任务进行综合平衡，又要强调不同专业、不同工种间的衔接配合，明确相互的交接日期。

(4) 按时间分解。

将施工总进度计划分解成逐年、逐季、逐月的进度计划。

4.1.4　建筑工程进度控制的内容

建筑工程进度目标的控制是一个大系统，从目标上看，它是由进度控制总目标、分目标和阶段目标组成的目标系统；从进度控制涉及的单位来看，它是由业主和承包单位构成的庞大组织系统；从进度控制的计划上看，它是由工程总进度控制计划、单位工程进度计划和相应的设计、资源供应、资金供应、投产动用等计划组成的计划系统。一般由业主委托监理工程师实施进度总控制。

由于参与建设的各主体单位的进度控制目标不同，因此，他们的进度控制内容也不同。

1. 监理单位的进度控制内容

(1) 在设计前的准备阶段，向建设单位提供有关工期的信息和咨询，协助其进行工期目标和进度控制决策。

(2) 进行环境和施工现场调查分析，编制工程进度规划和总进度计划，编制设计前准备工作详细计划，并控制其执行。

(3) 发出开工通知书。

(4) 审核总承包单位、设计单位、分承包单位及供应单位的进度控制计划，并在其实施过程中，履行监理职责，监督、检查、控制、协调各项进度计划的实施情况。

(5) 通过核准、审批设计单位和施工单位的进度付款，对其进度实行动态间接控制，妥善处理和核批施工单位的进度索赔要求。

2. 设计单位的进度控制内容

(1) 编制设计准备工作计划、设计总进度计划和各专业设计的出图计划，确定计划工作进度目标及其实施步骤。

(2) 执行各类计划，在执行过程中经常检查，采取相应措施排除各种障碍，必要时对计划进行调整或修改，保证计划的实现。

(3) 为施工单位的进度控制提供设计保证，并协助施工单位实现进度控制目标。

(4) 接受监理单位的设计进度监督。

3. 施工单位的进度控制内容

施工单位的进度控制内容如表4-1所示。

表4-1 施工单位的进度控制内容

施工进度事前控制内容	1. 编制建筑工程施工进度规划 2. 编制单项工程施工进度规划 3. 编制建筑工程施工进度实施细则 4. 协调建筑工程施工进度实施过程
施工进度事中控制内容	1. 实施施工进度规划 2. 做好施工进度记录 3. 严格进行施工进度检查 4. 分析施工进度执行情况，并找出偏差 5. 修改和调整施工进度计划 6. 向有关单位和部门报告工程施工进展情况
施工进度事后控制内容	1. 及时进行工程施工验收工作 2. 办理工程索赔 3. 整理工程进度资料，并建立相应的档案 4. 加强工程竣工验收管理

4.1.5 建筑工程进度控制的原理

通常建筑工程施工进度控制可采用动态循环控制、系统控制、信息反馈控制、弹性控制和网络计划技术控制等基本方法。

1. 动态循环控制原理

建筑工程进度控制应随着施工活动向前推进，即根据各方面的变化情况，进行适时的动态控制，以保证计划符合变化的情况。同时，这种动态控制又是按照计划、实施、检查、调整这四个不断循环的过程进行控制的。在建筑工程实施过程中，可分别以整个建筑工程、单位工程、分部工程或分项工程为对象，建立不同层次的循环控制系统，并使其循环下去。这样每循环一次，其进度控制水平就会提高一步。

2. 系统控制原理

建筑工程进度控制本身就是一个系统，它与进度计划系统和进度实施系统既相互联系又相互制约。

(1) 建筑工程进度计划系统。为了对建筑工程实际进度进行控制，首先必须编制建筑工程的各种进度计划。其中有建筑工程总进度计划、单位工程进度计划、分部分项工程进度计划、季度和月(旬)作业计划，这些计划组成一个建筑工程进度计划系统。计划的编制对象由大到小，计划的内容从粗到细。编制时从总体计划到局部计划，逐层进行控制目标分解，以保证计划控制目标的落实。执行计划时，从月(旬)作业计划开始实施，逐级按目标控制，从而实现对建筑工程整体进度目标的控制。

(2) 建筑工程进度实施组织系统。在建筑工程实施的全过程中，各专业队伍都是按照计划规定的目标去努力完成一个个任务。施工项目经理和有关劳动调配、材料设备、采购运输等职能部门都应按照施工进度规定的要求进行严格控制，落实和完成各自的任务。施工组织各级负责人，从项目经理、施工队长、班组长到其所属全体成员组成了建筑工程实施的完整组织系统。

(3) 建筑工程进度控制组织系统。为了保证建筑工程进度的实施，还有一个工程进度的检查控制系统。从公司经理、项目经理，一直到作业班组都必须设有专门职能部门或人员负责检查，统计、整理实际施工进度的资料，并与计划进度比较分析和进行调整。当然不同层次的人员负有不同的进度控制职责，分工协作，形成一个纵横连接的建筑工程控制组织系统。事实上，有的领导可能既是计划的实施者又是计划的控制者。实施是计划控制的落实，控制保证计划按期实施。

3. 信息反馈控制原理

信息反馈是建筑工程进度控制的主要环节，没有信息反馈，就不能对进度计划进行有效的控制。信息反馈控制是建筑工程进度控制的依据，施工的实际进度信息反馈给基层建筑工程进度控制的工作人员；在分工的职责范围内，对其进行加工，再将信息逐级向上反馈，直到主控制室。主控制室整理统计各方面的信息，经比较分析作出决策，调整进度计划，仍使其符合预定的工期目标。只有不断地进行信息反馈，才能有效地进行进度计划控制。实际上，建筑工程进度控制的过程就是信息反馈的过程。

4. 弹性控制原理

建筑工程进度控制涉及的因素多、变化大、持续时间长，不可能十分准确地预测未来或作出绝对准确的建筑工程进度安排，也不能期望工程施工进度目标会完全按照计划日程实现，在确定项目施工进度目标时，必须留有余地，以使工程施工进度控制具有较强的应变能力。施工进度计划具有弹性，在进行建筑工程进度控制时，可以利用这些弹性，缩短有关工作的时间，或者改变它们之间的搭接关系，即使检查之前拖延了工期，通过缩短剩余计划工期的方法，仍然可以实现预期的计划目标。这就是建筑工程进度控制中弹性原理的应用。

5. 网络计划技术控制原理

在建筑工程进度控制中，利用网络计划技术原理编制进度计划；根据收集的实际进度信息，比较和分析进度计划；利用网络计划的工期优化、工期与成本优化和资源优化的原理调整进度计划。网络计划技术控制原理是建筑工程进度控制进行完整的计划管理和分析计算的理论基础。

4.2 建筑工程进度计划的编制

4.2.1 建筑工程进度计划的编制依据

(1) 经过审批的全套施工图及采用的各种标准图和技术资料。

(2) 工程的工期要求及开工、竣工日期。

(3) 建筑工程工作顺序及相互间的逻辑关系。

(4) 建筑工程工作持续时间的估算。

(5) 资源需求。包括对资源数量和质量的要求，当有多个工作同时需要某种资源时，需要作出合理的安排。

(6) 作业制度安排。明确工程作业制度是十分必要的，它会直接影响进度计划的安排。

(7) 约束条件。在工程执行过程中总会存在一些关键工作或里程碑事件，这些都是工程执行过程中必须考虑的约束条件。

(8) 工程工作的提前和滞后要求。为了准确地确定工作关系，有些逻辑关系需要规定提前或滞后的时间。

4.2.2 建筑工程进度计划的编制步骤

编制建筑工程进度计划是在满足合同工期要求的情况下，对选定的施工方案、资源的供应情况、协作单位配合施工的情况等所做的综合研究和周密部署，具体编制步骤如下所述。

(1) 划分施工过程。

(2) 计算工程量。

(3) 套用施工定额。

(4) 劳动量和机械台班量的确定。

(5) 计算施工过程的持续时间。

(6) 初排施工进度。

(7) 编制正式的施工进度计划。

4.2.3 建筑工程进度计划的表示方法

建筑工程进度计划的表示方法有多种，常用的有横道图和网络图。

1. 横道图

横道图也称甘特图(Gantt Chart)，是美国人亨利·L.甘特在 20 世纪 20 年代提出的。由于其形象、直观，且易于编制和理解，因而长期被广泛地应用于建筑工程进度计划中。

用横道图表示的建筑工程进度计划，一般包括两个基本部分，即左侧的工作名称及工作的持续时间等基本数据部分和右侧的横道线部分。横道图的表格形式如表 4-2 所示。施工进度计划由两部分组成，一部分反映拟建工程所划分施工过程的工程量、劳动量或台班量、施工人数或机械数、工作班次及工作延续时间等计算内容；另一部分则用图表形式表示各施工过程的起止时间、延续时间及搭接关系。

表 4-2　施工进度计划

序号	施工过程名称	工程量		劳动定额	劳动量		机械		每天工作班数	每班工作人数	施工时间	施工进度							
												月					月		
		单位	数量		定额工日	计划工日	机械名称	台班数				2	4	6	…	30			

2. 网络图

网络计划技术自 20 世纪 50 年代末诞生以来，已得到迅速发展和广泛应用。建筑工程进度计划用网络图来表示，可以使建筑工程进度得到有效控制。国内外实践证明，网络计划技术是用于控制建筑工程进度的最有效工具之一。

4.2.4 流水施工原理

流水施工就是指所有的施工过程按一定的时间间隔依次投入施工，各个施工过程陆续开工、陆续竣工，使同一施工过程的施工队组保持连续、均衡地施工，不同的施工过程尽可能平行搭接施工的组织方式。

1. 流水施工的主要参数

为了说明流水施工在时间和空间上的开展情况，我们必须引入一些量的描述，这些量称为流水参数。参数按性质不同，可以分为工艺参数、空间参数和时间参数三类。

1) 工艺参数

(1) 施工过程数 n。

根据具体情况，可把一个综合的施工过程划分为若干具有独自工艺特点的个别施工过程，如制造建筑制品而进行的制备类施工过程、把材料和制品运到工地仓库或再转运到施工现场的运输类施工过程以及在施工中占主要地位的安装砌筑类施工过程。划分的数量 n 称为施工过程数或工序数。由于每一个施工过程一般由专业班组承担，故施工班组(队)数一般等于 n。

(2) 流水强度 V。

流水强度又称流水能力、生产能力，它是指某一施工过程在单位时间内所完成的工程量(如浇筑混凝土时，每工作班浇筑的混凝土的数量)，一般以 V_i 表示。

2) 空间参数

在组织流水施工时，用以表达流水施工在空间布置上所处状态的参数，称为空间参数。空间参数主要有工作面、施工段数和施工层数。

(1) 工作面。

工作面是指某专业工种的工人在从事建筑产品施工生产过程中，所必须具备的活动空间。它的大小是根据相应工种单位时间内的产量定额、工程操作规程和安全规程等要求确定的。工作面确定的合理与否，会直接影响专业工种工人的劳动生产效率，因此，必须认真对待，合理确定。

(2) 施工段数和施工层数。

施工段数和施工层数是指工程对象在组织流水施工中所划分的施工区段数目。一般把平面上划分的若干个劳动量大致相等的施工区段称为施工段，其数目用符号 m 表示。把建筑物垂直方向划分的施工区段称为施工层，其数目用符号 r 表示。

划分施工区段的目的，就在于保证不同的施工队组能在不同的施工区段上同时进行施工，消除由于不同的施工队组不能同时在一个工作面上工作而产生的互等、停歇现象，为流水施工创造条件。

3) 时间参数

在组织流水施工时，用以表达流水施工在时间排列上所处状态的参数，称为时间参数。它包括流水节拍、流水步距、平行搭接时间、技术与组织间歇时间和工期。

(1) 流水节拍。

流水节拍是指从事某一施工过程的施工队组在一个施工段上完成施工任务所需的时间，用符号 t_i 表示($i=1, 2\cdots$)。

(2) 流水步距。

流水步距是指两个相邻的施工过程的施工队组相继进入同一施工段开始施工的最小时间间隔(不包括技术与组织间歇时间)，用符号 $K_{i,i+1}$ 表示(i 表示前一个施工过程，$i+1$ 表示后一个施工过程)。

流水步距的大小，对工期有着较大的影响。一般来说，在施工段不变的条件下，流水步距越大，工期越长；流水步距越小，工期越短。流水步距还与前后两个相邻施工过程流水节拍的大小、施工工艺技术要求、施工段数目以及流水施工的组织方式有关。

流水步距的数目等于$(n-1)$个参加流水施工的施工过程(队组)数。

(3) 平行搭接时间。

在组织流水施工时，有时为了缩短工期，在可能的情况下，后续施工过程在规定的流水步距以内可提前进入该施工段，这个提前时间称为平行搭接时间，通常以 $C_{i,i+1}$ 表示。

(4) 技术与组织间歇时间。

技术与组织间歇时间是指在组织流水施工时，应考虑某些因素在两相邻施工过程规定的流水步距以外增加的时间间隔。由建筑材料或现浇构件工艺性质决定的间歇时间称为技术间歇，如现浇混凝土构件的养护时间、抹灰层的干燥时间和油漆层的干燥时间等。由施工组织原因造成的间歇时间称为组织间歇，如回填土前地下管道检查验收，施工机械转移和砌筑墙体前的墙身位置弹线，以及其他作业前的准备工作。技术与组织间歇时间用 $Z_{i,i+1}$ 表示。

(5) 工期。

工期是指完成一项工程任务或一个流水组施工所需的时间。

2. 流水施工的分类及计算

根据流水施工节奏特征的不同，流水施工的基本方式可分为有节奏流水施工和无节奏流水施工两大类。

1) 有节奏流水施工

有节奏流水施工是指同一施工过程在各施工段上的流水节拍都相等的一种流水施工方式。当各施工段劳动量大致相等时，即可组织有节奏流水施工。

根据不同施工过程之间的流水节拍是否相等，有节奏流水施工又可分为等节奏流水施工和异节奏流水施工。

(1) 等节奏流水施工。

等节奏流水施工是指同一施工过程在各施工段上的流水节拍都相等，并且不同施工过程之间的流水节拍也相等的一种流水施工方式。即各施工过程的流水节拍均为常数，故也称为全等节拍流水或固定节拍流水。

等节奏流水施工的组织方法是：首先划分施工过程，将劳动量小的施工过程合并到相邻施工过程中，以使各流水节拍相等；其次确定主要施工过程的施工队组人数，计算其流水节拍，最后根据已确定的流水节拍，确定其他施工过程的施工队组人数及其组成。

等节奏流水施工一般适用于工程规模较小，建筑结构比较简单，施工过程不多的房屋或某些构筑物，常用于组织一个分部工程的流水施工。

(2) 异节奏流水施工。

异节奏流水施工是指同一施工过程在各施工段上的流水节拍都相等，不同施工过程之间的流水节拍不一定相等的流水施工方式。异节奏流水施工又可分为异步距异节拍流水施工和等步距异节拍流水施工两种。

① 异步距异节拍流水施工。

组织异步距异节拍流水施工的基本要求是：各施工队组尽可能依次在各施工段上连续施工，允许有些施工段出现空闲，但不允许多个施工班组在同一施工段交叉作业，更不允许发生工艺顺序颠倒的现象。

异步距异节拍流水施工适用于施工段大小相等的分部和单位工程的流水施工，它在进度安排上比全等节拍流水施工灵活，实际应用范围较广泛。

② 等步距异节拍流水施工。

等步距异节拍流水施工也称为成倍节拍流水，是指同一施工过程在各个施工段上的流水节拍相等，不同施工过程之间的流水节拍不完全相等，但各个施工过程的流水节拍之间存在整数倍(或公约数)关系的流水施工方式。为加快流水施工进度，按最大公约数的倍数组建每个施工过程的施工队组，以形成类似于等节奏流水施工的等步距异节拍流水施工方式。

等步距异节拍流水施工的组织方法是：根据工程对象和施工要求，划分若干个施工过程；其次根据各施工过程的内容、要求及其工程量，计算每个施工段所需的劳动量，然后根据施工队组人数及组成，确定劳动量最少的施工过程的流水节拍，最后确定其他劳动量较大的施工过程的流水节拍，用调整施工队组人数或其他技术组织措施的方法，使他们的流水节拍值成整数倍关系。

等步距异节拍流水施工方式适用于线形工程(如道路、管道等)的施工，也适用于房屋建筑施工。

2) 无节奏流水施工

无节奏流水施工是指同一施工过程在各个施工段上流水节拍不完全相等的一种流水施工方式。

在施工过程中，通常每个施工过程在各个施工段上的工程量彼此不等，各专业施工队组的生产效率相差较大，导致大多数的流水节拍也彼此不相等，因此有节奏流水，尤其是全等节拍和成倍节拍流水往往是难以组织的。而无节奏流水施工则是利用流水施工的基本概念，在保证施工工艺、满足施工顺序要求的前提下，按照一定的计算方法，确定相邻专业施工队组之间的流水步距，使其在开工时间上最大限度地、合理地搭接起来，形成每个专业施工队组都能连续作业的流水施工方式。它是流水施工的普遍形式。

无节奏流水施工的实质是：各工作队连续作业，流水步距经计算确定，使专业工作队之间在一个施工段内不相互干扰(不超前，但可能滞后)，或做到前后工作队之间的工作紧紧衔接。因此，组织无节奏流水施工的关键在于正确地计算流水步距。

组织无节奏流水施工的基本要求与异步距异节拍流水相同，即保证各施工过程的工艺顺序合理和各施工队组尽可能依次在各施工段上连续施工。

无节奏流水施工不像有节奏流水施工那样有一定的时间约束，在进度安排上比较灵活、自由，适用于各种不同结构性质和规模的工程施工组织，实际应用比较广泛。

在上述各种流水施工的基本方式中，等节奏流水施工和异节奏流水施工通常在一个分部或分项工程中，组织流水施工比较容易做到，即比较适用于组织专业流水或细部流水。但对一个单位工程，特别是一个大型的建筑群来说，要求所划分的各分部、分项工程都采用相同的流水施工参数组织流水施工，往往十分困难，也不容易达到。因此，到底采取哪一种流水施工的组织形式，除了要分析流水节拍的特点外，还要考虑工期要求和项目经理部自身的具体施工条件。

任何一种流水施工的组织形式，仅仅是一种组织管理手段，其最终目的是要实现企业目标——工程质量好、工期短、效益高和安全施工。

4.2.5 网络计划技术

网络计划的表达形式是网络图。所谓网络图，是指由箭线和节点组成的，用来表示工作流程的有向、有序的网状图形。

网络图中，按节点和箭线所代表的含义不同，可分为双代号网络图和单代号网络图两大类。

以箭线及其两端节点的编号表示工作的网络图称为双代号网络图。即用两个节点一根箭线代表一项工作，工作名称写在箭线上面，工作持续时间写在箭线下面，在箭线前后的衔接处画上节点并编上号码，并以节点编号 i 和 j 代表一项工作名称，如图 4-2 所示。

单代号网络图，以节点及其编号表示工作，以箭线表示工作之间的逻辑关系的网络图称为单代号网络图。即每一个节点表示一项工作，节点所表示的工作名称、持续时间和工作代号等标注在节点内，如图 4-3 所示。

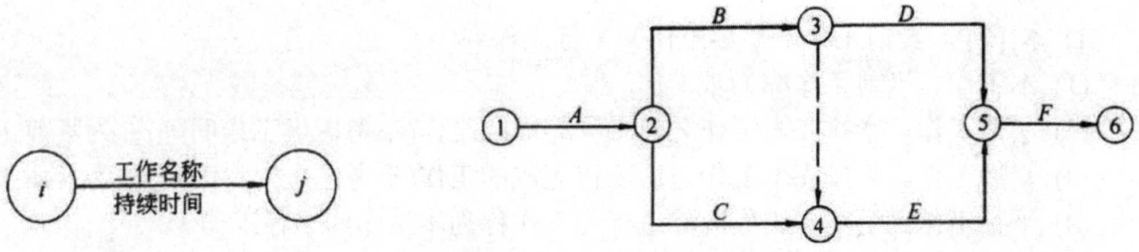

(a) 工作的表示方法　　(b) 工程的表示方法

图 4-2　双代号网络图

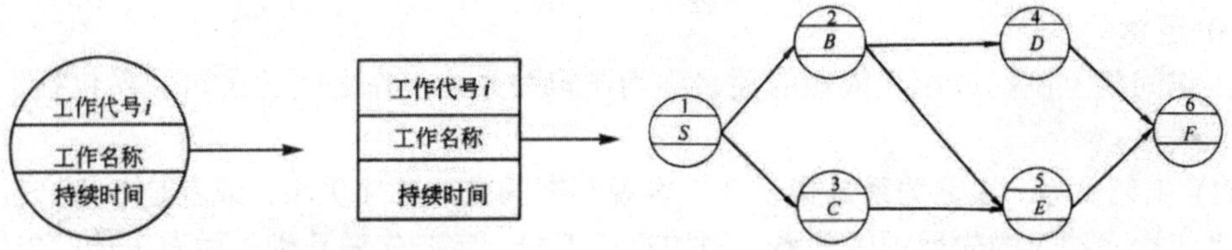

(a) 工作的表示方法　　(b) 工程的表示方法

图 4-3　单代号网络图

1. 网络图的基本符号

1) 双代号网络图的基本符号

双代号网络图的基本符号是箭线、节点和节点编号。

(1) 箭线。网络图中一端带箭头的实线即为箭线。在双代号网络图中，它与其两端的节点表示一项工作。箭线可以画成直线、折线或斜线。必要时，箭线也可以画成曲线，但应以水平直线为主，一般不宜画成垂直线。

(2) 节点。网络图中箭线端部的圆圈或其他形状的封闭图形就是节点。在双代号网络图中，它表示工作之间的逻辑关系。

(3) 节点编号。网络图中的每个节点都有自己的编号，以便赋予每项工作以代号，便于计算网络图的时间参数和检查网络图是否正确。

节点编号必须满足两条基本规则：其一，箭头节点编号大于箭尾节点编号，因此节点编号顺序为箭尾节点编号在前，箭头节点编号在后，凡是箭尾节点没有编号的，箭头节点也不能编号；其二，在一个网络图中，所有节点不能出现重复编号，编号的号码可以按自然数顺序进行，也可以非连续编号，以便满足网络计划调整中增加工作的需要。

2) 单代号网络图的基本符号

单代号网络图的基本符号也是箭线、节点和节点编号。

(1) 箭线。在单代号网络图中，箭线表示紧邻工作之间的逻辑关系。箭线应画成水平直线、折线或斜线。箭线水平投影的方向应自左向右，表示工作的进行方向。

(2) 节点。单代号网络图中每一个节点表示一项工作，宜用圆圈或矩形表示。节点所表示的工作名称、持续时间和工作代号等应标注在节点内。

(3) 节点编号。单代号网络图的节点编号的规则与双代号网络图的节点编号一致。

2. 网络计划的基本概念

1) 本工作、紧前工作、紧后工作和平行工作

(1) 本工作。当前工作称为本工作。

(2) 紧前工作。紧排在本工作之前必须完成的工作(不考虑虚工作间隔)称为紧前工作。

(3) 紧后工作。紧排在本工作之后应该完成的工作(不考虑虚工作间隔)称为紧后工作。

(4) 平行工作。可与本工作同时进行的工作称为本工作的平行工作。

2) 内向箭线和外向箭线

(1) 内向箭线。指向某个节点的箭线称为该节点的内向箭线。

(2) 外向箭线。从某节点引出的箭线称为该节点的外向箭线。

3) 逻辑关系

工作间相互制约或相互依赖的关系称为逻辑关系。工作之间的逻辑关系包括工艺关系和组织关系。

(1) 工艺关系。工艺关系是指生产上客观存在的先后顺序关系，或者是非生产性工作之间由工作程序决定的先后顺序关系，例如建筑工程一定是先做基础，后做主体；先做结构，后做装修。工艺关系是不能随意改变的。

(2) 组织关系。组织关系是指在不违反工艺关系的前提下，任意安排工作的先后顺序关系。例如：建筑群中各个建筑物的开工顺序的先后；施工对象的分段流水作业等。组织顺序可以根据具体情况，按安全、经济、高效的原则统筹安排。

4) 虚工作及其应用

在网络计划中，只表示前后相邻工作之间的逻辑关系，既不占用时间，也不耗用资源的虚拟工作称为虚工作。虚工作用虚箭线表示，其表达形式为垂直方向向上或向下，也可水平方向向右，虚工作起着联系、区分、断路三个作用。

(1) 联系作用。虚工作不仅能表达工作间的逻辑关系，而且能表达不同幢号的房屋之间的相互联系。

(2) 区分作用。双代号网络计划是用两个代号表示一项工作，如果两项工作用同一代号，则不能明确表示出该代号表示哪一项工作。因此，不同的工作必须用不同的代号。

(3) 断路作用。为了正确表达工作间的逻辑关系，在出现逻辑错误的圆圈(节点)之间增设新节点(即虚工作)，切断毫无关系的工作联系，这种方法称为断路法。

由此可见，双代号网络图中虚工作是非常重要的，但在应用时应该恰如其分，不能滥用，以必不可少为限。另外，增加虚工作后要进行全面检查，不要顾此失彼。

5) 线路、关键线路、关键工作

(1) 线路。

网络图中从起点节点开始，沿箭头方向顺序通过一系列箭线与节点，最后到达终点节点的通路称为线路。一个网络图中，从起点节点到终点节点，一般都存在着许多条线路，每条线路都包含若干项工作，这些工作的持续时间之和就是该线路的时间长度，即线路上总的工作持续时间。

(2) 关键线路和关键工作。

线路上总的工作持续时间最长的线路称为关键线路。其余线路称为非关键线路。位于关键线路上的工作称为关键工作。关键工作完成得快慢直接影响着整个计划工期的实现。

一般来说，虽然一个网络图中至少有一条关键线路，但是关键线路也不是一成不变的，在一定的条件下，关键线路和非关键线路会相互转化。例如，当采取技术组织措施，缩短关键工作的持续时间，或者非关键工作持续时间延长时，就有可能使关键线路发生转移。网络计划中，关键工作的比重往往不宜过大，网络计划越复杂，工作节点就越多，则关键工作的比重就越小，这样有利于抓住主要矛盾。

非关键线路都有若干机动时间(即时差)，它意味着工作完成日期容许适当变动而不影响工期。时差的意义就在于可以使非关键工作在时差允许范围内放慢施工进度，将部分人、财、物转移到关键工作上去，以加快关键工作的进程；或者在时差允许的范围内改变工作的开始和结束时间，以达到均衡施工的目的。

关键线路宜用粗箭线、双箭线或彩色箭线标注，以突出其在网络计划中的重要位置。

3. 网络图的绘制

1) 双代号网络图的绘制

(1) 双代号网络图的绘制规则。

① 双代号网络图必须正确表达已定的逻辑关系。

② 网络图中，严禁出现循环回路。所谓循环回路，是指从一个节点出发，顺箭线方向又回到原出发点的循环线路。

③ 双代号网络图中，在节点之间严禁出现带双向箭头或无箭头的连线。

④ 当双代号网络图的某些节点有多条外向箭线或多条内向箭线时，可采用母线法绘制，如图 4-4 所示。

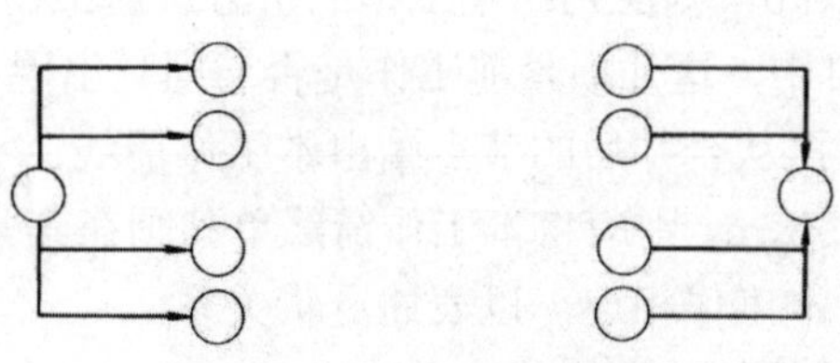

(a) 外向箭线　　(b) 内向箭线

图 4-4　母线法绘制

⑤ 绘制网络图时，箭线不宜交叉；当交叉不可避免时，可用过桥法或指向法，如图 4-5 所示。

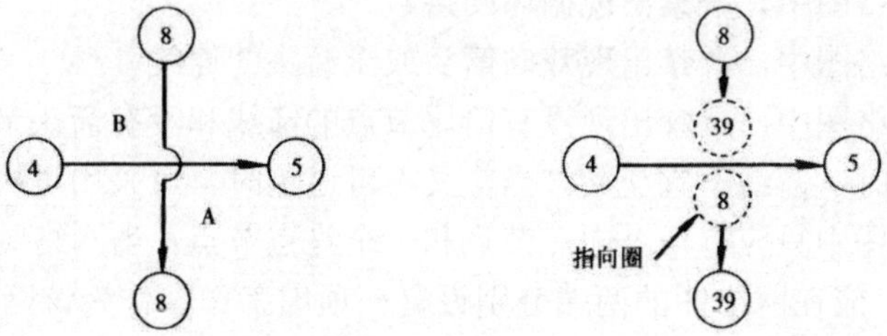

(a) 过桥法　　(b) 指向法

图 4-5　箭线交叉的表示方法

⑥ 双代号网络图中应只有一个起点节点(该节点编号最小且没有内向箭线)；在不分期

完成任务的网络图中，应只有一个终点节点(该节点编号最大且没有外向工作)；而其他所有节点均应是中间节点。

(2) 双代号网络图的绘制方法。

绘制该图时，可先根据网络图的逻辑关系，绘制出网络图草图，再结合绘图规则调整布局，最后形成正式网络图。当已知每一项工作的紧前工作时，可按下述步骤绘制双代号网络图。

① 绘制没有紧前工作的工作，使它们具有相同的箭尾节点，即起点节点。

② 依次绘制其他各项工作。这些工作的绘制条件是其所有紧前工作都已经绘制出来的。绘制原则如下所述。

a. 当所绘制的工作只有一个紧前工作时，则应将该工作的箭线直接画在其紧前工作的完成节点之后。

b. 当所绘制的工作有多个紧前工作时，应按以下四种情况分别考虑。

(i) 如果在其紧前工作中存在一项只作为本工作紧前工作的工作(即在紧前工作栏目中，该紧前工作只出现一次)，则应将本工作箭线直接画在该紧前工作完成节点之后，然后用虚箭线分别将其他紧前工作的完成节点与本工作的开始节点相连，以表达它们之间的逻辑关系。

(ii) 如果在紧前工作中存在多项只作为本工作紧前工作的工作，应先将这些紧前工作的完成节点合并(利用虚工作或直接合并)，再从合并后的节点开始，画出本工作箭线，最后用虚箭线将其他紧前工作的箭头节点分别与本工作的开始节点相连，以表述它们之间的逻辑关系。

(iii) 如果不存在情况 a、b，则应判断本工作的所有紧前工作是否都同时作为其他工作的紧前工作(即紧前工作栏目中，这几项紧前工作是否均同时出现若干次)。如果是，则应先将它们的完成节点合并后，再从合并后的节点画出本工作箭线。

(iv) 如果不存在情况 a、b、c，则应将本工作箭线单独画在其紧前工作箭线之后的中部，然后用虚工作将紧前工作与本工作相连，以表述逻辑关系。

③ 合并没有紧后工作的箭线，即为终点节点。

④ 确认无误，进行节点编号。

2) 单代号网络图的绘制

(1) 单代号网络图的绘制规则。

① 单代号网络图必须正确表述已定的逻辑关系。

② 在单代号网络图中，严禁出现循环回路。

③ 在单代号网络图中，严禁出现双向箭头或无箭头的连线。

④ 在单代号网络图中，严禁出现没有箭尾节点的箭线和没有箭头节点的箭线。

⑤ 绘制网络图时，箭线不宜交叉。当交叉不可避免时，可采用过桥法和指向法绘制。

⑥ 单代号网络图中只应有一个起点节点和一个终点节点；当网络图中有多项起点节点或多项终点节点时，应在网络图的两端分别设置一项虚工作，作为该网络图的起点节点(S)和终点节点(F)。

(2) 单代号网络图的绘制方法。

单代号网络图的绘制方法与双代号网络图的绘制方法基本相同，其绘制步骤如下所述。

① 列出工作明细表。根据工程计划把工程细分为各项工作，并把各项工作在工艺上、

组织上的逻辑关系用紧前工作、紧后工作代替。

② 根据各项工作之间的各种关系绘制网络图。绘图时，要从左向右，逐个处理工作明细表中所给的关系。只有当紧前工作绘制完成后，才能绘制本工作，并使本工作与紧前工作的箭线相连。当出现多个起点节点或终点节点时，应增加虚拟起点节点或终点节点，并使之与多个起点节点或终点节点相连，形成符合绘图规则的完整网络图。

4. 网络计划时间参数的计算

根据工程对象各项工作的逻辑关系和绘图规则绘制网络图是一种定性的过程，只有进行时间参数的计算这样一个定量的过程，才能使网络计划具有实际应用价值。计算网络计划时间参数的目的主要有三个：第一，确定关键线路和关键工作，便于在施工中抓住重点，向关键线路要时间；第二，明确非关键工作及其在施工中时间上的机动性，便于挖掘潜力，统筹全局，部署资源；第三，确定总工期，做到工程进度心中有数。

1) 网络计划时间参数的概念及符号

(1) 工作持续时间。

工作持续时间是指一项工作从开始到完成的时间，用 D 表示。

(2) 工期。

工期是指完成一项任务所需要的时间，一般有以下三种工期。

① 计算工期：是指根据时间参数计算所得到的工期，用 T_c 表示。

② 要求工期：是指任务委托人提出的指令性工期，用 T_r 表示。

③ 计划工期：是指根据要求工期和计划工期所确定的作为实施目标的工期，用 T_p 表示。

当规定了要求工期时：$T_p \leqslant T_r$。

当未规定要求工期时：$T_p = T_c$。

(3) 网络计划中工作的时间参数。

网络计划中工作的时间参数有六个，即最早开始时间、最早完成时间、最迟完成时间、最迟开始时间、总时差、自由时差。

① 最早开始时间和最早完成时间。

最早开始时间是指各紧前工作全部完成后，本工作可能开始的最早时刻。工作的最早开始时间用 ES 表示。

最早完成时间是指各紧前工作全部完成后，本工作可能完成的最早时刻。工作的最早完成时间用 EF 表示。

② 最迟完成时间和最迟开始时间。

最迟完成时间是指在不影响整个任务按期完成的前提下，工作必须完成的最迟时刻。工作的最迟完成时间用 LF 表示。

最迟开始时间是指在不影响整个任务按期完成的前提下，工作必须开始的最迟时刻。工作的最迟开始时间用 LS 表示。

③ 总时差和自由时差。

总时差是指在不影响总工期的前提下，本工作可以利用的机动时间。工作的总时差用 TF 表示。

自由时差是指在不影响其紧后工作最早开始时间的前提下，本工作可以利用的机动时间。工作的自由时差用 FF 表示。

(4) 网络计划中节点的时间参数。

① 节点最早时间。

在双代号网络计划中，以该节点为开始节点的各项工作的最早开始时间，称为节点最早时间。节点 i 的最早时间用 ET_i 表示。

② 节点最迟时间。

在双代号网络计划中，以该节点为完成节点的各项工作的最迟完成时间，称为节点的最迟时间，节点 i 的最迟时间用 LT_i 表示。

2) 双代号网络计划时间参数的计算

双代号网络计划时间参数的计算方法通常有工作计算法、节点计算法、图上计算法和表上计算法四种。

(1) 工作计算法。

按工作计算法计算时间参数应在确定了各项工作的持续时间之后进行。虚工作也必须视同工作进行计算，其持续时间为零。时间参数的计算结果应标注在箭线之上，如图 4-6 所示。

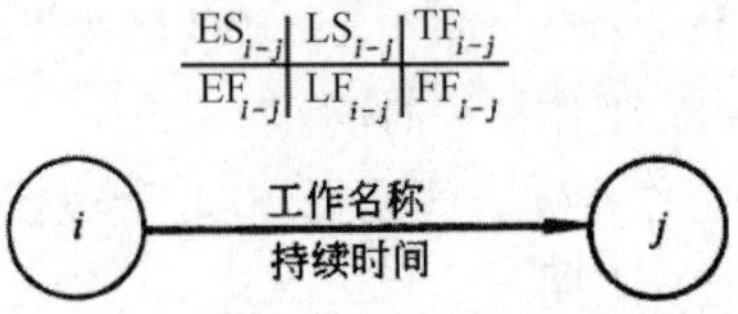

图 4-6　按工作计算法的标注内容

① 计算各工作的最早开始时间和最早完成时间。各项工作的最早完成时间等于其最早开始时间加上工作持续时间，即

$$EF_{i-j} = ES_{i-j} + D_{i-j} \tag{4-1}$$

计算工作最早开始时间参数时，一般有以下三种情况。

a. 当工作以起点节点为开始节点时，其最早开始时间为零(或规定时间)，即

$$ES_{i-j} = 0 \tag{4-2}$$

b. 当工作只有一项紧前工作 h 时，该工作的最早开始时间应为其紧前工作的最早完成时间，即

$$ES_{i-j} = EF_{h-i} = ES_{h-i} + D_{h-i} \tag{4-3}$$

c. 当工作有多项紧前工作时，该工作的最早开始时间应为其所有紧前工作最早完成时间的最大值，即

$$ES_{i-j} = \max\{EF_{h-i}\} = \max\{ES_{h-i} + D_{h-i}\} \tag{4-4}$$

② 确定网络计划工期。当网络计划规定了要求工期时，网络计划的计划工期应小于或等于要求工期，即

$$T_p \leqslant T_r \tag{4-5}$$

当网络计划未规定要求工期时，网络计划的计划工期应等于计算工期，即以网络计划的终点节点为完成节点的各项工作的最早完成时间的最大值，如网络计划的终点节点的编号为 n，则计算工期 T_c 为

$$T_p = T_c = \max\{EF_{i-n}\} \tag{4-6}$$

③ 计算各工作的最迟完成时间和最迟开始时间。各项工作的最迟开始时间等于其最迟完成时间减去工作持续时间，即

$$\mathrm{LS}_{i-j}=\mathrm{LF}_{i-j}-D_{i-j} \tag{4-7}$$

计算工作最迟完成时间参数时，一般有以下三种情况。

a. 当工作的终点节点为完成节点时，其最迟完成时间为网络计划的计划工期，即

$$\mathrm{LF}_{i-n}=T_{\mathrm{p}} \tag{4-8}$$

b. 当工作只有一项紧后工作 $j-k$ 时，该工作的最迟完成时间应为其紧后工作的最迟开始时间，即

$$\mathrm{LF}_{i-j}=\mathrm{LS}_{j-k}=\mathrm{LF}_{j-k}-D_{j-k} \tag{4-9}$$

c. 当工作有多项紧后工作时，该工作的最迟完成时间应为其多项紧后工作最迟开始时间的最小值，即

$$\mathrm{LF}_{i-j}=\min\left\{\mathrm{LS}_{j-k}\right\}=\min\left\{\mathrm{LF}_{j-k}-D_{j-k}\right\} \tag{4-10}$$

④ 计算各工作的总时差。在不影响总工期的前提下，一项工作可以利用的时间范围是从该工作最早开始时间到最迟完成时间，即工作从最早开始时间或最迟开始时间开始，均不会影响总工期。而工作实际需要的持续时间是 D_{i-j}，扣去 D_{i-j} 后，余下的一段时间就是工作可以利用的机动时间，即为总时差。所以总时差等于最迟开始时间减去最早开始时间，或最迟完成时间减去最早完成时间，即

$$\mathrm{TF}_{i-j}=\mathrm{LS}_{i-j}-\mathrm{ES}_{i-j}=\mathrm{LF}_{i-j}-\mathrm{EF}_{i-j} \tag{4-11}$$

⑤ 计算各工作的自由时差。在不影响其紧后工作最早开始时间的前提下，一项工作可以利用的时间范围是从该工作最早开始时间至其紧后工作最早开始时间。而工作实际需要的持续时间是 D_{i-j}，那么扣去 D_{i-j} 后，尚余的一段时间就是自由时差。其计算方法如下所述。

当工作有紧后工作时，该工作的自由时差等于紧后工作的最早开始时间减去本工作的最早完成时间，即

$$\mathrm{FF}_{i-j}=\mathrm{ES}_{j-k}-\mathrm{EF}_{i-j}=\mathrm{ES}_{j-k}-\mathrm{ES}_{i-j}-D_{i-j} \tag{4-12}$$

当工作以终点节点($j=n$)为箭头节点时，该工作的自由时差应由网络计划的计划工期 T_{p} 确定，即

$$\mathrm{FF}_{i-n}=T_{\mathrm{p}}-\mathrm{EF}_{i-n}=T_{\mathrm{p}}-\mathrm{ES}_{i-n}-D_{i-n} \tag{4-13}$$

(2) 节点计算法。

按节点计算法计算节点时间参数，其计算结果应标注在节点上方，如图 4-7 所示。

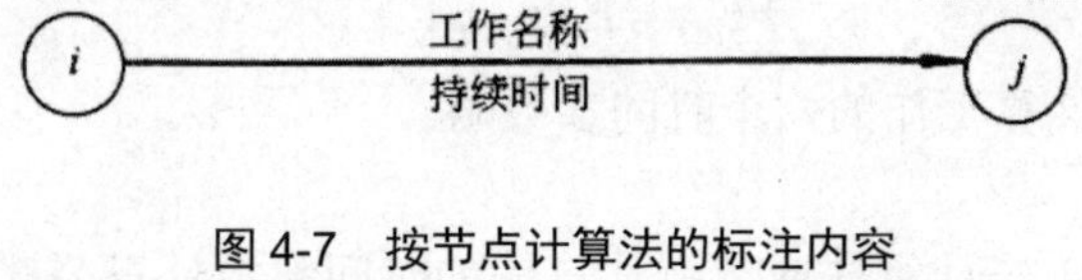

图 4-7　按节点计算法的标注内容

① 计算各节点的最早时间。节点的最早时间是以该节点为开始节点的工作的最早开始时间，其计算有三种情况。

a. 起点节点 i 如未规定最早时间，其值应等于零，即

$$\mathrm{ET}_i=0 \qquad (i=1) \tag{4-14}$$

b. 当节点 j 只有一条内向箭线时，其最早时间为

$$ET_j = ET_i + D_{i-j} \tag{4-15}$$

c. 当节点 j 有多条内向箭线时，其最早时间为

$$ET_j = \max\left\{ET_i + D_{i-j}\right\} \tag{4-16}$$

终点节点 n 的最早时间即为网络计划的计算工期，即

$$T_c = ET_n \tag{4-17}$$

② 计算各节点的最迟时间。节点的最迟时间是以该节点为完成节点的工作的最迟完成时间，其计算有三种情况。

a. 终点节点的最迟时间应等于网络计划的计划工期，即

$$LT_n = T_p \tag{4-18}$$

若是分期完成的节点，则最迟时间等于该节点规定的分期完成的时间。

b. 当节点 i 只有一条外向箭线时，其最迟时间为

$$LT_i = LT_j - D_{i-j} \tag{4-19}$$

c. 当节点 i 有多条外向箭线时，其最迟时间为

$$LT_i = \min\left\{LT_j - D_{i-j}\right\} \tag{4-20}$$

③ 根据节点时间参数计算工作时间参数。

a. 工作的最早开始时间等于该工作的开始节点的最早时间，即

$$ES_{i-j} = ET_i \tag{4-21}$$

b. 工作的最早完成时间等于该工作的开始节点的最早时间加上持续时间，即

$$EF_{i-j} = ET_i + D_{i-j} \tag{4-22}$$

c. 工作的最迟完成时间等于该工作的完成节点的最迟时间，即

$$LF_{i-j} = LT_j \tag{4-23}$$

d. 工作的最迟开始时间等于该工作的完成节点的最迟时间减去持续时间，即

$$LS_{i-j} = LT_j - D_{i-j} \tag{4-24}$$

e. 工作总时差等于该工作的完成节点的最迟时间减去该工作开始节点的最早时间再减去持续时间，即

$$TF_{i-j} = LT_j - ET_i - D_{i-j} \tag{4-25}$$

f. 工作自由时差等于该工作的完成节点的最早时间减去该工作开始节点的最早时间再减去持续时间，即

$$FF_{i-j} = ET_j - ET_i - D_{i-j} \tag{4-26}$$

根据节点时间参数计算工作的六个时间参数略。

(3) 图上计算法。

图上计算法是根据工作计算法或节点计算法的时间参数计算公式，在图上直接计算的一种较直观、简便的方法。

(4) 表上计算法。

为了实现网络图的清晰化和计算数据的条理化，依据工作计算法和节点计算法所建立的关系式，可采用表格进行时间参数的计算。表上计算法的格式如表 4-3 所示。

表 4-3　网络计划时间参数计算表

节点	TE_i	TL_i	工作	D_{i-j}	ES_{i-j}	EF_{i-j}	LS_{i-j}	LF_{i-j}	TF_{i-j}	FF_{i-j}
(1)	(2)	(3)	(4)	(5)	(6)	(7)	(8)	(9)	(10)	(11)

3) 单代号网络计划时间参数的计算

单代号网络计划时间参数计算的公式与规定如下所述。

(1) 工作最早开始时间的计算应符合下列规定。

① 工作 i 的最早开始时间 ES_i 应从网络图的起点节点开始，顺着箭线方向依次逐个计算。

② 起点节点的最早开始时间 ES_1 如无规定，其值等于零，即

$$ES_1 = 0 \tag{4-27}$$

③ 其他工作的最早开始时间 ES_i 应为

$$ES_i = \max\{ES_h + D_h\} \tag{4-28}$$

式中：ES_h——工作 i 的紧前工作 h 的最早开始时间；

D_h——工作 i 的紧前工作 h 的持续时间。

(2) 工作 i 的最早完成时间 EF_i 的计算应符合式(4-29)的规定，即

$$EF_i = ES_i + D_i \tag{4-29}$$

(3) 网络计划计算工期 T_c 的计算应符合式(4-30)的规定，即

$$T_c = EF_n \tag{4-30}$$

式中：EF_n——终点节点 n 的最早完成时间。

(4) 网络计划的计划工期 T_p 应按下列情况分别确定。

① 当已规定了要求工期 T_r 时

$$T_p \leqslant T_r \tag{4-31}$$

② 当未规定要求工期时

$$T_p = T_c \tag{4-32}$$

(5) 相邻两项工作 i 和 j 之间的时间间隔 $LAG_{i,j}$ 的计算应符合式(4-33)的规定，即

$$LAG_{i,j} = ES_j - EF_i \tag{4-33}$$

式中：ES_j——工作 j 的最早开始时间。

(6) 工作总时差的计算应符合下列规定。

① 工作 i 的总时差 TF_i 应从网络图的终点节点开始，逆着箭线方向依次逐项计算。当部分工作分期完成时，有关工作的总时差必须从分期完成的节点开始逆向逐项计算。

② 终点节点所代表的工作 n 的总时差 TF_n 值为零，即

$$TF_n = 0 \tag{4-34}$$

分期完成的工作的总时差值为零。

③ 其他工作的总时差TF_i的计算应符合式(4-35)的规定，即

$$TF_i = \min\left\{LAG_{i,j} + TF_j\right\} \tag{4-35}$$

式中：TF_j——工作i的紧后工作j的总时差。

当已知各项工作的最迟完成时间LF_i或最迟开始时间LS_i时，工作的总时差TF_i计算也应符合式(4-36)或式(4-37)的规定，即

$$TF_i = LS_i - ES_i \tag{4-36}$$

或

$$TF_i = LF_i - EF_i \tag{4-37}$$

(7) 工作i的自由时差FF_i的计算应符合式(4-38)或式(4-39)的规定，即

$$FF_i = \min\left\{LAG_{i,j}\right\} = \min\left\{ES_j - EF_i\right\} \tag{4-38}$$

或

$$FF_i = \min\left\{ES_j - ES_i - D_i\right\} \tag{4-39}$$

(8) 工作最迟完成时间的计算应符合下列规定。

① 工作i的最迟完成时间LF_i应从网络图的终点节点开始，逆着箭线方向依次逐项计算。当部分工作分期完成时，有关工作的最迟完成时间应从分期完成的节点开始逆向逐项计算。

② 终点节点所代表的工作n的最迟完成时间LF_n应按网络计划的计划工期T_p确定，即

$$LF_n = T_p \tag{4-40}$$

③ 其他工作i的最迟完成时间LF_i应为

$$LF_i = \min\left\{LF_j - D_j\right\} \tag{4-41}$$

式中：LF_j——工作i的紧后工作j的最迟完成时间；

D_j——工作i的紧后工作j的持续时间。

(9) 工作i的最迟开始时间LS_i的计算应符合式(4-42)的规定，即

$$LS_i = LF_i - D_i \tag{4-42}$$

单代号网络计划的时间参数表示法如图4-8所示。

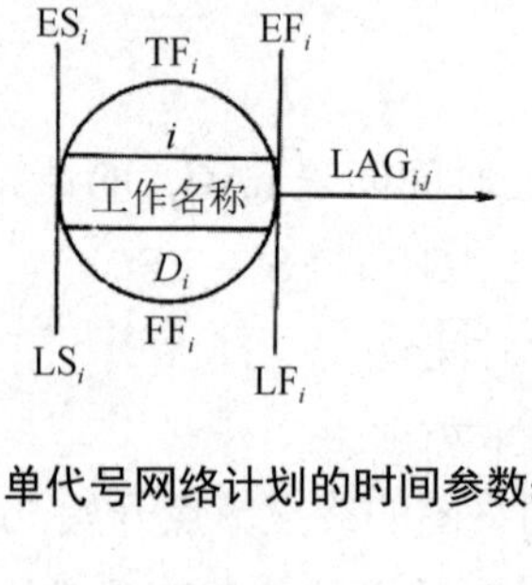

图4-8 单代号网络计划的时间参数表示法

5. 双代号时标网络计划

1) 双代号时标网络计划的一般规定

(1) 双代号时标网络计划必须以水平的时间坐标为尺度表示工作时间。时标的单位应该在编制网络计划前根据需要确定，可以是时、天、周、月、季等。

(2) 时标网络计划以实箭线表示实工作，虚箭线表示虚工作，以波形线表示工作的自由时差。

(3) 时标网络计划中所有的符号在时间坐标上的水平投影位置都必须与其时间参数相对应，节点中心必须对准相应的时间位置。

(4) 虚工作必须以垂直方向的虚箭线表示，有自由时差时加波形线表示。

2) 双代号时标网络计划的编制方法

双代号时标网络计划最好按照工作的最早开始时间编制，即一般编制的都是早时标网络计划。其绘制方法是：先计算出各工作的时间参数，确定关键线路和关键工作，再根据时间参数按草图在时标计划表上绘制。

某双代号网络计划如图 4-9 所示，绘制的时标网络计划如图 4-10 所示。

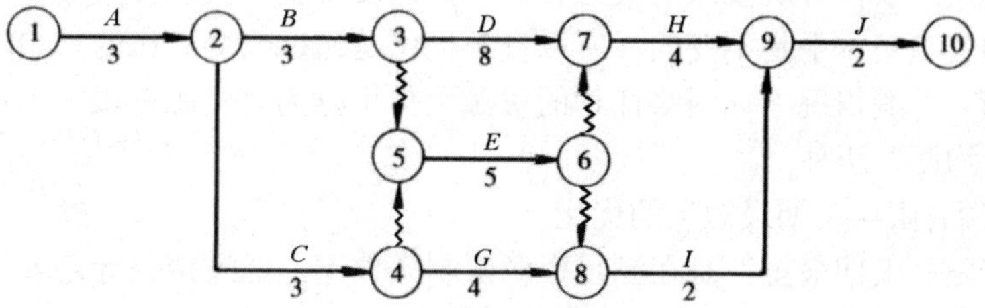

图 4-9　某双代号网络计划

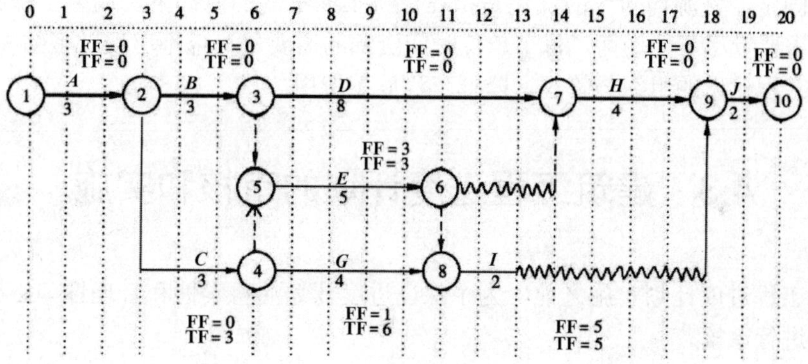

图 4-10　某双代号时标网络计划

6. 网络计划的优化

前面我们讲到的网络计划的表达，只是确定网络计划的初始方案。然而在工程项目的实施过程中，内、外部都有很多约束条件，比如资金、人力、设备、工期要求等，而且项目内、外部有很多实施条件并不是一成不变的，而是在不断地变动，这些因素的变动会影响我们所编制的网络计划的合理性和科学性，使我们只有按一定的标准对网络计划的初始方案不断地进行调整和优化，才能使工程顺利进行，从而获得工期短、质量好、消耗小、成本低的效果。

网络计划的优化，就是在满足既定的约束条件下，按照选定的目标，通过不断地改进网络计划寻求满意方案。

工程项目管理的三大目标控制就是工期目标、费用目标和质量目标，网络计划作为工程项目管理的一种重要手段，其目标和工程项目管理是一致的。因此，网络计划的优化，按其优化追求的目标不同，可分为工期优化、费用优化和资源优化三种。

1) 工期优化

工期优化是指在满足既定的约束条件下，通过延长或缩短网络计划初始方案的计算工期，以求实现要求的工期目标，保证按期完成任务。

2) 费用优化

费用优化又称工期成本优化或者时间成本优化，是指寻求工程总成本最低时的工期安排或按要求工期寻求最低成本的计划安排过程。

3) 资源优化

资源是完成一项任务所投入的人力、材料、机械设备、资金等的统称。由于完成一项工作所需要的资源基本上是不变的，所以资源优化是通过改变工作的开始时间和完成时间以使资源均衡。一般情况下，网络计划的资源优化可分为“资源有限—工期最短”和“工期固定—资源均衡”两种。

(1) “资源有限—工期最短”的优化。

“资源有限—工期最短”是在满足资源限制条件下，通过调整计划安排，使工期延长最少的优化方式。

(2) “工期固定—资源均衡”的优化。

“工期固定—资源均衡”的优化是指在保持工期不变的前提下，调整工程施工进度计划，使资源需要量尽可能均衡，每个单位时间资源的需要量尽量不出现过多的高峰和低谷，这样有利于工程建设的组织与管理，降低工程施工费用。

4.3 建筑工程进度计划的审核和实施

在建筑工程进度计划实施之前，为了保证进度计划的科学性和合理性，必须对建筑工程进度计划进行审核。

4.3.1 建筑工程进度计划的审核

建筑工程进度计划审核的内容如下所述。

(1) 进度安排是否与施工合同相符，是否符合施工合同中开工、竣工日期的规定。

(2) 施工进度计划中的项目是否有遗漏，内容是否全面，分期施工计划是否满足分期交工要求和配套交工要求。

(3) 施工顺序的安排是否符合施工工艺、施工程序的要求。

(4) 资源供应计划是否均衡并满足进度要求，劳动力、材料、构配件、设备及施工机具、水电等生产要素的供应计划是否能保证施工进度的实现，供应是否均衡，需求高峰期是否有足够的能力保证按计划供应。

(5) 总分包之间的计划是否协调、统一。总包、分包单位分别编制的各项施工进度计划之间是否协调，专业分工与计划衔接是否明确合理。

(6) 对实施进度计划的风险是否分析清楚并有相应的对策。

(7) 各项保证进度计划实现的措施是否周到、可行、有效。

4.3.2　建筑工程进度计划的实施

建筑工程进度计划的实施就是落实施工进度计划，按施工进度计划开展施工活动并完成建筑工程进度计划。建筑工程进度计划逐步实施的过程就是工程施工逐步完成的过程。为保证工程各项施工活动按建筑工程进度计划所确定的顺序和时间进行，以及保证各阶段进度目标和总进度目标的实现，应做好下面所述各项工作。

1. 检查各层次的计划，并进一步编制月(旬)作业计划

建筑工程的施工总进度计划、单位工程施工进度计划、分部分项工程施工进度计划，都是为了实现工程总目标而编制的，其中高层次计划是低层次计划编制和控制的依据，低层次计划是高层次计划的深入和具体化。在贯彻执行时，要检查各层次计划间是否紧密配合、协调一致；检查计划目标是否层层分解、互相衔接；检查在施工顺序、空间及时间安排、资源供应等方面有无矛盾，从而组成一个可靠的计划体系。

为实施施工进度计划，项目经理部将规定的任务与现场实际施工条件和施工的实际进度相结合，在施工开始前和实施中应不断地编制本月(旬)的作业计划，从而使施工进度计划更具体、更切合实际、更适应不断变化的现场情况和更可行。在月(旬)计划中要明确本月(旬)应完成的施工任务、完成计划所需的各种资源量，以及提高劳动生产率、保证质量和节约的措施。

作业计划的编制，要进行不同工程之间同时施工的平衡协调、确定对建筑工程进度计划分期实施的方案。建筑工程要分解为工序，以满足指导作业的要求，并明确进度日程。

2. 综合平衡，做好主要资源的优化配置

建筑工程不是孤立完成的，它必须由人、财、物(材料、机具、设备)等资源在特定地点有机结合才能完成。同时，工程对资源的需要又是不断变化的，因此，施工企业应在各工程进度计划的基础上进行综合平衡，编制企业的年度、季度、月旬计划，将各项资源在工程之间动态组合、优化配置，以保证满足工程在不同时间对资源的不同需求，从而保证建筑工程进度计划的顺利实施。

3. 层层签订承包合同，并签发施工任务书

按前面已检查过的各层次计划，以承包合同和施工任务书的形式，分别向分包单位、承包队和施工班组下达施工进度任务，其中，总承包单位与分包单位、施工企业与项目经理部、项目经理部与各承包队和职能部门、承包队与各作业班组之间应分别签订承包合同，按计划目标明确规定合同工期、相互承担的经济责任以及享有的权限和利益。

另外，要将月(旬)作业计划中的每项具体任务通过签发施工任务书的方式向班组下达。施工任务书是一份计划文件，也是一份核算文件，还是原始记录。它把作业计划下达到班组，并将计划执行与技术管理、质量管理、成本核算、原始记录、资源管理等融合为一体。

施工任务书一般由工长根据计划要求、工程数量、定额标准、工艺标准、技术要求、质量标准、节约措施、安全措施等进行编制。任务书下达给班组时，由工长进行交底。交底内容为：交任务、交操作规程、交施工方法、交质量、交安全、交定额、交节约措施、交材料使用、交施工计划、交奖罚要求等，做到任务明确，报酬预知，责任到人。施工班组接到任务书后，应做好分工，安排完成，执行中要保质量、保进度、保安全、保节约、保工效提高。任务完成后，班组应自检，在确认已经完成后，向工长报请验收。工长验收时应查数量、查质量、查安全、查用工、查节约，然后回收施工任务书，交施工队登记结算。

4. 全面实行层层计划交底，保证全体人员共同参与计划实施

在施工进度计划实施前，必须根据任务进度文件的要求进行层层交底落实，使有关人员都明确各项计划的目标、任务、实施方案、预控措施、开始日期、结束日期、有关保证条件、协作配合要求等，使项目管理层和作业层能协调一致地工作，从而保证施工生产按计划、有步骤、连续均衡地进行。

5. 做好施工记录，掌握现场实际情况

在计划任务完成的过程中，各级施工进度计划的执行者都要跟踪做好施工记录。在施工中，如实地记载每项工作的开始日期、工作进程和完成日期，记录每日完成数量、施工现场发生的情况和干扰因素的排除情况等，这样可为建筑工程进度计划实施的检查、分析、调整、总结提供真实、准确的原始资料。

6. 做好施工中的调度工作

施工中的调度是指在施工过程中针对出现的不平衡和不协调进行调整，以不断组织新的平衡，建立和维护正常的施工秩序。它是组织施工中各阶段、各环节、各专业和各工种的互相配合，是进度协调的指挥核心，也是保证施工进度计划顺利实施的重要手段。其主要任务是监督和检查计划实施情况，定期组织调度会，协调各方协作配合关系，采取措施，消除施工中出现的各种矛盾，加强薄弱环节，实现动态平衡，保证作业计划及进度控制目标的实现。

调度工作必须以作业计划与现场实际情况为依据，从施工全局出发，按规章制度办事，必须做到及时、准确、果断、灵活。

7. 预测干扰因素，采取预控措施

在工程实施前和实施过程中，应经常根据所掌握的各种数据资料，对可能致使工程实施结果偏离进度计划的各种干扰因素进行预测，并分析这些干扰因素所带来的风险程度，预先采取一些有效的控制措施，将可能出现的偏差尽可能消灭于萌芽状态。

4.4 建筑工程进度计划的检查

在建筑工程的施工过程中，为了进行施工进度控制，进度控制人员应经常性地、定期地跟踪检查施工实际进展情况，主要是收集建筑工程进度材料，进行统计整理和对比分析，确定实际进度与计划进度之间的关系。其主要工作包括以下内容。

1. 跟踪检查工程实际进度

跟踪检查工程实际进度是分析施工进度、调整施工进度的前提。其目的是收集实际施工进度的有关数据。跟踪检查的时间、方式、内容和收集数据的质量，将直接影响、控制工作的质量和效果。

进度计划检查应按统计周期的规定进行定期检查，并应根据需要进行不定期检查。进度计划的定期检查包括规定的年、季、月、旬、周、日检查，不定期检查是指根据需要由检查人(或组织)确定的专题(项)检查。检查内容应包括工程量的完成情况、工作时间的执行情况、资源使用及与进度的匹配情况、上次检查提出问题的整改情况以及检查者确定的其他检查内容。检查和收集资料一般采用经常、定期地收集进度报表，定期召开进度工作汇报会，或派驻现场代表检查进度的实际执行情况等方式进行。

2. 整理统计检查数据

收集到的建筑工程实际进度数据，要按施工进度计划控制的工作项目内容进行整理统计，形成与计划进度具有可比性的数据。一般可以按实物工程量、工作量和劳动消耗量以及累计百分比整理和统计实际检查的数据，以便与相应的计划完成量进行对比。

3. 将实际进度与计划进度进行对比分析

将收集到的资料整理和统计成与计划进度具有可比性的数据后，对建筑工程实际进度与计划进度进行比较。通常采用的比较方法有横道图比较法、S 形曲线比较法、香蕉形曲线比较法、前锋线比较法、列表比较法等(详见 4.5 节建筑工程进度控制的方法)。通过比较可以得出实际进度与计划进度相一致、超前或者拖后的情况。

4. 建筑工程进度检查结果的处理

对施工进度检查的结果要形成进度报告，把检查比较的结果及有关施工进度现状和发展趋势提供给项目经理及各级业务职能负责人。进度控制报告一般由计划负责人或进度管理人员与其他项目管理人员协作编写。报告时间一般与进度检查时间相协调，也可按月、旬、周等间隔时间编写上报。进度报告的内容包括：进度执行情况的综合描述，实际进度与计划进度的对比资料，进度计划的实施问题及原因分析，进度执行情况对质量、安全和成本等的影响情况，采取的措施和对未来计划进度的预测。进度报告可以单独编制，也可以根据需要与质量、成本、安全和其他报告合并编制，提出综合进展报告。

4.5 建筑工程进度控制的方法

所谓建筑工程进度控制方法，就是实际进度与计划进度的比较方法和相对原进度计划的调整方法。建筑工程进度常用的控制方法有横道图法、S 形曲线比较法、香蕉形曲线比较法、前锋线比较法、列表比较法等。下面分别介绍各种建筑工程进度控制的方法。

4.5.1　横道图比较法

横道图比较法就是指将在工程施工中检查实际进度收集的信息，经整理后直接用横道线并列标于原计划的横道线处，进行实际进度与计划进度比较的方法。其表示方法是用细实线表示计划进度，用黑粗线表示实际进度，如图 4-11 所示。采用横道图比较法，可以形象、直观地反映实际进度与计划进度的比较情况。

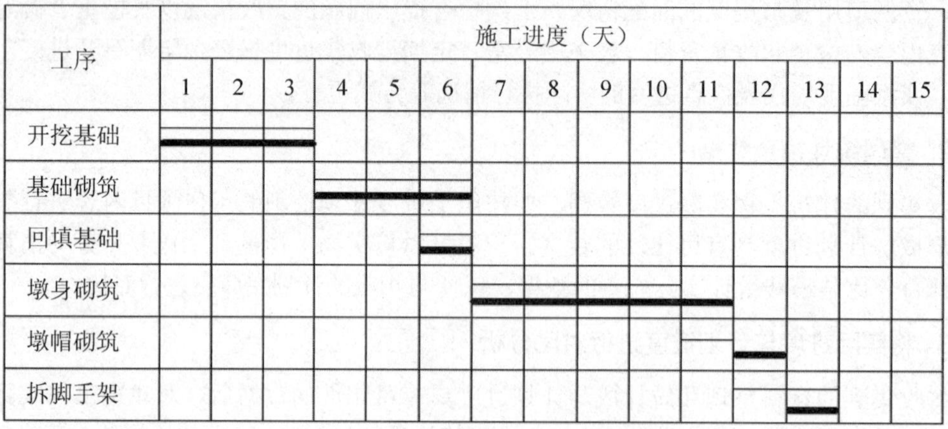

图 4-11　横道图施工进度检查表

可以看到，开挖基础、基础砌筑、回填基础三个工序是按照原计划完成的，但是墩身砌筑延长了一天，从而导致墩帽砌筑也延迟一天开工和完工。为按原工期完成，在拆脚手架时，人数增加，只用一天时间就完成了脚手架的拆卸。应将规划进度和实际进度都表示在图上，并检查偏差情况，及时了解工程施工状况，分析产生偏差的原因，制定各种补救措施，以确保该工程按期完成。

图 4-11 所表达的比较方法仅适用于建筑工程中的各项工作都是均匀进展的情况，即每项工作在单位时间内完成的任务量都相等的情况。事实上，建筑工程中各项工作的进展不一定是匀速的。根据建筑工程中各项工作的进展是否匀速，可分别采用以下两种方法进行实际进度与计划进度的比较。

1. 匀速进展横道图比较法

匀速进展是指在建筑工程施工过程中，每项工作在单位时间内完成的任务量都是相等的，即工作的进展速度是均匀的。此时每项工作累计完成的任务量与时间呈线性关系，如图 4-12 所示。完成的任务量可以用实物工程量、劳动消耗量或费用支出表示。为了便于比较，通常用上述物理量的百分比来表示。

采用匀速进展横道图比较法时，其步骤如下所述。

(1) 编制横道图进度计划。

(2) 在进度计划上标出检查日期。

(3) 将检查收集到的实际进度，按比例用涂黑的粗线标于计划的下方。

(4) 对比分析实际进度与计划进度：如果涂黑的粗线右端落在检查日期左侧，表明实际进度拖后；如果涂黑的粗线右端落在检查日期右侧，表明实际进度超前；如果涂黑的粗线右端与检查日期重合，表明实际进度与计划进度一致。

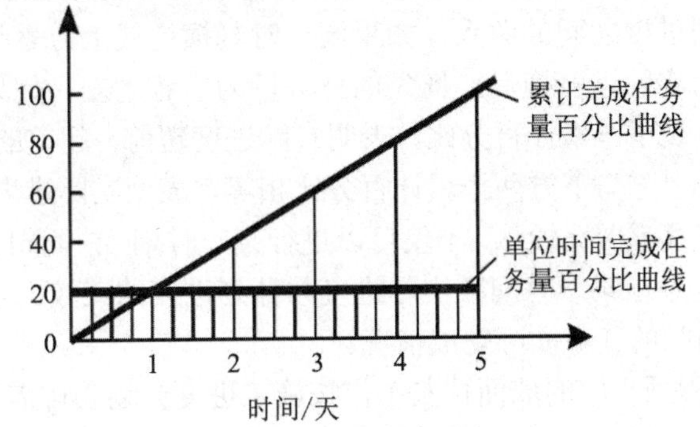

图 4-12　工作匀速进展时任务量与时间关系曲线

应注意的是，该方法仅适用于工作从开始到结束的整个过程中，进展速度固定不变的情况。如果工作的进展速度是变化的，则不能采用这种方法进行实际进度与计划进度的比较，否则会得出错误的结论。

2. 非匀速进展横道图比较法

当工作在不同单位时间里的进展速度不相等时，累计完成的任务量与时间的关系就不可能是线性关系，如图 4-13 所示。若仍采用匀速进展横道图比较法，则不能反映实际进度与计划进度的对比情况，此时，应采用非匀速进展横道图比较法进行工作实际进度与计划进度的比较。

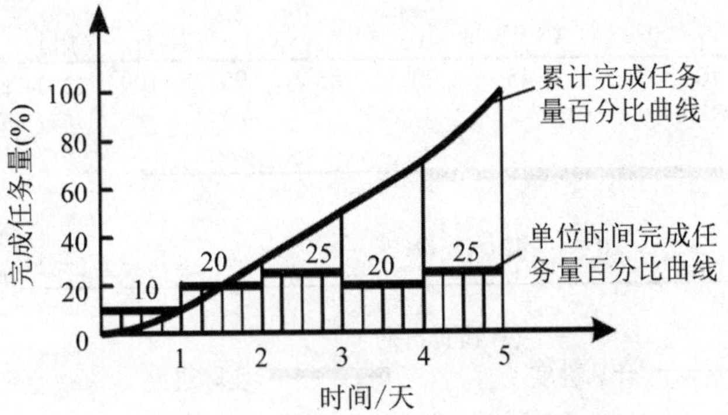

图 4-13　工作非匀速进展时任务量与时间关系曲线

非匀速进展横道图比较法在用涂黑粗线表示工作实际进度的同时，还要标出其对应时刻完成任务量的累计百分比，并将该百分比与其同时刻计划完成任务量的累计百分比相比，判断工作实际进度与计划进度之间的关系。

采用非匀速进展横道图比较法时，其步骤如下。

(1) 绘制横道图进度计划。

(2) 在横道线上方标出各主要时间工作的计划完成任务量累计百分比。

(3) 在横道线下方标出相应时间工作的实际完成任务量累计百分比。

(4) 用涂黑粗线标出工作的实际进度，从开始之日标起，同时反映出该工作在实施过程中的连续与间断情况。

(5) 通过比较同一时刻实际完成任务量累计百分比和计划完成任务量累计百分比，判断工作实际进度与计划进度之间的关系：如果同一时刻横道线上方累计百分比大于横道线下方累计百分比，表明实际进度拖后，拖欠的任务量为二者之差；如果同一时刻横道线上方累计百分比小于横道线下方累计百分比，表明实际进度超前，超前的任务量也为二者之差；如果同一时刻横道线上方与下方两个累计百分比相等，表明实际进度与计划进度一致。

采用非匀速进展横道图比较法，不仅可以进行某一时刻(如检查日期)实际进度与计划进度的比较，而且还能进行某一时间段实际进度与计划进度的比较。当然，这需要实施部门按规定的时间记录当时的任务实际完成情况。

【例 4-1】某工程项目中的墙面抹灰工作按施工进度计划安排需要 7 周完成，每周计划完成的任务量百分比分别为 10%、15%、20%、25%、15%、10%、5%，试绘制其进度计划图并在施工中进行跟踪比较。

解：(1) 编制横道图进度计划，如图 4-14 所示。

(2) 在横道线上方标出抹灰工程每周计划完成任务量的累计百分比，分别为 10%、25%、45%、70%、85%、95%、100%。

(3) 在横道线下方标出第 1 周至检查日期(第 4 周)每周实际完成任务量的累计百分比，分别为 7%、20%、42%、68%。

(4) 用涂黑粗线标出实际投入的时间。图 4-14 表明，该工作实际开始时间晚于计划开始时间，在开始后连续工作，没有中断。

(5) 比较实际进度与计划进度。从图 4-14 中可以看出，该工作在第一周实际进度比计划进度拖后 3%，以后各周末累计拖后分别为 5%、3%和 2%。

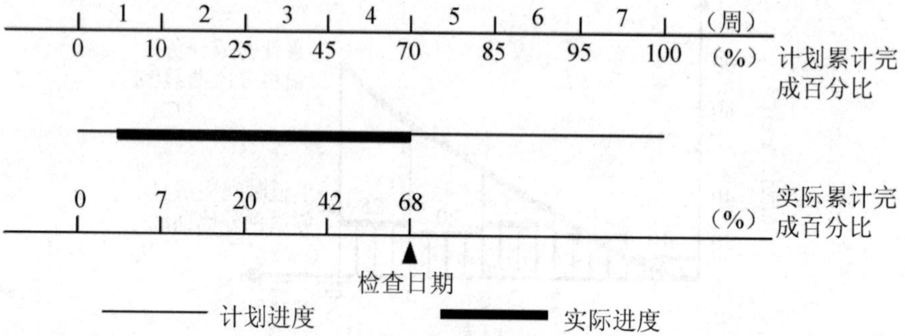

图 4-14　非匀速进展横道图进度计划

横道图比较法比较简单、形象直观、易于掌握、使用方便，但由于其以横道计划为基础，因而带有不可克服的局限性。在横道计划中，各项工作之间的逻辑关系表达不明确，关键工作和关键线路无法确定。一旦某些工作实际进度出现偏差时，难以预测其对后续工作和工程总工期的影响，也就难以确定相应的进度计划调整方法。因此，横道图比较法主要用于建筑工程中某些工作实际进度与计划进度的局部比较。

4.5.2　S 形曲线比较法

S 形曲线比较法是在一个以横坐标表示进度时间、纵坐标表示累计完成任务量的坐标体系上，首先按计划时间和任务量绘制一条累计完成任务量的曲线(即 S 形曲线)，然后将施工进度中各次检查时的实际完成任务量也绘在此坐标上，并与 S 形曲线进行比较的一种方法。

对于大多数建筑工程来说，从整个施工全过程来看，其单位时间消耗的资源量，通常是中间多而两头少，即资源的投入开始阶段较少，随着时间的增加而逐渐增多，在施工中的某一时期达到高峰后又逐渐减少直至工程完成，其变化过程可用图 4-15(a)表示。而随着时间进展，累计完成的任务量便形成一条中间陡而两头平缓的 S 形变化曲线，故称 S 形曲线，如图 4-15(b)所示。

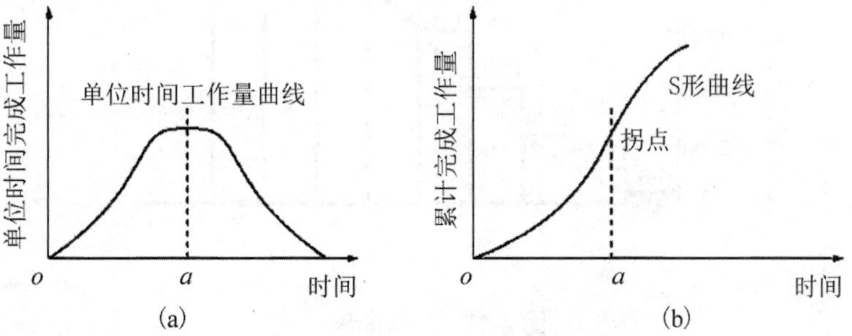

图 4-15　时间与完成任务量关系曲线

1. S 形曲线的绘制方法

下面以一个简单的例子来说明 S 形曲线的绘制方法。

【例 4-2】某楼地面铺设工程量为 10000m^2，按照施工方案，计划 9 天完成，每日计划完成的任务量如图 4-16 所示，试绘制该楼地面铺设工程的 S 形曲线。

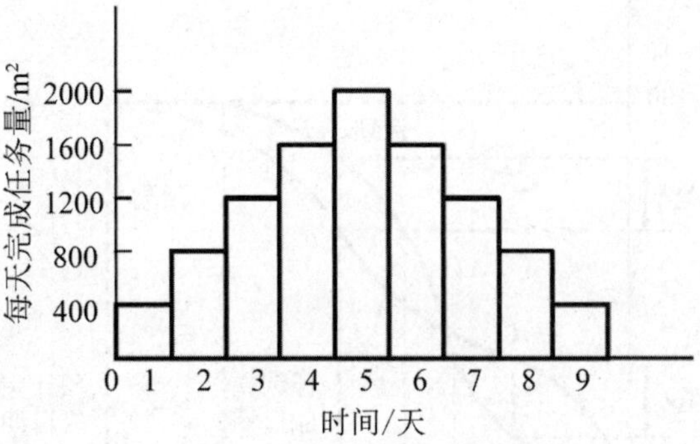

图 4-16　每日完成任务量

解：(1) 确定单位时间计划完成任务量。在本例中，将每天计划完成的地面铺设量列于表 4-4 中。

(2) 计算不同时间累计完成任务量。在本例中，依次计算每天计划累计完成的地面铺设量，结果列于表 4-4 中。

表 4-4　计划完成楼地面铺设工程汇总表

时间/天	1	2	3	4	5	6	7	8	9
每日完成量/m^2	400	800	1200	1600	2000	1600	1200	800	400
累计完成量/m^2	400	1200	2400	4000	6000	7600	8800	9600	10000

(3) 根据累计完成任务量绘制 S 形曲线。在本例中，根据每天计划累计完成的地面铺设量绘制的 S 形曲线如图 4-17 所示。

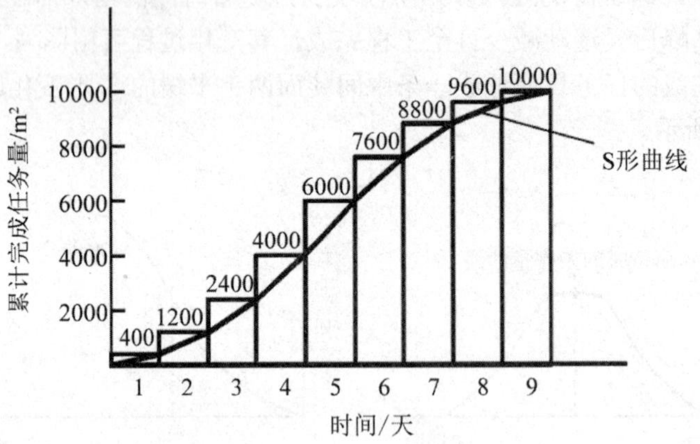

图 4-17　S 形曲线

2. S 形曲线的比较

S 形曲线比较法是在图上直观地对建筑工程的实际进度与计划进度进行比较。即在建筑工程施工过程中，按照规定时间将检查收集到的实际累计完成任务量绘制在原计划 S 形曲线图上，即可得到实际进度 S 形曲线，如图 4-18 所示。通过比较实际进度 S 形曲线和计划进度 S 形曲线，可以获得如下信息。

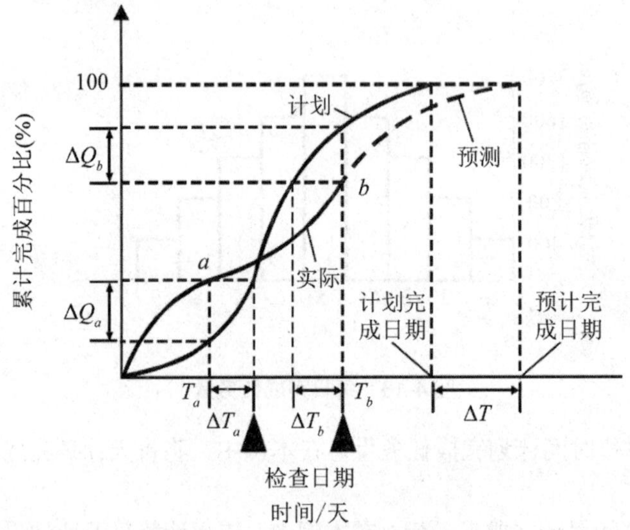

图 4-18　S 形曲线比较

(1) 建筑工程实际进展状况。如果工程实际进展点落在计划 S 形曲线左侧，表明此时实际进度比计划进度超前，如图 4-18 所示的 a 点；若落在计划 S 形曲线右侧，则表明此时实际进度拖后，如图 4-18 所示的 b 点；若正好落在计划 S 形曲线上，则表示此时实际进度与计划进度一致。

(2) 建筑工程超前或拖后的时间。在 S 形曲线比较图中可以直接读出实际进度比计划进度超前或拖后的时间。如图 4-18 所示，ΔT_a 表示 T_a 时刻实际进度超前的时间；ΔT_b 表示 T_b 时刻实际进度拖后的时间。

(3) 建筑工程超前或拖后的任务量。在 S 形曲线比较图中也可以直接读出实际进度比计划进度超前或拖后的任务量。如图 4-18 所示，ΔQ_a 表示 T_a 时刻超前完成的任务量；ΔQ_b 表示 T_b 时刻拖后完成的任务量。

(4) 后期工程进度预测。如果后期工程按原计划速度进行，则可作出后期工程预期的 S 形曲线，如图 4-18 中的虚线所示，从而可以确定工期拖延预测值ΔT。

4.5.3　香蕉形曲线比较法

香蕉形曲线是由两条 S 形曲线组合而成的闭合曲线。从 S 形曲线比较中可知，某一施工项目，计划时间和累计完成任务量之间的关系，都可以用一条 S 形曲线表示。一般来说，根据一个建筑工程的网络计划，可以绘制出两条 S 形曲线：一条是以各项工作的计划最早开始时间安排进度而绘制的 S 形曲线，称为 ES 曲线；另一条是根据各项工作的计划最迟开始时间安排进度而绘制的 S 形曲线，称为 LS 曲线。两条 S 形曲线都是从计划的开始时刻开始到完成时刻结束，因此两条曲线是闭合的。在一般情况下，ES 曲线上的其余各点均会落在 LS 曲线相应点的左侧。由于该闭合曲线形似“香蕉”，故称为香蕉形曲线，如图 4-19 所示。

在工程的施工中，若任一时刻按实际进度描出的点落在该香蕉形曲线的区域内，则该工程的进度控制是比较理想的，如图 4-19 中的优化曲线。

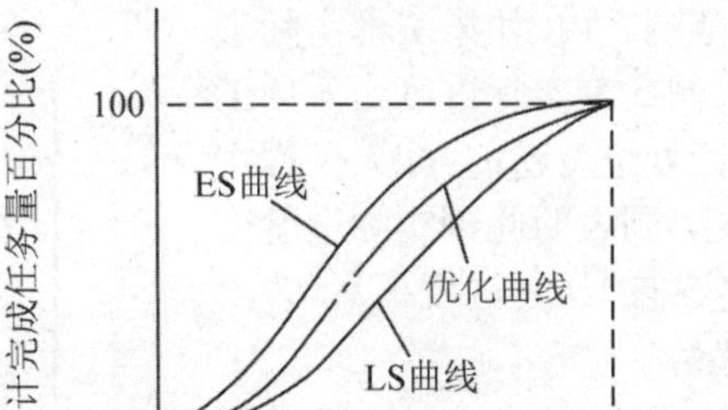

图 4-19　香蕉形曲线比较

1. 香蕉形曲线的绘制

香蕉形曲线的绘制方法与 S 形曲线的绘制方法基本相同，不同之处在于香蕉形曲线由按最早开始时间安排进度和按最迟开始时间安排进度分别绘制的两条 S 形曲线组合而成。其绘制步骤如下所述。

(1) 以建筑工程的网络计划为基础，计算各项工作的最早开始时间和最迟开始时间。

(2) 确定各项工作在各单位时间内的计划完成任务量。这一点可以分别按以下两种情况考虑：根据各项工作按最早开始时间安排的进度计划，确定各项工作在各单位时间内的计划完成任务量；根据各项工作按最迟开始时间安排的进度计划，确定各项工作在各单位时间内的计划完成任务量。

(3) 计算建筑工程总任务量，即对所有工作在各单位时间内计划完成的任务量累加求和。

(4) 分别根据各项工作按最早开始时间、最迟开始时间安排的进度计划，确定建筑工程在各单位时间内计划完成的任务量，即将各项工作在某一单位时间内计划完成的任务量求和。

(5) 分别根据各项工作按最早开始时间、最迟开始时间安排的进度计划，确定不同时间累计完成的任务量或任务量的百分比。

(6) 绘制香蕉形曲线。分别根据各项工作按最早开始时间、最迟开始时间安排的进度计划确定的累计完成任务量或任务量的百分比描绘各点，并连接各点得到 ES 曲线和 LS 曲线，由 ES 曲线和 LS 曲线组成香蕉形曲线。

在建筑工程实施过程中，根据检查得到的实际累计完成任务量，按同样的方法在原计划香蕉形曲线图上绘出实际进度曲线，便可以对实际进度与计划进度进行比较。

2. 香蕉形曲线比较法的作用

香蕉形曲线比较法能直观地反映建筑工程的实际进展情况，并可以获得比 S 形曲线更多的信息。其主要作用如下所述。

1) 合理安排建筑工程进度计划

如果建筑工程中的各项工作均按其最早开始时间安排进度，将导致工程的投资加大；而如果各项工作都按其最迟开始时间安排进度，则一旦受到进度影响因素的干扰，又将导致工期拖延，使工程进度风险加大。因此，一条科学合理的进度计划优化曲线应处于香蕉曲线所包络的区域内，如图 4-19 中的点划线所示。

2) 定期比较建筑工程的实际进度与计划进度

在建筑工程的施工过程中，根据每次检查收集到的实际完成任务量，绘制出实际进度 S 形曲线，便可以与计划进度进行比较。建筑工程实施进度的理想状态是任一时刻工程实际进展点应落在香蕉形曲线图的范围之内。如果工程实际进展点落在 ES 曲线的左侧，表明此刻实际进度比各项工作按其最早开始时间安排的计划进度超前；如果工程实际进展点落在 LS 曲线的右侧，则表明此刻实际进度比各项工作按其最迟开始时间安排的计划进度拖后。

3) 预测后期工程进展趋势

利用香蕉形曲线可以对后期工程的进展情况进行预测。例如在图 4-20 中，该建筑工程在检查日实际进度超前。检查日期之后的后期工程进度安排如图 4-20 中的虚线所示，预计该建筑工程将提前完成。

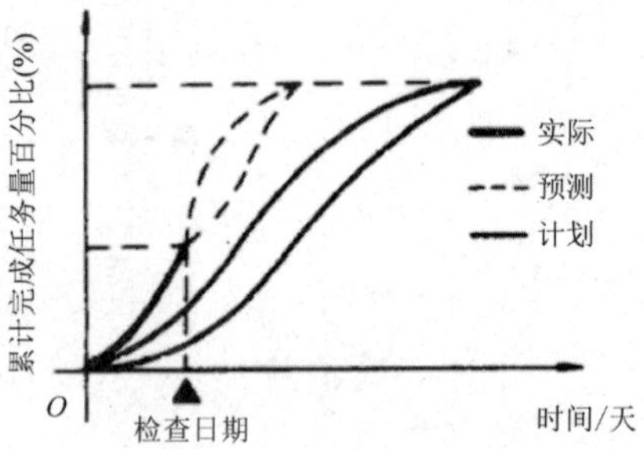

图 4-20　工程进展预测趋势

4.5.4　前锋线比较法

前锋线比较法是通过绘制某检查时刻建筑工程实际进度曲线，进行工程实际进度与计划进度比较的方法，它主要适用于时标网络计划。所谓前锋线，是指在原时标网络计划中，从检查时刻的时标点出发，用点划线依次将各项工作实际进展位置点连接而成的折线。前锋线比较法就是通过实际进度前锋线与原进度计划中各工作箭线交点的位置来判断工作实际进度与计划进度的偏差，进而判定该偏差对后续工作及总工期影响程度的一种方法。

采用前锋线比较法进行实际进度与计划进度的比较，其步骤如下所述。

(1) 绘制时标网络计划图。在时标网络计划图上标出工程实际进度前锋线，为清楚起见，可在时标网络计划的上方和下方各设一时间坐标。

(2) 绘制实际进度前锋线。从时标网络计划图上方时间坐标的检查日期开始绘制，依次连接相邻工作的实际进展点，最后与时标网络计划图下方坐标的检查日期相连接。

(3) 进行实际进度与计划进度的比较。

前锋线可以直观地反映出检查日期有关工作实际进度与计划进度之间的关系。一般可有以下三种情况。

① 工作实际进展位置点落在检查日期的左侧，表明该工作实际进度拖后，拖后的时间为二者之差。

② 工作实际进展位置点落在检查日期的右侧，表明该工作实际进度超前，超前的时间为二者之差。

③ 工作实际进展位置点与检查日期重合，表明该工作实际进度与计划进度一致。

(4) 预测进度偏差对后续工作及总工期的影响。通过实际进度与计划进度的比较确定进度偏差后，还可根据工作的自由时差和总时差预测该进度偏差对后续工作及工程总工期的影响。由此可见，前锋线比较法既适用于工作实际进度与计划进度之间的局部比较，又可用来分析和预测建筑工程整体进度状况。

值得注意的是，以上比较是针对均匀进展的工作。对于非匀速进展的工作，比较方法较复杂，此处不再赘述。

【例 4-3】某工程项目时标网络计划如图 4-21 所示。该计划执行到第 4 天末检查实际进度时，*A* 工作已经完成，*B* 工作已进行了 1 天，*C* 工作已进行了 2 天，*D* 工作还未开始。试用前锋线法进行实际进度与计划进度之间的比较。

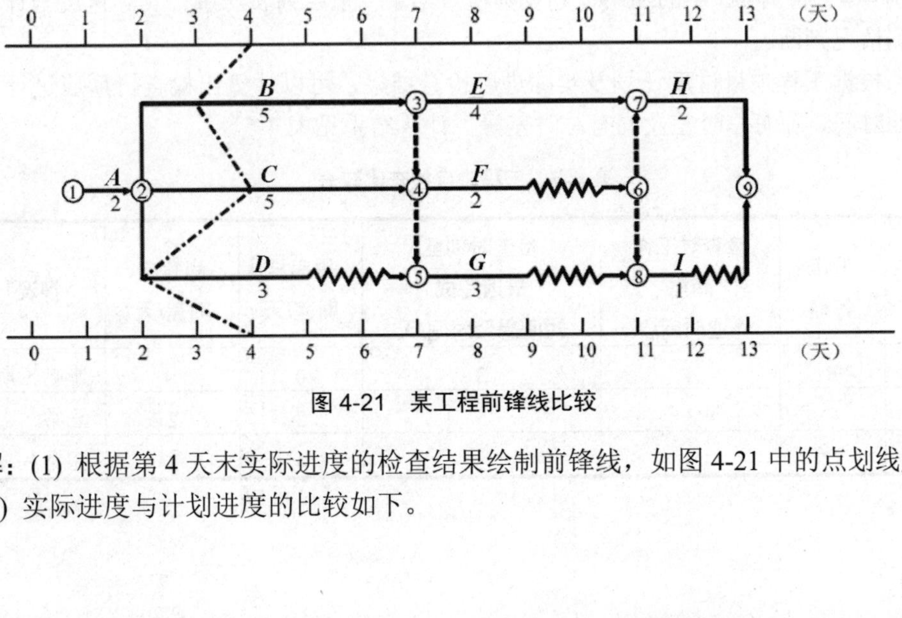

图 4-21　某工程前锋线比较

解：(1) 根据第 4 天末实际进度的检查结果绘制前锋线，如图 4-21 中的点划线所示。

(2) 实际进度与计划进度的比较如下。

① B 工作实际进度拖后 1 天，将使其紧后工作 E、F、G 的最早开始时间推迟 1 天，并使总工期延长 1 天。

② C 工作与计划一致。

③ D 工作实际进度拖后 2 天，既不影响后续工作，也不影响总工期。

综上所述，如果不采取适当措施加快进度，该工程项目的总工期将延长 1 天。

4.5.5 列表比较法

当建筑工程进度计划用非时标网络图表示时，可以采用列表比较法进行实际进度与计划进度的比较。这种方法记录检查日期应该进行的工作名称及其已经作业的时间，然后列表计算有关时间参数，并根据工作总时差进行实际进度与计划进度的比较。

采用列表比较法进行实际进度与计划进度的比较，其步骤如下所述。

(1) 对于实际进度检查日期应该进行的工作，根据已经作业的时间，确定其尚需作业的时间。

(2) 根据原进度计划计算检查日期应该进行的工作从检查日期到原计划最迟完成时间的尚余时间。

(3) 计算工作尚有总时差，其值等于工作从检查日期到原计划最迟完成时间的尚余时间与该工作尚需作业时间之差。

(4) 比较实际进度与计划进度，可能有以下几种情况。

① 如果工作尚有总时差与原有总时差相等，说明该工作实际进度与计划进度一致。

② 如果工作尚有总时差大于原有总时差，说明该工作实际进度超前，超前的时间为两者之差。

③ 如果工作尚有总时差小于原有总时差，且仍为非负值，说明该工作实际进度拖后，拖后的时间为二者之差，但不影响总工期。

④ 如果工作尚有总时差小于原有总时差，且为负值，说明该工作实际进度拖后，拖后的时间为二者之差，此时工作实际进度偏差将影响总工期。

【例 4-4】将例 4-3 中的网络计划及其检查结果，采用列表法进行实际进度与计划进度的比较和情况判断。

解：根据工程项目进度计划及实际进度检查结果，可以计算出检查日期应进行工作的尚需作业时间、原有总时差及尚有总时差等，计算结果见表 4-5。

表 4-5 工程进度检查比较表

工作代号	工作名称	检查时工作尚需作业时间/天	检查时刻至最迟完成时间尚余时间/天	原有总时差/天	尚有总时差/天	情况判断
2—3	B	4	3	0	−1	影响工期 1 天
2—4	C	3	5	2	2	正常
2—5	D	3	5	4	2	正常

4.6　建筑工程进度计划的实际进度调整

4.6.1　建筑工程进度调整的系统过程

在建筑工程施工生产过程中，实际进度与计划进度之间往往有偏差。这就需要调整某些工序的施工速度，从而降低工程成本。为了在进度调整时尽量缩短工期，降低工程费用，需要对计划进度进行调整。进度调整的系统过程如图 4-22 所示。

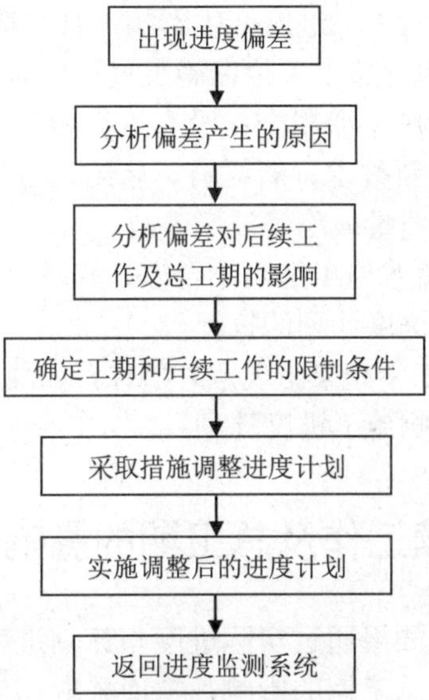

图 4-22　进度调整的系统过程

(1) 分析进度偏差产生的原因。当发现产生进度偏差时，为了采取有效措施调整进度计划，必须深入现场进行调查，寻找产生进度偏差的原因。

(2) 分析进度偏差对后续工作和总工期的影响。当查明进度偏差产生的原因之后，要分析进度偏差对后续工作和总工期的影响程度，以确定是否应该采取措施调整进度计划。

(3) 确定后续工作和总工期的限制条件。当出现的偏差影响到后续工作或总工期而需要采取进度调整措施时，首先应确定可调整进度的范围，主要包括关键点、后续工作的限制条件以及总工期允许调整的范围。

(4) 采取措施调整进度计划。当进度调整后，应以后续工作和总工期的限制条件为依据。

(5) 实施调整后的进度计划。进度计划调整后，应采取相应的组织、经济、技术措施加以执行，并监测其执行情况。

4.6.2　分析建筑工程进度偏差的原因

建筑工程项目，尤其是较大和复杂的施工项目的工期较长，影响进度的因素较多。任何一个方面出现问题，都可能对建筑工程的施工进度产生影响。因此，应分析了解这些影响因素，并尽可能加以控制，通过有效的进度控制减少这些因素产生的影响。影响施工进度的主要因素有以下几方面。

(1) 有关单位的影响。虽然工程的主要施工单位对施工进度起决定性作用，但是建设单位或业主、设计单位、银行信贷单位、材料设备供应部门、运输部门、水电供应部门及政府的有关主管部门都可能会给施工的某些方面造成困难而影响施工进度。例如，水电供应能否满足施工要求，设计资料能否按时提供，建设资金有无保证，当地政府和群众是否合作，材料和设备能否按期供应等因素，都会影响施工进度。

(2) 施工条件的变化。在建筑工程施工过程中可能会遇到地下水、地质断层、溶洞、地下障碍物、软弱地基等不良工程地质条件，以及恶劣的气候、暴雨、高温和洪水等不良水文地质条件，这些因素都可能对施工进度产生影响，甚至造成临时停工或破坏。

(3) 技术失误。技术失误包括施工单位在施工过程中对施工技术难度估计不够；对某些设计或施工问题的解决方式考虑不够周全；没有进行相应的试验；对工程的设计意图和技术要求没有完全领会；在应用新技术、新材料、新结构方面缺乏经验等。这些因素都可能导致盲目施工，以致出现工程质量缺陷等技术事故。

(4) 施工组织管理不利。流水施工组织不合理、劳动力和施工机械调配不当、施工平面布置不合理等，也将影响施工进度计划的执行。

(5) 意外事件的发生。施工中如果出现意外事件，如战争、严重自然灾害、火灾、重大工程事故、工人罢工等都会影响施工进度计划。

4.6.3　分析偏差对后续工作及总工期的影响

在建筑工程施工过程中，如果通过实际进度与计划进度的比较，发现有进度偏差时，需要分析该偏差对后续工作及总工期的影响，从而采取相应的调整措施对原进度计划进行调整，以确保工期目标的顺利实现。进度偏差的大小及其所处的位置，对后续工作和总工期的影响程度是不同的，分析时需要利用网络计划方法中的工作总时差和自由时差进行判断。

1. 分析出现进度偏差的工作是否为关键工作

如果出现进度偏差的工作位于关键线路上，即该工作为关键工作，则无论其偏差有多大，都将对后续工作和总工期产生影响，必须采取相应的调整措施；如果出现偏差的工作是非关键工作，则需要根据进度偏差值与总时差和自由时差的关系做进一步分析。

2. 分析进度偏差是否超过总时差

如果工作的进度偏差大于该工作的总时差，则此进度偏差必将影响其后续工作和总工期，必须采取相应的调整措施；如果工作的进度偏差未超过该工作的总时差，则此进度偏差不影响总工期。至于对后续工作的影响程度，还需要根据偏差值与其自由时差的关系做进一步分析。

3. 分析进度偏差是否超过自由时差

如果工作的进度偏差大于该工作的自由时差，则此进度偏差将对其后续工作产生影响，此时应根据后续工作的限制条件确定调整方法；如果工作的进度偏差未超过该工作的自由时差，则此进度偏差不影响后续工作，因此，原进度计划可以不做调整。

进度偏差的分析判断过程如图 4-23 所示。通过分析，进度控制人员可以根据进度偏差的影响程度，制定相应的纠偏措施进行调整，以获得符合实际进度情况和计划目标的新进度计划。

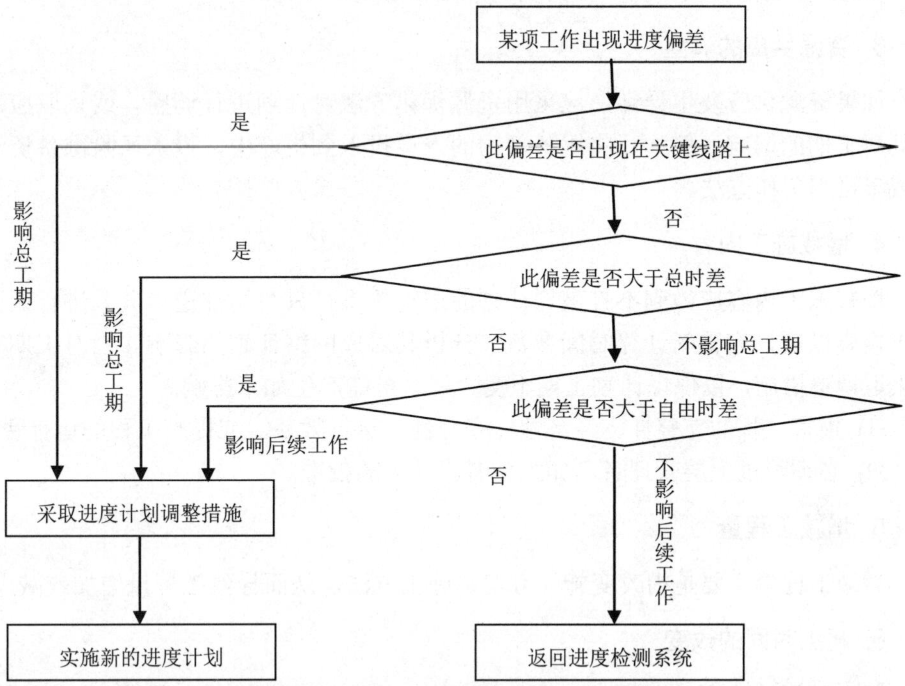

图 4-23　进度偏差对后续工作和总工期影响的分析过程

4.6.4　建筑工程实际施工进度计划的调整方法

通过检查分析，如果发现原有进度计划已不能适应实际情况时，为了确保进度控制目标的实现或需要确定新的计划目标，就必须对原有的进度计划进行调整，以形成新的进度计划，作为进度控制的新依据。施工进度计划的调整方法主要有以下几方面。

1. 缩短某些工作的持续时间

这种方法是不改变工作之间的逻辑关系，而是缩短某些工作持续时间，使施工进度加快，并保证实现计划工期的方法。这些被压缩持续时间的工作是位于由于实际施工进度的拖延而引起总工期增长的关键线路和某些非关键线路上的工作，且这些工作又是可压缩持续时间的工作，这种方法实际上就是网络计划优化中工期优化和工期与成本优化。

2. 改变某些工作间的逻辑关系

若检查的实际施工进度产生的偏差影响了总工期，在工作之间的逻辑关系允许改变的条件下，可改变关键线路和超过计划工期的非关键线路上的有关工作之间的逻辑关系，达到缩短工期的目的。用这种方法调整的效果是很显著的，例如可以把依次进行的有关工作改成平行的或互相搭接的，以及分成几个施工段进行流水施工等，都可以达到缩短工期的目的。但可能产生如下问题，需要加以注意。

(1) 工作逻辑上的矛盾性。

(2) 资源的限制，平行施工要增加资源的投入强度。

(3) 工作面限制及由此产生的现场混乱和低效率问题。

3. 资源供应的调整

如果资源供应发生异常，应采用资源优化方法对计划进行调整，或采取应急措施，减小其对工期的影响。例如，将服务部门的人员投入到生产中，投入风险准备资源，采用加班或多班制工作方法。

4. 增减施工内容

增减施工内容应做到不打破原计划的逻辑关系，只对局部逻辑关系进行调整。在增减施工内容以后，应重新计算时间参数，分析其对原网络计划的影响。当对工期有影响时，应采取调整措施，以保证计划工期不变。但这可能产生如下影响。

(1) 损害工程的完整性、经济性、安全性、运行效率，或提高工程的运行费用。

(2) 必须经过上层管理者，如投资者、业主的批准。

5. 增减工程量

增减工程量主要是指改变施工方案、施工方法，从而导致工程量增加或减少。

6. 起止时间的改变

起止时间的改变应在相应工作时差范围内进行。每次调整必须重新计算时间参数，观察该项调整对整个施工进度的影响。调整时可按下列方法进行。

(1) 将工作在其最早开始时间与最迟完成时间范围内移动。

(2) 延长工作的持续时间。

(3) 缩短工作的持续时间。

7. 提高劳动生产率

改善工具器具以提高劳动效率；通过辅助措施和合理的工作过程，提高劳动生产率。但要注意如下问题。

(1) 加强培训，且应尽可能提前。

(2) 注意工人级别与工人技能的协调。

(3) 工作中的激励机制，例如奖金、小组精神发扬、个人责任制、目标明确。

(4) 改善工作环境及工程的公用设施。

(5) 工程小组时间上和空间上合理的组合和搭接。

(6) 多沟通，避免工程组织中的矛盾。

当采用某种方法进行调整，其可调整的幅度又受到限制时，还可以同时利用这些方法的组合对同一施工进度计划进行调整，以满足工期目标的要求。

【例4-5】 某工程网络计划如图4-24所示，在第5天检查时，*A*工作已完成，*B*工作已进行一天，*C*工作已进行两天，*D*工作尚未开始。

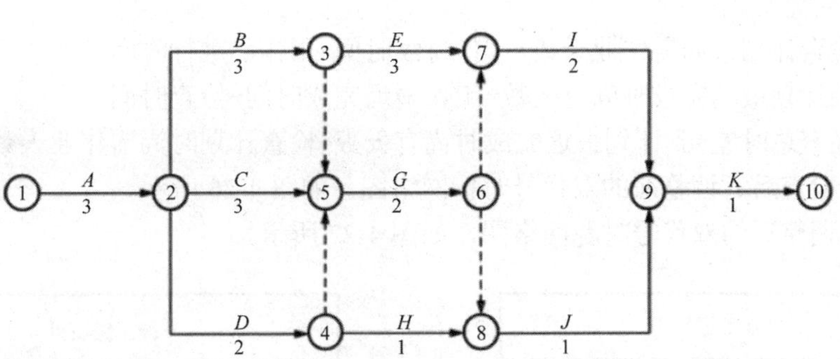

图 4-24　某施工项目网络计划

(1) 绘制实际进度前锋线。

(2) 将实际进度与计划进度对比分析，填写网络计划检查结果分析表。

(3) 根据检查结果绘制调整前的双代号时标网络图。

(4) 若要求按原工期目标完成，不允许拖延工期，试绘制调整后的双代号时标网络图。

解：(1) 绘制实际进度前锋线，如图 4-25 所示。

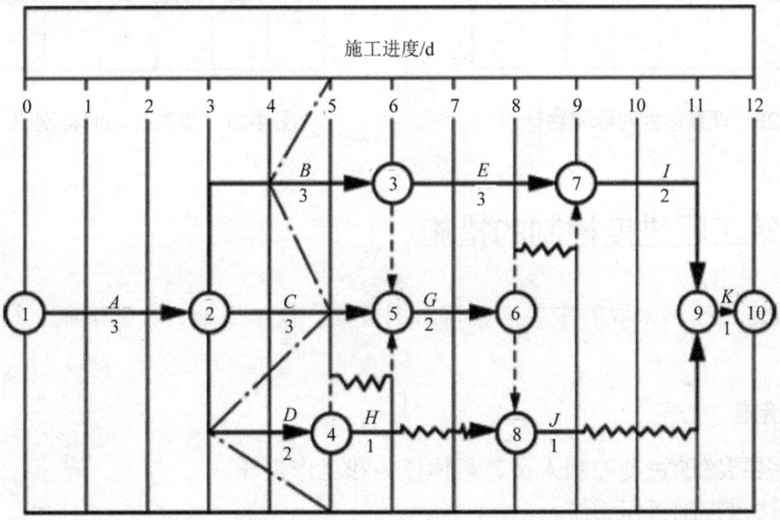

图 4-25　实际进度前锋线

所谓前锋线，是指在原时标网络计划中，从检查时刻的时标点出发，用点划线依次连接各项工作实际进展位置点而成的折线。

(2) 填写网络计划检查结果分析表，见表 4-6。

表 4-6　网络计划检查结果分析表

工作代号	工作名称	检查时工作尚需作业时间/天	检查时刻至最迟完成时间尚余时间/天	原有总时差/天	尚有总时差/天	情况判断
2—3	*B*	2	1	0	-1	影响工期 1 天
2—4	*C*	1	2	1	1	正常
2—5	*D*	2	2	2	0	正常

检查计划时尚需作业天数=工作持续时间-工作已进行时间

到计划最迟完成时尚有天数=工作最迟完成时间-检查时间

尚有总时差=到计划最迟完成时尚有天数-检查计划时尚需作业天数

(3) 绘制检查后、调整前的双代号时标网络图，如图 4-26 所示。

(4) 绘制调整后的双代号时标网络图，如图 4-27 所示。

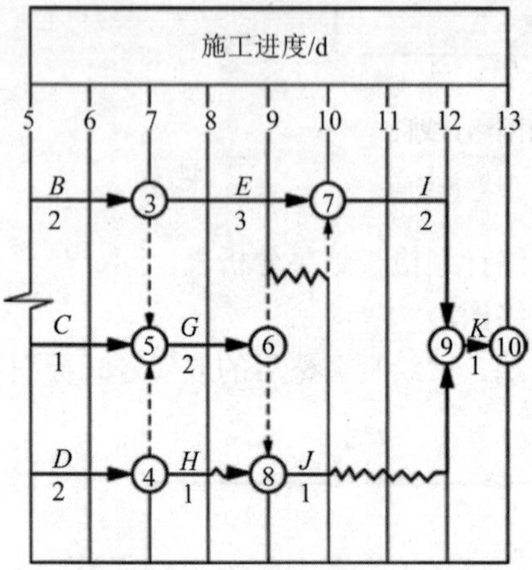

图 4-26　调整前的时标网络计划

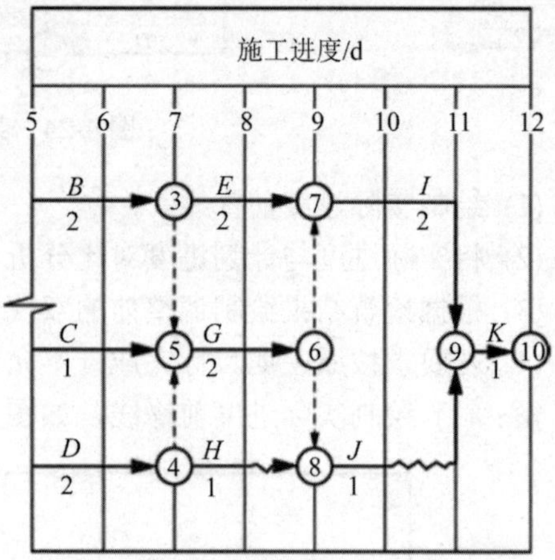

图 4-27　调整后的时标网络计划

4.6.5　建筑工程进度控制的措施

建筑工程进度控制采取的主要措施有组织措施、技术措施、合同措施、经济措施、信息措施等。

1. 组织措施

(1) 落实各层次的进度控制人员、具体任务和工作责任。

(2) 建立进度控制组织系统。

(3) 确定进度控制工作制度。

(4) 增加工作面，组织更多的施工队伍。

(5) 增加每天的施工时间(如采用三班制等)。

(6) 增加劳动力和施工机械的数量。

(7) 改变施工的组织方式。

2. 技术措施

(1) 改进施工工艺和施工技术，缩短工艺技术间歇时间。

(2) 采用更先进的施工方法，以减少施工过程的数量(如将现浇框架方案改为预制装配方案)。

(3) 采用更先进的施工机械。

3. 合同措施

与分包单位签订工程合同的合同工期要与有关进度计划目标相协调。

4. 经济措施

(1) 实行包干奖励。
(2) 提高奖金数额。
(3) 对所采取的技术措施给予相应的经济补偿。

5. 信息措施

不断地收集工程进度的有关资料进行整理统计与计划进度比较，定期向建设单位提供比较报告。

6. 其他配套措施

(1) 改善外部配合条件。
(2) 改善劳动条件。
(3) 实施强有力的调度等。

4.6.6 建筑工程进度控制的总结

项目经理部应在施工进度计划完成后，及时进行施工进度控制总结，为进度控制提供反馈信息。

1. 总结时应依据的资料

(1) 施工进度计划。
(2) 施工进度计划执行的实际记录。
(3) 施工进度计划检查结果。
(4) 施工进度计划的调整资料。

2. 施工进度控制总结的主要内容

(1) 合同工期目标和计划工期目标的完成情况。
(2) 施工进度控制的经验。
(3) 施工进度控制中存在的问题及分析。
(4) 科学的施工进度计划方法的应用情况。
(5) 施工进度控制的改进意见。

思考题与习题

一、简答题

1. 什么是进度和进度控制?

2. 简述建筑工程进度控制的流程。
3. 简述建筑工程进度控制的基本原理。
4. 组织流水施工的条件有哪些?
5. 施工段划分的基本要求是什么?如何正确划分施工段?
6. 如何组织全等节拍流水施工?如何组织成倍节拍流水施工?
7. 什么是无节奏流水施工?如何确定其流水步距?
8. 进度控制的影响因素有哪些?
9. 建筑工程进度控制的方法有哪些?
10. 简述建筑工程进度调整的方案。

二、单项选择题

1. 为实现项目的进度目标,应充分重视健全项目管理的组织体系,是出于(　　)的考虑。
A. 项目管理的基本模式　B. 项目目标控制的动态控制原理
C. 组织与目标的关系　D. 网络计划技术的要求

2. 为实现项目的进度目标,在理顺组织的前提下,(　　)显得十分重要。
A. 选用先进的设计技术　B. 编制资源需求计划
C. 选用经济的施工技术　D. 科学和严谨的管理

3. 利用(　　)的方法编制进度计划必须很严谨地分析和考虑工作之间的逻辑关系。
A. 工程网络计划　B. 横道图进度计划
C. 价值工程　D. 形象进度计划

4. 为实现工程进度目标,不但应进行进度控制,还应从预防进度偏差的角度出发注意(　　)。
A. 重视总进度目标的论证　B. 选择合理的承发包模式
C. 选用有利的设计和施工技术　D. 分析影响工程进度的风险

5. 设计方案的选择和调整对进度控制而言是一种(　　)。
A. 技术手段　B. 组织手段　C. 管理手段　D. 经济手段

6. 建设工程项目进度控制中涉及对实现进度目标有利的设计技术和施工技术的选用属于(　　)。
A. 组织措施　B. 管理措施　C. 经济措施　D. 技术措施

7. 下列选项中,有利于实现进度控制科学化的方法是(　　)。
A. 关键日期表　B. 资源需求分析　C. 充分备用资源　D. 工程网络计划

8. 为实现进度目标而采取的经济激励措施所需要的费用应在(　　)中考虑。
A. 工程预算　B. 投标报价　C. 可行性研究报告　D. 工程决算

9. 下列选项属于进度控制的主要工作环节的是(　　)。
A. 评审设计方案　B. 编制进度控制工作流程
C. 进度目标的分析和论证　D. 进度控制工作职能分工

10. 通过编制与进度计划相适应的(　　),以反映工程施工各阶段所需要的资金。
A. 资源需求计划　B. 资金需求计划　C. 资金供应的条件　D. 经济激励措施

11. 下列选项中,属于建设工程项目进度控制组织措施的有(　　)。
A. 承发包模式的选择　B. 工程风险分析

C. 编制任务分工表　　　　　　　　　D. 编制资金需求计划

12. 下列选项中，属于建设工程项目进度控制技术措施的有(　　)。

A. 编制资源需求计划　　　　　　　　B. 工程进度的风险分析

C. 编制进度控制工作管理职能分工　　D. 选用对实现进度目标有利的施工方案

三、多项选择题

1. 在项目组织结构中，应由(　　)负责进度控制工作。

A. 监理公司　　　　　　　　　　　　B. 专门的工作部门

C. 符合进度控制岗位资格的专人　　　D. 业主

E. 承包商

2. 进度控制的主要工作环节包括(　　)。

A. 进度目标的分析和论证　　　　　　B. 确定进度计划的编制程序

C. 定期跟踪进度计划的执行情况　　　D. 采取纠偏措施

E. 进度控制工作管理职能分工

3. 建设工程项目进度控制的组织措施包括(　　)。

A. 承发包模式的选择　　　　　　　　B. 工程进度的风险分析

C. 资源需求分析　　　　　　　　　　D. 编制项目进度控制的工作流程

E. 进行有关进度控制会议的组织设计

4. 建设工程项目进度控制的管理措施包括(　　)。

A. 承发包模式的选择　　　　　　　　B. 工程进度的风险分析

C. 资源需求分析　　　　　　　　　　D. 编制项目进度控制的工作流程

E. 进行有关进度控制会议的组织设计

5. 建设工程项目进度控制的经济措施包括(　　)。

A. 经济激励措施　　　　　　　　　　B. 工程进度的风险分析

C. 资金需求分析　　　　　　　　　　D. 编制项目进度控制的工作流程

E. 资金供应的条件分析

6. 建设工程项目进度控制的技术措施包括(　　)。

A. 采用工程网络计划的方法编制进度计划

B. 选用对实现进度目标有利的设计技术

C. 资金需求分析

D. 选用对实现进度目标有利的施工技术

E. 资金供应的条件

7. 项目进度控制的措施主要有(　　)。

A. 法律措施　B. 组织措施　　C. 管理措施　　D. 经济措施　　E. 技术措施

四、计算题

1. 已知某工程任务可划分为五个施工过程，分五段组织流水施工，流水节拍均为3天，在第二个施工过程结束后有2天的技术与组织间歇时间，试计算其工期并绘制进度计划。

2. 某地下工程由挖基槽、做垫层、砌基础和回填土四个分项工程组成，在平面上划分为六个施工段。各分项工程在各个施工段上的流水节拍依次为挖基槽6天、做垫层2天、砌基础4天、回填土2天，做垫层完成后有技术间歇时间2天。为了加快流水施工速度，试编制工期最短的流水施工方案。

3. 某现浇钢筋混凝土工程由支模、绑钢筋、浇筑混凝土、拆模和回填土五个分项工程组成，它在平面上可划分为六个施工段。各分项工程在各个施工段上的施工持续时间见表4-7，在混凝土浇筑后至拆模板必须有养护时间2天。试编制该工程的流水施工方案。

表4-7 施工持续时间表

分项工程名称	持续时间/天					
	①	②	③	④	⑤	⑥
支模板(A)	2	3	2	3	2	3
绑扎钢筋(B)	3	3	4	4	3	3
浇筑混凝土(C)	2	1	2	2	1	2
拆模板(D)	1	2	1	1	2	1
回填土(E)	2	3	2	2	3	2

4. 某施工项目的网络计划如图4-28所示，图中箭线之下括弧外的数字为正常持续时间，括弧内的数字是最短持续时间，箭线之上是每天的费用。当工程进行到第95天进行检查时，节点⑤之前的工作全部完成，工期延误了15天。要在以后的时间进行赶工，确保按原工期目标完成，使工期不拖延。问怎样赶工才能使增加的费用最少？

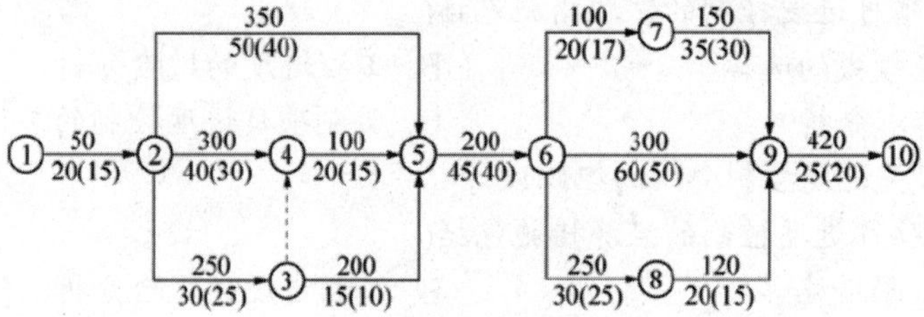

图4-28 待调整的网络计划

五、案例题

拟建三台设备的基础工程，施工过程包括基础开挖、基础处理和混凝土浇筑。因型号与基础条件相同，为了缩短工期，监理工程师指示承包商分三个施工段组织专业流水施工(一项施工作业由一个专业队完成)。各施工作业在各施工段的施工时间(单位为月)见表4-8。

表4-8 各施工段的施工时间

施工过程 / 施工段	设备A	设备B	设备C
基础开挖	3	3	3
基础处理	4	4	4
浇混凝土	2	2	2

问题：

(1) 请根据监理工程师的要求绘制双代号专业流水(平行交叉作业)施工网络进度计划图。

(2) 该网络计划的计算工期为多少？指出关键路线并在图上用粗线标出。

第 5 章　建筑工程项目成本管理

【学习要点及目标】

- 了解工程项目成本管理的概念、特点和责任体系的构成与功能。
- 学会成本计划的编制。
- 掌握工程项目成本控制的概念以及控制的内容、过程和方法。
- 学会人工费、材料费、机械费、施工管理费、临时设施费、工程变更以及施工分包费的控制。
- 掌握施工项目成本核算的方法。
- 掌握工程项目成本绩效与考核。

【核心概念】

工程项目成本管理　成本责任体系　成本计划　成本控制
成本核算　“三算”和项目成本偏差

【引言】

随着我国市场经济体制的建立和发展，各行各业的竞争呈现出日趋激烈的态势。目前建筑企业数量众多，而基础设施的建设规模有限，尤其是在目前基础设施建设相对完善的大城市，施工企业之间的竞争更加激烈。面对激烈的市场竞争，建筑施工企业不仅要生产出用户满意的产品，还要保证企业合理的利润，获得最大的经济效益，只有这样才能推动企业的可持续发展。在这种情况下，先进的成本管理和完善的成本管理体系就成为建筑施工企业获得市场主动权和竞争优势的基础，也成为提高企业竞争力的重要手段之一。

5.1 建筑工程项目成本管理概述

5.1.1 工程项目施工成本的概念

施工成本是指在建设工程项目的施工过程中所发生的全部生产费用的总和。包括所消耗的原材料、辅助材料、构配件等的费用，周转材料的摊销费或租赁费，施工机械的使用费或租赁费，支付给生产工人的工资、奖金以及在施工现场进行施工组织与管理所发生的全部费用支出。按照现行的工程造价费用组成内容，建筑产品的成本由直接成本和间接成本组成，这是建筑产品的完全成本。

直接成本是施工过程中耗费的构成工程实体或有助于工程实体形成的各项费用支出，是可以直接计入工程对象的费用，包括人工费、材料费、施工机械使用费和施工措施费等。

间接成本是指为施工准备、组织和管理施工生产的全部费用的支出，是非直接用于且无法直接计入工程对象，但为进行工程施工所必须支付的费用，包括管理人员工资、办公费、差旅交通费等。

施工成本管理就是要在保证工期和满足质量要求的前提下，采取相应的管理措施，包括组织措施、经济措施、技术措施和合同措施，把成本控制在计划范围内，并进一步寻求最大的成本节约途径。

5.1.2 工程项目施工成本管理的任务与措施

1. 施工成本管理的任务

施工成本管理的任务和环节包括施工成本预测、施工成本计划、施工成本控制、施工成本核算、施工成本分析、施工成本考核。

成本管理任务的具体内容如下所述。

1) 施工成本预测

施工成本预测是对未来的成本水平及其可能的发展趋势进行科学的预测。通常是对影响成本变化的各种因素进行分析，比照近期已完工施工项目或将完工施工项目的成本，预测这些因素对工程项目中有关成本的影响程度。

2) 施工成本计划

施工成本计划主要是制定施工项目在计划期内的成本水平、成本降低率以及为降低成本所采取的措施和方案，它是建立施工项目成本管理责任制、开展成本控制和核算的基础。施工成本计划是实现降低施工成本任务的指导性文件。

3) 施工成本控制

施工成本控制是指在施工过程中，对影响施工成本的各种因素加强管理，并采取各种有效措施，将施工中实际发生的各种消耗和支出严格控制在成本计划范围内。通过随时揭示并及时反馈，严格审查各项费用是否符合标准，计算实际成本和计划成本之间的差异并进行分析，进而采取多种措施，消除施工中的损失浪费现象。

施工成本控制可分为事先控制、事中控制和事后控制。在项目的施工过程中，需按动态控制原理对实际施工成本的发生过程进行有效控制。

合同文件和成本计划是成本控制的目标，进度报告和工程变更与索赔资料是成本控制过程中的动态资料。

成本控制的程序体现了动态跟踪控制的原理。成本控制报告可单独编制，也可以根据需要与进度、质量、安全和其他进展报告结合，提出综合进展报告。

4) 施工成本核算

施工成本核算包括两个基本环节：一是按规定的成本开支范围对施工费用进行归集和分配，计算出施工费用的实际发生额；二是根据成本核算对象，采用适当的方法，计算出该施工项目的总成本和单位成本。

施工成本核算一般以单位工程为成本核算对象。施工成本核算的基本内容包括：①人工费核算；②材料费核算；③周转材料费核算；④结构件费核算；⑤机械使用费核算；⑥其他措施费核算；⑦分包工程核算；⑧间接费核算；⑨项目月度施工成本报告编制核算。

施工成本核算制是明确施工成本核算的原则、范围、程序、方法、内容、责任及要求的制度。项目管理必须实行施工成本核算制。项目经理部要建立一系列项目业务核算台账和施工成本会计账户，实施全过程的成本核算，具体可分为定期的成本核算(为基础)和竣工工程的成本核算。

形象进度、产值统计、实际成本归集三同步，即三者的取值范围要一致。

对竣工工程的成本核算，应区分为竣工工程现场成本和竣工工程完全成本，分别由项目经理部和企业财务部门进行核算分析，其目的在于分别考核项目管理绩效和企业经营效益。

5) 施工成本分析

施工成本分析是在施工成本核算的基础上，对成本的形成过程和影响成本升降的因素进行分析，以寻求进一步降低成本的途径，包括有利因素的挖掘和不利偏差的纠正。施工成本分析贯穿于施工成本管理的全过程，在成本形成过程中，应主要利用施工项目的成本核算资料，与成本目标、预算成本以及类似的施工项目的实际成本等进行比较，了解成本的变动情况；同时分析主要技术经济指标对成本的影响，系统地研究成本变动因素，检查成本计划的合理性，并通过成本分析，深入揭示成本变动的规律，寻找降低施工项目成本的途径，以便有效地进行成本的控制。成本偏差的控制，分析是关键，纠偏是核心；要针对分析得出的偏差发生原因，采取切实措施，加以纠正。

成本偏差可分为局部成本偏差和累计成本偏差。局部成本偏差包括项目的月度核算成本偏差、专业核算成本偏差以及分部分项作业成本偏差。累计成本偏差是指已完工工程在某一时间点上的实际总成本与相应的计划总成本的偏差。对成本偏差原因的分析，应采取定量和定性相结合的方法。

6) 施工成本考核

施工成本考核是指施工项目完成后，对施工项目成本形成中的各责任者，按施工项目成本目标责任制的有关规定，将成本的实际指标与计划、定额、预算进行对比和考核，评定施工项目成本计划的完成情况和各责任者的业绩，并以此给予相应的奖励和处罚。

项目成本考核是衡量成本降低实际效果的手段，也是对成本指标完成情况的总结和评价。以施工成本降低额和降低率作为成本考核的主要指标，要加强组织管理层对项目管理部的指导，并充分依靠技术人员、管理人员和作业人员的经验和智慧，防止项目管理在企业内部异化为靠少数人承担风险的以包代管模式。

施工成本管理的每一个环节都是相互联系和相互作用的。成本预测是成本决策的前提，成本计划是成本决策所确定目标的具体化。成本计划控制则是对成本计划的实施进行控制和监督，以保证决策的成本目标的实现，而成本核算又是对成本计划是否实现的最后检验，它所提供的成本信息又可为下一个施工项目成本预测和决策提供基础资料。成本考核是实现成本目标责任制的可靠保证和实现决策目标的重要手段。

2. 施工成本管理的措施

1) 施工成本管理的基础性工作

施工成本管理的基础工作内容是多方面的，成本管理责任体系的建立是其中最根本、最重要的基础工作，涉及成本管理的一系列组织制度、工作程序、业务标准和责任制度的建立。除此之外，还应从以下诸多方面为施工成本管理创造良好的基础条件。

(1) 统一组织内部工程项目成本计划的内容和格式。其内容应能反映施工成本的划分、各成本项目的编码及名称、计量单位、单位工程量的计划成本及合计金额等。这些成本计划的内容和格式应由各个企业按照自己的管理习惯和需要进行设计。

(2) 建立企业内部施工定额并保持其适应性、有效性和相对先进性，为施工成本计划的编制提供支持。

(3) 建立生产资料市场价格信息的收集网络和必要的询价网点，做好市场行情预测，保证采购信息的及时性和准确性。同时，建立企业的分包商、供应商评审注册名录，稳定发展良好的供求关系，为编制施工成本计划与采购工作提供支持。

(4) 建立已完工项目的成本资料、报告报表等的归集、整理、保管和使用管理制度。

(5) 科学设计施工成本核算账册体系、业务台账和成本报告报表，为施工成本管理的业务操作提供统一的范式。

2) 施工成本管理的措施

为了取得施工管理的理想成效，应当从多方面采取措施实施管理，通常可以将这些措施归纳为组织措施、技术措施、经济措施和合同措施。

(1) 组织措施。组织措施是施工成本管理的组织方面采取的措施。施工成本控制是全员的活动，采取的措施如实行项目经理责任制，落实施工成本管理的组织机构和人员，明确各级施工成本管理人员的任务和职能分工、权利和责任等。施工成本管理不仅是专业成本管理人员的工作，各级项目管理人员都负有成本控制责任。

组织措施的另一方面是编制施工成本控制的工作计划、确定合理详细的工作流程。要做好施工采购规划，通过生产要素的优化配置、合理使用、动态管理，有效控制实际成本；加强施工定额管理和施工任务单管理，控制活劳动和物化劳动的消耗；加强施工调度，避免因施工计划不周和盲目调度造成窝工损失、机械利用率降低、物料积压等而使施工成本增加。成本控制工作只有建立在科学管理的基础之上，健全合理的管理体制，完美的规章制度，稳定的作业秩序和完整准确的信息传递，才能取得成效。组织措施是其他各类措施的前提和保障，而且一般不需要增加额外的费用，只要运用得当就可以收到良好的效果。

(2) 技术措施。施工过程中降低成本的技术措施包括进行技术经济分析，确定最佳的施工方案；结合施工方法，进行材料使用的比选，在满足功能要求的前提下，通过代用、改变配合比、使用外加剂等方法降低材料消耗的费用；确定最合适的施工机械、设备使用方案；结合项目的施工组织设计及自然地理条件，降低材料的库存成本和运输成本；应用先进的施工技术，运用新材料，使用新开发机械设备等。在实践中，也要避免仅从技术角度选定方案而忽视对经济效果的分析论证。

(3) 经济措施。经济措施是最易为人们所接受和采用的措施。管理人员应编制资金使用计划，分析、确定施工成本管理目标。对施工成本管理目标进行风险分析，并制定防范性对策。对各种支出，应认真做好资金的使用计划，并在施工中严格控制各项开支；及时准确记录；收集、整理、核算实际发生的成本；对各种变更，及时做好增减账，及时落实业主签证，及时结算工程款。通过偏差分析和未完工工程预测，可发现一些潜在的可能引起未完成工程施工成本增加的问题，对这些问题应以主动控制为出发点，及时采取预防措施。由此可见，经济措施的运用绝不仅仅是财务人员的事情。

(4) 合同措施。采取合同措施控制施工成本，应贯穿整个合同周期，包括从合同谈判开始到合同终结的全过程。首先是选择合同的结构，对各种合同结构模式进行分析、比较，在合同谈判时，要争取选用适合于工程规模、性质和特点的合同结构模式。其次，在合同的条款中应仔细考虑一切影响成本和效益的因素，特别是潜在的风险因素。通过对引起成本变动的风险因素的识别和分析，采取必要的风险对策，如通过合理的方式，增加承担风险的个体数量，降低损失发生的比例，并最终使这些策略反映在合同的具体条款中。在合同执行期间，合同管理的措施既要密切注视对方合同执行的情况，以寻求合同索赔的机会；同时也要密切关注自己履行合同的情况，以防被对方索赔。

5.2　建筑工程施工成本计划

5.2.1　施工成本计划的类型

对于一个施工项目而言，成本计划是一个不断深化的过程。在这一过程的不同阶段形成的成本计划，按其作用可分为三类。

1. 竞争性成本计划

竞争性成本计划是指工程项目投标及签订合同阶段的估算成本计划。该计划是为了能投标和签订合同作出的成本计划。在投标报价过程中，虽也着力考虑降低成本的途径和措施，但总体上较粗略。

2. 指导性成本计划

指导性成本计划是指选配项目经理阶段的预算成本计划，是项目经理的责任成本目标。以合同标书为依据，按企业预算定额标准制订的设计预算成本计划，一般情况下只是确定责任总成本目标。

3. 实施性成本计划

实施性成本计划是指项目施工准备阶段的施工预算成本计划，它是以项目实施方案为依据，以落实项目经理责任目标为出发点，采用企业的施工定额，通过施工预算的编制而形成的。

施工预算和施工图预算的不同点如下所述。

1) 编制的依据不同

施工预算的编制以施工定额为主要依据；施工图预算的编制以预算定额为主要依据。

2) 适用范围不同

施工预算是施工企业内部管理用的一种文件；施工图预算既适用于建设单位也适用于施工单位。

3) 发挥的作用不同

施工预算是施工企业组织生产、编制施工计划、准备现场材料、签发任务书、考核功效、进行经济核算的依据，它也是施工企业改善经营管理、降低生产成本的重要手段；而施工图预算则是投标标价的主要依据。

5.2.2 施工成本计划的编制依据

施工成本计划是施工项目成本控制的一个重要环节，是实现降低施工成本目标的指导性文件。如果针对施工项目所编制的成本计划达不到目标成本要求时，就必须组织施工项目管理班子的有关人员重新研究寻找降低成本的途径，重新进行编制。同时，编制成本计划的过程也是动员全体施工项目管理人员的过程，是挖掘降低成本潜力的过程，是检验施工技术质量管理、工期管理、物资消耗和劳动力消耗管理等是否落实的过程。

编制施工成本计划，需要广泛收集相关资料并进行整理，以作为施工成本计划编制的依据。施工成本计划的编制依据包括以下各点。

(1) 投标报价文件。

(2) 企业定额、施工预算。

(3) 施工组织设计或施工方案。

(4) 人工、材料、机械台班的市场价。

(5) 企业颁布的材料指导价、企业内部机械台班价格、劳动力内部挂牌价格。

(6) 周转设备内部租赁价格、摊销损耗标准。

(7) 已签订的工程合同、分包合同(或估价书) 。

(8) 结构件外加工计划和合同。

(9) 有关财务成本核算制度和财务历史资料。

(10) 施工成本预测资料。

(11) 拟采取的降低施工成本的措施。

(12) 其他相关资料。

5.2.3　编制施工成本计划的方法

施工成本计划的编制应以成本预测为基础，关键是确定目标成本。计划的制订，需结合施工组织设计的编制过程，通过不断地优化施工技术方案和合理配置生产要素，进行工、料、机消耗的分析，制定一系列节约成本和挖潜措施，确定施工成本计划。一般情况下，施工成本计划总额应控制在目标成本的范围内，并使成本计划建立在切实可行的基础上。

施工总成本目标确定之后，还需通过编制详细的实施性施工成本计划把目标成本层层分解，落实到施工过程的每个环节，有效地进行成本控制。施工成本计划的编制方式如下所述。

(1) 按施工成本组成编制施工成本计划。

(2) 按项目组成编制施工成本计划。

(3) 按工程进度编制施工成本计划。

1. 按施工成本组成编制施工成本计划的方法

目前我国的建筑安装工程费由直接费、间接费、利润和税金组成。施工成本可以按成本组成分解为人工费、材料费、施工机械使用费、措施费和间接费，如图 5-1 所示，可以按施工成本组成编制施工成本计划。

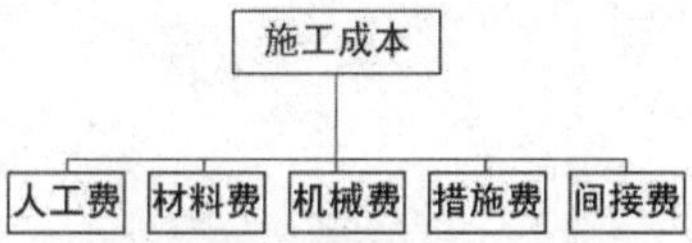

图 5-1　施工成本组成

2. 按项目组成编制施工成本计划的方法

大中型工程项目通常是由若干单项工程构成的，而每个单项工程包括多个单位工程，每个单位工程又由若干分部分项工程所构成。因此，首先要把项目总施工成本分解到单项工程和单位工程中，再进一步分解到分部工程和分项工程中，如图 5-2 所示。

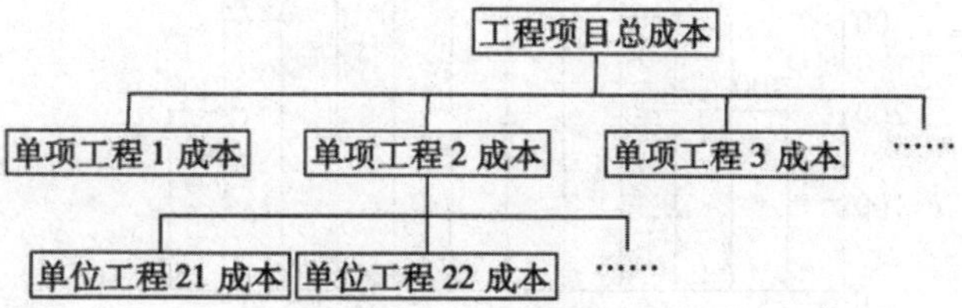

图 5-2　按项目组成编制施工成本计划

在完成施工项目成本目标分解之后，接下来就要具体地分配成本，编制分项工程的成本支出计划，从而得到详细的成本计划表，如表 5-1 所示。

在编制成本支出计划时，要在项目总体方面考虑总体预备费，也要在主要的分项工程中安排适当的不可预见费，避免在具体编制成本计划时发现个别单位工程或工程量表中某项内容的工程量计算有较大出入，使原来的成本预算失实，并应在项目实施过程中对其尽可能地采取一些措施。

表 5-1 分项工程成本计划表

分项工程编码	工程内容	计量单位	工程数量	计划成本	本分项总计

3. 按工程进度编制施工成本计划的方法

按工程进度编制施工成本计划，通常可采用控制项目进度的网络图进一步扩充的方法。即在建立网络图时，一方面确定完成各项工作所需花费的时间；另一方面确定完成这一工作的合适的施工成本支出计划。在实践中，将工程项目分解为既能方便地表示时间，又能方便地表示施工成本支出计划的工作是不容易的，通常如果项目分解程度对时间控制合适的话，则对施工成本支出计划可能分解过细，以至于不可能对每项工作确定其施工成本支出计划，反之亦然。因此在编制网络计划时，在充分考虑进度控制对项目划分要求的同时，还要考虑确定施工成本支出计划对项目划分的要求，做到二者兼顾。

通过对施工成本目标按时间进行分解，在网络计划基础上，可获得项目进度计划的横道图，并在此基础上编制成本计划。其表示方式有两种：一种是在时标网络图上按月编制的成本计划，如图 5-3 所示；另一种是利用时间—成本累计曲线(S 形曲线)编制成本计划，如图 5-4 所示。

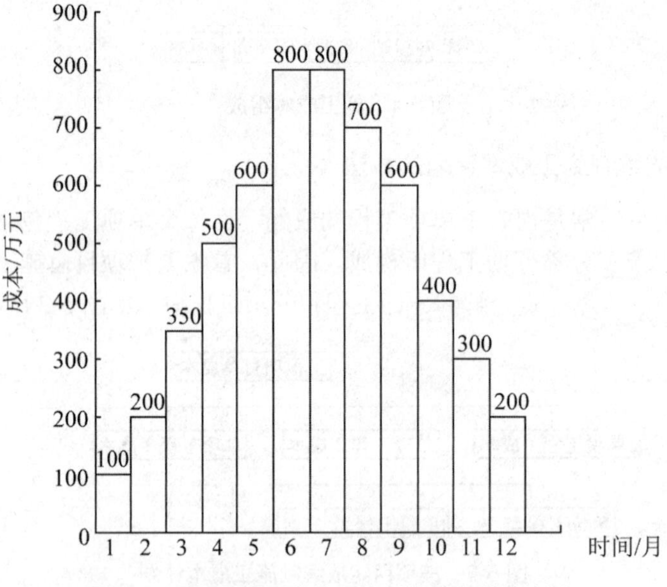

图 5-3 时标网络图上按月编制的资金使用计划

时间—成本累计曲线的绘制步骤如下所述。

(1) 确定工程项目进度计划，编制进度计划的横道图。

(2) 根据每单位时间内完成的实物工程量或投入的人力、物力和财力，计算单位时间(月或旬)的成本，在时标网络图上按时间编制成本支出计划。

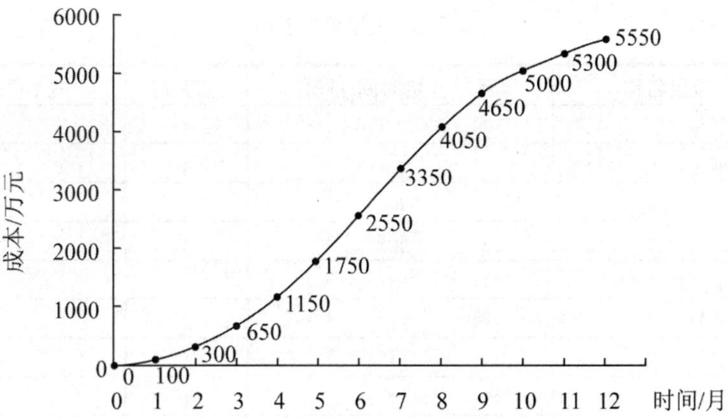

图 5-4　时间—成本累计曲线(S 形曲线)

(3) 计算规定时间 t 计划累计支出的成本额。

$$Q_t = \sum_{n=1}^{t} q_n \tag{5-1}$$

式中：Q_t——某时间 t 内计划累计支出成本额；

q_n——单位时间 n 的计划支出成本额；

t——某规定计划时刻。

4. 按各规定时间的 Q_t 值，绘制 S 形曲线

每一条 S 形曲线都对应某一特定的工程进度计划。因为在进度计划的非关键线路中存在许多有时差的工序或工作，因而 S 形曲线(成本计划值曲线)必然在由全部工作都按最早开始时间和全部工作开始都按最迟开始时间开始的曲线所组成的“香蕉图”之内。项目经理可根据编制的成本支出计划合理安排资金，同时项目经理也可以根据筹措的资金调整 S 形曲线，即通过调整非关键线路上的工序项目的最早或最迟开工时间，力争将实际的成本支出控制在计划的范围内。

一般而言，所有工作都按最迟开始时间开始，对节约资金贷款利息是有利的；但同时，也降低了项目按期竣工的保证率，因此项目经理必须合理地确定成本支出计划，达到既节约成本支出，又能控制项目工期的目的。

以上三种编制施工成本计划的方式并不是相互独立的。在实践中，往往是将这几种方式结合起来使用，从而可以取得扬长避短的效果。例如，将按项目分解总施工成本与按施工成本构成分解总施工成本两种方式相结合，横向按施工成本构成分解，纵向按项目分解，或横向按项目分解，纵向按施工成本构成分解。这种分解方式有助于检查各分部分项工程施工成本构成是否完整，有无重复计算或漏算现象；同时还有助于检查各项具体的施工成本支出的对象是否明确或落实，并且可以从数字上校核分解的结果有无错误。或者还可将按子项目分解总施工成本计划与按时间分解总施工成本计划结合起来，一般纵向按项目分解，横向按时间分解。

【例 5-1】已知某施工项目的数据资料如表 5-2 所示，绘制该项目的时间—成本累计曲线。

表 5-2　工程数据资料

编　码	项目名称	最早开始时间/月份	工期/月	成本强度/(万元/月)
11	场地平整	1	1	20
12	基础施工	2	3	15
13	主体工程施工	4	5	30
14	砌筑工程施工	8	3	20
15	屋面工程施工	10	2	30
16	楼地面施工	11	2	20
17	室内设施安装	11	1	30
18	室内装饰	12	1	20
19	室外装饰	12	1	10

解：(1) 确定施工项目进度计划，编制进度计划的横道图，如表 5-3 所示。

表 5-3　进度计划横道图

编码	项目名称	时间/月	费用强度/(万元/月)	工程进度/月											
				01	02	03	04	05	06	07	08	09	10	11	12
11	场地平整	1	20												
12	基础施工	3	15												
13	主体工程施工	5	30												
14	砌筑工程施工	3	20												
15	屋面工程施工	2	30												
16	楼地面施工	2	20												
17	室内设施安装	1	30												
18	室内装饰	1	20												
19	室外装饰	1	10												
20	其他工程	1	10												…

(2) 在横道图上按时间编制成本计划，如图 5-5 所示。

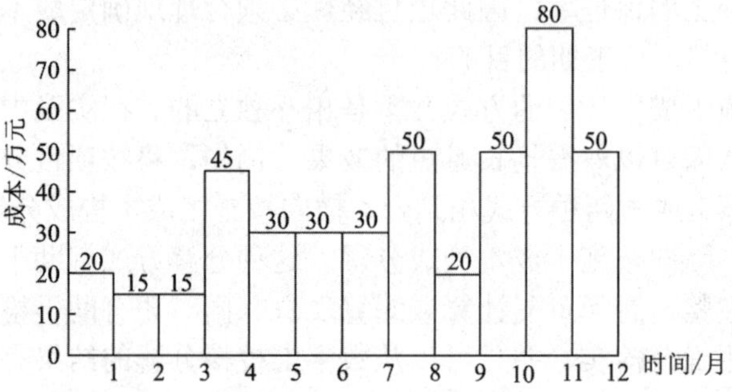

图 5-5　横道图上按时间编制的成本计划

(3) 计算规定时间 t 计划累计支出的成本额。

根据公式 $Q_t=\sum_{n=1}^{t} q_n$，可得出结果：Q_1=20，Q_2=35，Q_3=50…Q_{10}=305，Q_{11}=385，Q_{12}=435

(4) 绘制 S 形曲线，如图 5-6 所示。

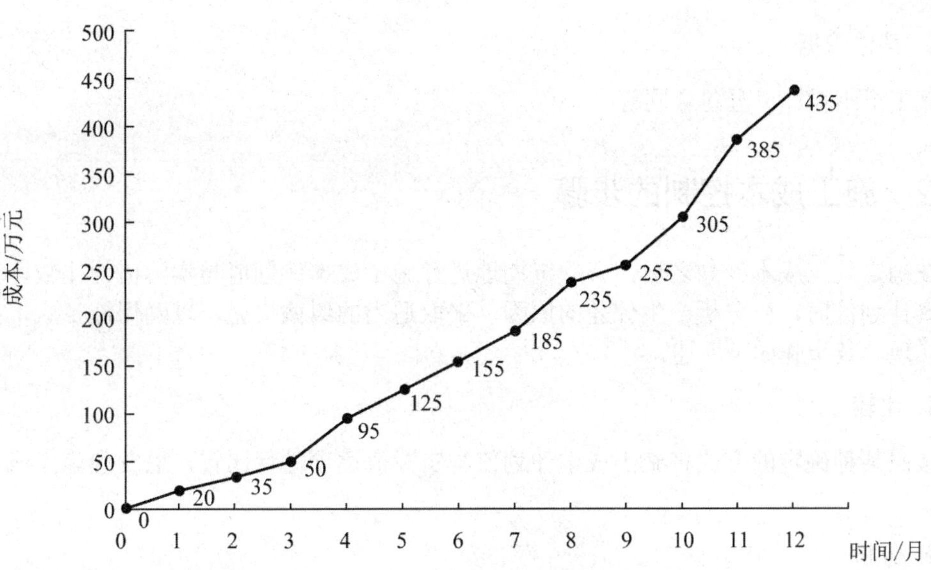

图 5-6　时间—成本累计曲线

5.3　建筑工程施工成本控制

5.3.1　施工成本控制的依据

施工成本控制的依据包括以下内容。

1. 工程承包合同

施工成本控制要以工程承包合同为依据，围绕降低工程成本这个目标，从预算收入和实际成本支出两个方面努力挖掘增收节支潜力，以求获得最大的经济效益。

2. 施工成本计划

施工成本计划是根据施工项目的具体情况制定的施工成本控制方案，既包括预定的具体成本控制目标，又包括实现控制目标的措施和规划，是施工成本控制的指导性文件。

3. 进度报告

施工成本控制工作应通过实际情况与施工成本计划相比较，找出二者之间的差别，分析偏差产生的原因，从而采取措施，改进以后的工作。进度报告有助于管理者及时发现工程施工中存在的问题，并在事态还未造成重大损失之前采取有效措施。

4. 工程变更

一旦发生变更，工程量、工期、成本都必将发生变化，从而使成本控制工作变得更加复杂和困难。因此，施工成本管理人员应当通过对变更要求中各类数据的计算、分析，随时掌握变更情况，包括已发生的工程量、将要发生的工程量、工期是否拖延、支付情况等重要信息，判断变更以及变更可能带来的索赔额度等。

5. 其他依据

施工组织设计，分包合同等。

5.3.2 施工成本控制的步骤

在确定施工成本计划之后，必须定期地进行施工成本计划值与实际值的比较，当实际值偏离计划值时，应分析产生偏差的原因，采取适当的纠偏措施，以确保施工成本控制目标的实现。其步骤如下所述。

1. 比较

按照某种确定的方式将施工成本计划值与实际值逐项进行比较，以发现施工成本是否超支。

2. 分析

这一步是施工成本控制工作的核心，其主要目的在于找出产生偏差的原因，从而采取有针对性的措施，以减少或避免相同原因造成的损失。

3. 预测

根据完成情况估计项目所需的总费用。

4. 纠偏

当工程项目的实施成本出现偏差时，应根据工程的具体情况分析和预测结果，采取适当的措施，以期达到使施工成本偏差尽可能小的目的。纠偏是施工成本控制中最具实质性的一步。

5. 检查

对工程的进展进行跟踪和检查，及时了解工程的进展状况以及纠偏措施执行的情况和效果，为今后的工作积累经验。

5.3.3 施工成本控制的方法

1. 施工成本的过程控制方法

施工阶段是控制建设项目成本发生的主要阶段，过程控制方法就是通过确定成本目标并按计划成本进行施工资源配置，对施工现场发生的各种成本费用进行有效控制，具体方法如下所述。

1) 人工费控制

人工费的控制实行“量价分离”的方法，将作业用工和零星用工按定额工日的一定比例确定用工数量与单价，通过劳务合同进行控制。加强劳动定额管理、提高劳动生产率，降低工程耗用人工工日，是控制人工费支出的主要手段。

2) 材料费控制

材料费的控制同样应遵循“量价分离”的原则，控制材料用量和材料价格。

(1) 材料用量的控制。

① 定额控制。对于有消耗定额的材料，以消耗定额为依据，实行限额发料制度。

② 指标控制。对于没有消耗定额的材料，实行计划管理和按指标控制的办法。

③ 计量控制。认真做好材料物资的收发计量检查和投料计量检查。

④ 包干控制。在材料使用过程中，部分小型及零星材料(如钢钉、钢丝等)可根据工程量计算出所需材料量，将其折合成费用，由作业者包干控制。

(2) 材料价格的控制。

控制材料价格，主要是掌握市场信息，通过招标和询价的方式控制材料、设备的采购价格。

(3) 施工机械使用费的控制。

施工机械使用费主要由台班数量和台班单价两方面决定，为有效控制施工机械使用费支出，主要应从控制台班数量和台班单价两个方面进行控制。

(4) 施工分包费用的控制。

分包工程价格的高低，必然对项目经理部的施工成本产生一定的影响。项目经理部应在确定施工方案的初期就要确定需要分包的工程范围。决定分包范围的因素主要是施工项目的专业性和项目规模。对分包费用的控制，主要应做好分包工程的询价，订立平等互利的分包合同，建立稳定的分包关系，加强施工验收和分包结算等工作。

2. 赢得值(挣得值)法

赢得值法(Earned Value Management，EVM)作为一项先进的项目管理技术，最初是美国国防部于 1967 年开始使用。到目前为止国际上先进的工程公司已普遍采用赢得值法进行工程项目的费用、进度综合分析控制。用赢得值法进行费用、进度综合分析控制，基本参数有三项，即已完成工作实际费用、已完成工作预算费用、计划工作预算费用。

1) 赢得值法的三个基本参数

(1) 已完成工作实际费用。已完成工作实际费用，简称 ACWP(Actual Cost for Work Performed)，即到某一时刻为止，已完成的工作(或部分工作)所实际花费的总金额。

已完成工作实际费用(ACWP)=已完成工作量×实际单价

(2) 已完成工作预算费用。已完成工作预算费用，简称 BCWP(Budgeted Cost for Work Performed)，是指在某一时间已经完成的工作(或部分工作)，以批准认可的预算为标准所需要的资金总额，由于业主正是根据这个值为承包人完成的工作量支付相应的费用，也就是承包人获得(挣得)的金额，故称赢得值或挣得值。

已完成工作预算费用(BCWP)=已完成工作量×预算(计划)单价

(3) 计划工作预算费用。计划工作预算费用，简称 BCWS(Budgeted Cost for Work Scheduled)，即根据进度计划，在某一时刻应当完成的工作(或部分工作)，以预算为标准所需要的资金总额，一般来说，除非合同有变更，BCWS 在工程施工过程中应保持不变。

计划工作预算费用(BCWS)=计划工作量×预算(计划)单价

2) 赢得值法的四个评价指标

在这三个基本参数的基础上，可以确定赢得值法的四个评价指标，它们也都是时间的函数。

(1) 费用偏差(Cost Variance，CV)。

费用偏差(CV)=已完工作预算费用(BCWP)−已完工作实际费用(ACWP)

当费用偏差(CV)为负值时，即表示项目运行超出预算费用；当费用偏差(CV)为正值时，表示项目运行节支，实际费用没有超出预算费用。

(2) 费用绩效指数(CPI)。

费用绩效指数(CPI)=已完工作预算费用(BCWP) / 已完工作实际费用(ACWP)

当费用绩效指数(CPI)<1 时，表示超支，即实际费用高于预算费用；当费用绩效指数(CPI)>1 时，表示节支，即实际费用低于预算费用。

(3) 进度偏差(Schedule Variance，SV)。

进度偏差(SV)=已完工作预算费用(BCWP)−计划工作预算费用(BCWS)

当进度偏差 SV 为负值时，表示进度延误，即实际进度慢于计划进度；当进度偏差 SV 为正值时，表示进度提前，即实际进度快于计划进度。

(4) 进度绩效指数(SPI)。

进度绩效指数(SPI)=已完成工作预算费用(BCWP) / 计划工作预算费用(BCWS)

当进度绩效指数(SPI)<1 时，表示进度延误，即实际进度比计划进度慢；当进度绩效指数(SPI)>1 时，表示进度提前，即实际进度比计划进度快。

费用(进度)偏差反映的是绝对偏差，结果很直观，有助于费用管理人员了解项目费用出现偏差的绝对数额，并依此采取一定措施，制订或调整费用支出计划和资金筹措计划。但是，绝对偏差有其不容忽视的局限性。如同样是 10 万元的费用偏差，对于总费用 1000 万元的项目和总费用 1 亿元的项目而言，其严重性显然是不同的。因此，费用(进度)偏差仅适用于对同一项目作偏差分析。费用(进度)绩效指数反映的是相对偏差，它不受项目层次的限制，也不受项目实施时间的限制，因而在同一项目和不同项目的比较中均可采用。

在项目的费用、进度综合控制中引入赢得值法，可以克服过去进度、费用分开控制的缺点，即当我们发现费用超支时，很难立即知道是由于费用超出预算，还是由于进度提前。相反，当我们发现费用低于预算时，也很难立即知道是由于费用节省，还是由于进度拖延。而引入赢得值法即可定量地判断进度、费用的执行效果。

3. 偏差分析的表达方法

1) 横道图法

用横道图法进行费用偏差分析，是用不同的横道标识已完成工作预算费用(BCWP)、计划工作预算费用(BCWS)和已完成工作实际费用(ACWP)，横道的长度与其金额成正比，如表 5-4 所示。

横道图法具有形象、直观的优点，它能够准确反映出费用的绝对偏差，而且能直接反映偏差的严重性。但这种方法反映的信息量较少，一般在项目的较高管理层应用。

2) 表格法

表格法是进行偏差分析最常用的一种方法。它是将项目编号、名称、各费用参数以及费用偏差数综合归纳入一张表格中，并且直接在表格中进行比较。由于各偏差参数都在表中列出，使费用管理者能够综合地了解并处理这些数据。

表 5-4 费用偏差分析的横道图法

序 号	项目名称	费用参数数额/万元	费用偏差/万元	进度偏差/万元	偏差原因
1	外墙涂料		0	0	
2	真石漆	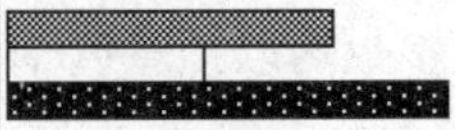	−10	15	
3	外墙砖	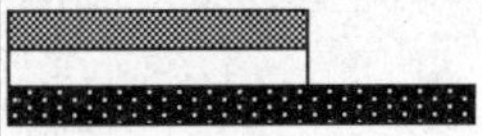	−15	0	
	……				
		10 20 30 40 50 60			
合 计		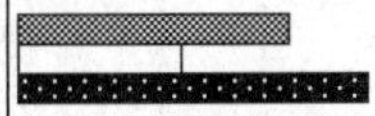	−25	15	
		20 40 60 80 100 120			

已完工作预算费用　　计划工作预算费用　　已完工作实际费用

用表格法进行偏差分析具有灵活、适用性强，信息量大等优点。表格处理可借助于计算机，从而节约大量数据处理所需的人力，并大大提高速度。如表 5-5 所示是用表格法进行偏差分析的例子。

表 5-5 费用偏差分析

序 号	(1)	1	2	3
项目名称	(2)	外墙涂料	真石漆	外墙砖
单 位	(3)			
预算(计划)单价	(4)			
计划工作量	(5)			
计划工作预算费用(BCWS)	(6)=(5)×(4)	20	20	30
已完成工作量	(7)			
已完成工作预算费用(BCWP)	(8)=(7)×(4)	20	35	30
实际单价	(9)			
其他款项	(10)			
已完成工作实际费用(ACWP)	(11)=(7)×(9)+(10)	20	45	45
费用局部偏差	(12)=(8)−(11)	0	−10	−15
费用绩效指数 CPI	(13)=(8)÷(11)	1	0.78	0.67
费用累计偏差	(14)=Σ(12)	−25		
进度局部偏差	(15)=(8)−(6)	0	15	0
进度绩效指数 SPI	(16)=(8)÷(6)	1	1.75	1
进度累计偏差	(17)=Σ(15)	15		

3) 曲线法

在项目实施过程中，以上三个参数可以形成三条曲线，即计划工作预算费用(BCWS)、已完成工作预算费用(BCWP)、已完成工作实际费用(ACWP)曲线，如图 5-7 所示。图中的 CV=BCWP-ACWP，因为两项参数均以已完工作为计算基准，所以两项参数之差，反映的是项目进展的费用偏差；SV=BCWP-BCWS，两项参数均以预算值(计划值)作为计算基准，所以两项参数之差，反映的是项目进展的进度偏差。

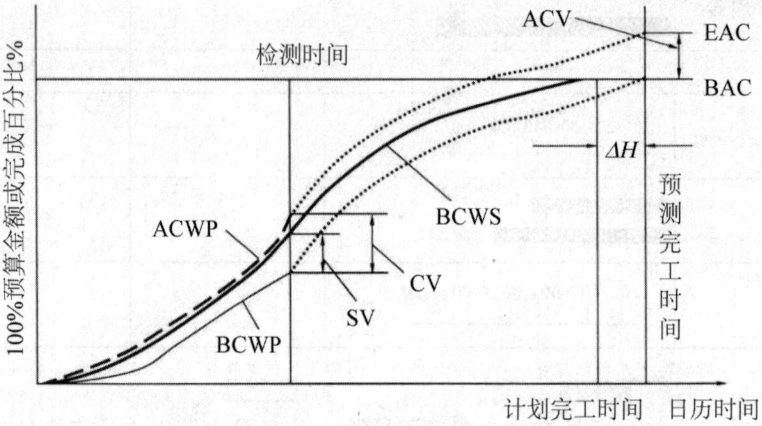

图 5-7　赢得值评价曲线

采用赢得值法进行费用、进度综合控制，还可以根据当前的进度、费用偏差情况，通过原因分析，对趋势进行预测，预测项目结束时的进度、费用情况。

BAC(Budget At Completion)——项目完工预算，指编制计划时预计的项目完工费用。

EAC(Estimate At Completion)——预测的项目完工估算，指计划执行过程中根据当前的进度、费用偏差情况预测的项目完工总费用。

ACV(At Completion Variance)——预测项目完工时的费用偏差。

三者间的关系为：

$$ACV=BAC-EAC \tag{5-2}$$

【例 5-2】 某工程项目有 $2000m^2$ 缸砖面层地面施工任务，交由某分包商承担，计划于 6 个月内完成，计划的各工作项目单价和计划完成的工作量如表 5-6 所示，该工程进行了 3 个月以后，发现某些工作项目实际已完成的工作量及实际单价与原计划有偏差，其数值见表 5-6。

表 5-6　工作量

工作项目名称	平整场地	室内夯填土	垫　层	缸砖面砂浆结合	踢　脚
单位/m^2	100	100	10	100	100
计划工作量(3 个月)	150	20	60	100	13.55
计划单价(元/单位)	16	46	450	1520	1620
已完成工作量(3 个月)	150	18	48	70	9.5
实际单价(元/单位)	16	46	450	1800	1650

(1) 试计算并用表格法列出至第三个月月末时各工作的计划工作预算费用(BCWS)、已完成工作预算费用(BCWP)、已完成工作实际费用(ACWP)，并分析费用局部偏差值、费用绩效指数 CPI、进度局部偏差值、进度绩效指数 SPI，以及费用累计偏差和进度累计偏差。

(2) 用横道图法表明各项工作的进展以及偏差情况，分析并在图上标明其偏差情况。

(3) 用曲线法表明该项施工任务总体计划和实际进展情况，标明其费用及进度偏差情况。(说明：各工作项目在 3 个月内均是以等速、等值进行的)

解：(1) 用表格法分析费用偏差，如表 5-7 所示。

表 5-7　缸砖面层地面施工费用分析

(1)项目编码		001	002	003	004	005	总计
(2)项目名称	计算方法	平整场地	室内夯填土	垫层	缸砖面结合	踢脚	
(3)单位		$100m^2$	$100m^2$	$10m^2$	$100m^2$	$100m^2$	
(4)计划工作量(3 个月)	(4)	150	20	60	100	13.55	
(5)计划单价(元/单位)	(5)	16	46	450	1520	1620	
(6)计划工作预算费用	(6)=(4)×(5)	2400	920	27000	152000	21951	204271
(7)已完成工作量(3 个月)	(7)	150	18	48	70	9.5	
(8)已完成工作预算费用(BCWP)	(8)=(7)×(5)	2400	828	21600	106400	15390	146618
(9)实际单价(元/单位)	(9)	16	46	450	1800	1650	
(10)已完成工作实际费用	(10)=(7)×(9)	2400	828	21600	12600	15675	166503
(11)费用局部偏差	(11)=(8)−(10)	0	0	0	−19600	−285	
(12)费用绩效指数 CPI	(12)=(8)÷(10)	1. 0	1. 0	1. 0	0. 847	0. 98	
(13)费用累计偏差	$(13)=\sum(11)$	−19885					
(14)进度局部偏差	(14)=(8)−(6)	0	−92	−5400	−45600	−6561	
(15)进度绩效指数 SPI	(15)=(8)÷(6)	1.0	0.90	0.8	0.70	0.70	
(16)进度累计偏差	$(16)=\sum(14)$	−57653					

(2) 横道图费用偏差分析，如表 5-8 所示。

表 5-8　费用偏差分析

项目编号	项目名称	费用数额/千元	费用偏差/千元	进度偏差/千元
001	场地平整		0	0
002	夯填土		0	−0.09
003	垫层		0	−5.4

续表

项目编号	项目名称	费用数额/千元	费用偏差/千元	进度偏差/千元
004	缸砖面结合	152.00 106.40 126.00	−19.6	−45.6
005	踢脚	21.95 15.39 15.68	−0.29	−6.56
合计		204.27 146.62 166.50	−19.89	−57.65

计划工作预算费用(BCWS) ■ 已完成工作预算费用(BCWP) □ 已完成工作实际费用(ACWP) ▨

(注：因空间所限，表中各项工作的横道比例尺大小不同)

(3) 用曲线法表明该项施工任务在第三个月月末时，其费用及进度的偏差情况，如图 5-8 所示。

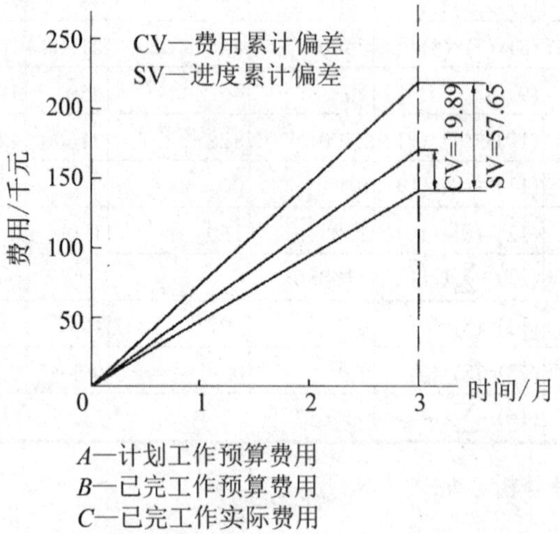

图 5-8　费用及进度的偏差情况

用曲线法分析时，由于假定各项工作均是等速进行，故所绘曲线呈直线形，如图 5-8 所示。

4. 偏差原因分析与纠偏措施

1) 偏差原因分析

偏差分析的一个重要目的就是要找出造成偏差的原因，从而有可能采取有针对性的措施减少或避免相同问题的再次发生。一般来说产生费用偏差的原因有物价上涨的原因、设计的原因、业主的原因、施工的原因和客观方面的原因等。

2) 纠偏措施

通常要压缩已经超支的费用，而不损害其他目标是十分困难的，一般只有当给出的措施比原计划已确定的措施更为有利，或使工程范围减少，或使生产效率提高，成本才能降低。一般应采取下述纠偏措施。

(1) 寻找新的、更好更省的、效率更高的设计方案。

(2) 购买部分产品，而不是采用完全由自己生产的产品。

(3) 重新选择供应商，但会产生供应风险，选择需要时间。

(4) 改变实施过程。

(5) 变更工程范围。

(6) 索赔，例如向业主、承(分)包商、供应商索赔以弥补费用超支。

赢得值法参数分析与应对措施如表 5-9 所示。

表 5-9　赢得值法参数分析与应对措施表

序　号	图　形	参数关系	分　析	措　施
1	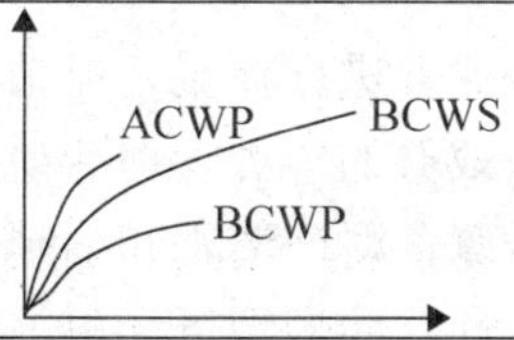	ACWP>BCWS>BCWP CV<0，SV<0	效率低，进度较快，投入超前	用高效率人员，替换低效率人员
2	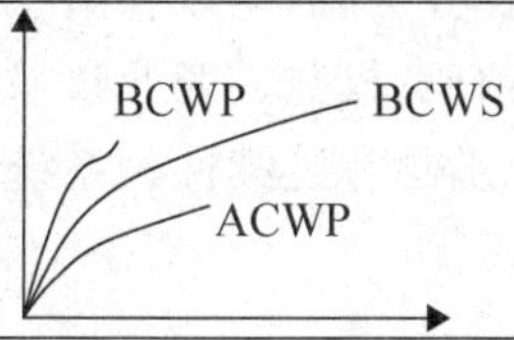	BCWP>BCWS>ACWP CV>0，SV>0	效率高，进度较快，投入超前	如果偏离不大，可以维持现状
3	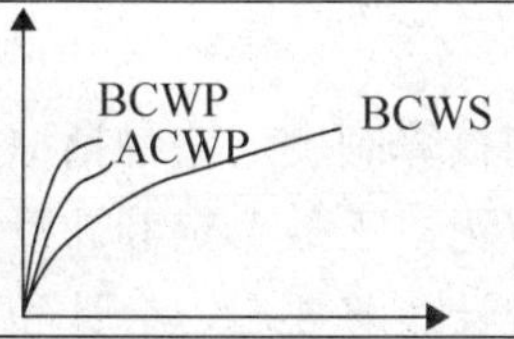	BCWP>ACWP>BCWS CV>0，SV>0	效率较高，进度快，投入超前	抽出部分人员，放慢速度
4	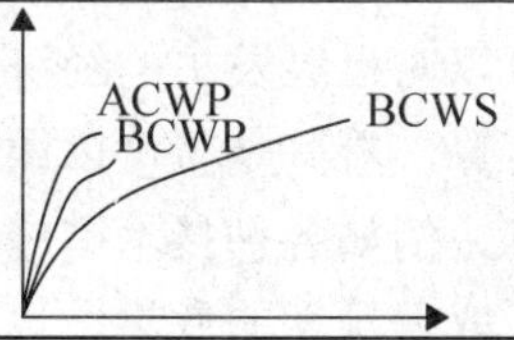	ACWP>BCWP>BCWS CV<0，SV>0	效率较低，进度较快，投入超前	抽出部分人员，增加少量骨干人员
5	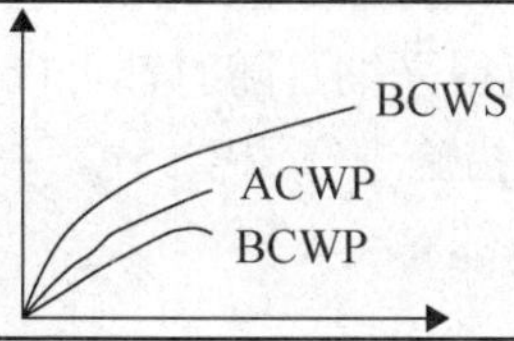	BCWS>ACWP>BCWP CV<0，SV<0	效率较低，进度慢，投入延后	增加高效人员投入
6	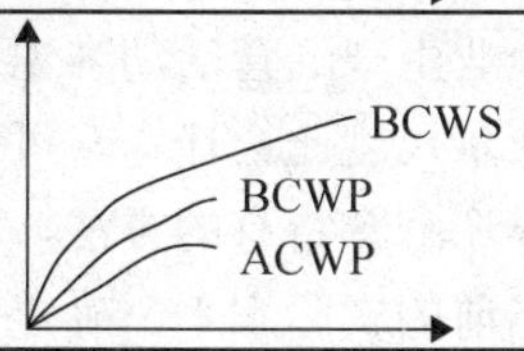	BCWS>BCWP>ACWP CV>0，SV<0	效率较高，进度较慢，投入延后	迅速增加人员投入

5.4 工程项目施工成本分析

5.4.1 施工成本分析的依据

施工成本分析，就是根据会计核算、业务核算和统计核算提供的资料，对施工成本的形成过程和影响成本升降的因素进行分析，以寻求进一步降低成本的途径。另外，通过成本分析，可从账簿、报表反映的成本现象看清成本的实质，从而增强项目成本的透明度和可控性，为加强成本控制、实现项目成本目标创造条件。

1. 会计核算

会计核算主要是价值核算。会计是对一定单位的经济业务进行计量、记录、分析和检查，作出预测，参与决策，实行监督，旨在实现最优经济效益的一种管理活动。它通过设置账户、复式记账、填制和审核凭证、登记账簿、成本计算、财产清查和编制会计报表等一系列有组织有系统的方法，记录企业的一切生产经营活动，然后据以提出一些用货币来反映的有关各种综合性经济指标的数据。资产、负债、所有者权益、营业收入、成本、利润等会计六要素指标，主要通过会计来核算。由于会计记录具有连续性、系统性、综合性等特点，因此它是施工成本分析的重要依据。

2. 业务核算

业务核算是各业务部门根据业务工作的需要而建立的核算制度，它包括原始记录和计算登记表，如单位工程及分部分项工程进度登记，质量登记，工效、定额计量登记，物资消耗定额记录，测试记录等。业务核算的范围比会计、统计核算要广，会计和统计核算一般是对已经发生的经济活动进行核算，而业务核算不但可以对已经发生的经济活动进行核算，而且还可以对尚未发生或正在发生的经济活动进行核算，看其是否可以做，是否能产生经济效益。它的特点是对个别的经济业务进行单项核算，例如各种技术措施、新工艺等项目。它可以核算已经完成的项目是否达到原定的目的，取得预期的效果，也可以对准备采取措施的项目进行核算和审查，看是否有效果，值不值得采纳，随时都可以进行。业务核算的目的，在于迅速取得资料，在经济活动中及时采取措施进行调整。

3. 统计核算

统计核算是利用会计核算资料和业务核算资料，把企业生产经营活动客观现状的大量数据，按统计方法加以系统整理，表明其规律性。它的计量尺度比会计宽，可以用货币计算，也可以用实物或劳动量计量。它通过全面调查和抽样调查等特有的方法，不仅能提供绝对数指标，还能提供相对数和平均数指标，可以计算当前的实际水平，确定变动速度，预测发展的趋势。

5.4.2　施工成本分析的方法

1. 成本分析的基本方法

施工成本分析的基本方法包括比较法、因素分析法、差额计算法、比率法等。

1) 比较法

比较法，又称“指标对比分析法”，就是通过技术经济指标的对比，检查目标的完成情况，分析产生差异的原因，进而挖掘内部潜力的方法。这种方法，具有通俗易懂、简单易行、便于掌握的特点，因而得到了广泛的应用，但在应用时必须注意各技术经济指标的可比性。比较法的应用通常有下列形式。

(1) 实际指标与目标指标对比。通过这种对比，可以检查目标完成情况，分析影响目标完成的积极因素和消极因素，以便及时采取措施，保证成本目标的实现。在进行实际指标与目标指标对比时，还应注意目标本身有无问题。如果目标本身出现问题，则应调整目标，重新评价实际工作的绩效。

(2) 本期实际指标与上期实际指标对比。通过本期实际指标与上期实际指标的对比，可以看出各项技术经济指标的变动情况，反映施工管理水平的提高程度。

(3) 与本行业平均水平、先进水平对比。通过这种对比，可以反映本项目的技术管理和经济管理与行业的平均水平和先进水平的差距，进而采取措施赶超先进水平。

【例 5-3】某项目本年节约“钢材、水泥、木材”的预算为 180 000 元，实际节约 216 000 元，上年节约 171 000 元，本项目先进水平节约 234 000 元。根据上述资料用比较分析法编制分析表。

解：运用比较法，将本题的三种对比列于表 5-10 中。

表 5-10　钢材、水泥、木材预算与实际节约对比　　单位：元

指　标	本年预算数	上年预算数	企业先进水平	本年实际数	差异数		
					与预算比	与上年比	与先进比
钢材、水泥、木材节约数	180 000	171 000	234 000	216 000	+36 000	+45 000	−18 000

2) 因素分析法

因素分析法又称连环置换法。这种方法可用来分析各种因素对成本的影响程度。在进行分析时，首先要假定众多因素中的一个因素发生了变化，而其他因素则不变，然后逐个替换，分别比较其计算结果，以确定各个因素的变化对成本的影响程度。因素分析法的计算步骤如下所述。

(1) 确定分析对象，并计算出实际数与目标数的差异。

(2) 确定该指标是由哪几个因素组成的，并按其相互关系进行排序(排序规则是：先实物量，后价值量；先绝对值，后相对值)。

(3) 以目标数为基础，将各因素的目标数相乘，作为分析替代的基数。

(4) 将各个因素的实际数按照上面的排列顺序进行替换计算，并将替换后的实际数保留下来。

(5) 将每次替换计算所得的结果，与前一次的计算结果相比较，两者的差异即为该因素对成本的影响程度。

(6) 各个因素的影响程度之和，应与分析对象的总差异相等。

【例 5-4】 黄海工程公司浇筑一层结构商品混凝土，预算成本为 178.5 万元，实际成本为 188.37 万元，比预算成本增加了 9.87 万元。根据表 5-11 中的资料，用“因素法分析法”分析其成本增加的原因。

表 5-11 混凝土预算成本与实际成本对比

项 目	计量单位	预 算 数	实 际 数	差 异
浇筑量	m^3	1020	1050	+30
单位浇筑量耗用材料	m^3	350	390	+40
材料单价	元/ m^3	5	4.6	−1.2
总成本	元	1 785 000	1 883 700	+98 700

解：(1) 分析对象是浇注一层结构混凝土的成本，实际成本与预算成本的差额为 9.87 万元。

(2) 该指标是由浇筑量、单位浇筑量耗用材料、材料单价三个因素组成的。

(3) 以预算数 1 785 000 元=1020×350×5 为分析替代的基数。

第一次替代：浇筑量因素以 1050 替代 1020，即 1050×350×5=183.75(万元)。

第二次替代：单位浇筑量耗用材料因素以 390 替代 350，即 1050×390×5=204.75(万元)。

第三次替代：材料单价因素以 4.6 替代 5，即 1050×390×4.6=188.37(万元)。

(4) 计算差额。

第一次替代与预算数的差额=1837500−1785000=52500(元)

第二次替代与第一次替代的差额=2047500−1837500=210000(元)

第三次替代与第二次替代的差额=1883700−2047500=−163800(元)

(5) 分析成本上升的原因。

由于浇筑量的增加，使成本上升了 52 500 元；由于单位浇筑量耗用材料的增加，使成本上升了 210 000 元；由于材料单价的下降，使成本下降了 163 800 元。

必须说明，在应用“因素分析法”时，各个因素的排列顺序应该固定不变，否则就会得出不同的计算结果，也会产生不同的结论。

3) 差额计算法

差额计算法是因素分析法的一种简化形式，它利用各个因素的目标值与实际值的差额计算其对成本的影响程度。

【例 5-5】 某公司某月的实际成本降低额资料如下：预算成本 600 万元，实际成本 640 万元，目标成本降低额 24 万元，实际成本降低额 28.8 万元，成本降低额超出了 4.8 万元，详细资料如表 5-12 所示。

表 5-12　成本降低目标额与实际成本对比

项　目	计量单位	目　标	实　际	差　异
预算成本	万元	600	640	+40
成本降低率	%	4	4.5	+0.5
成本降低额	万元	24	28.8	+4.8

解：根据表 5-12 中的资料，应用“差额计算法”分析预算成本和成本降低率对成本降低额的影响程度。

(1) 预算成本增加对成本降低额的影响程度为：(640−600)×4%=1.6(万元)。

(2) 成本降低率提高对成本降低额的影响程度为：(4.5%−4%)×640=3.2(万元)。

以上两项合计：1.6+3.2=4.8(万元)。

要求：应用“差额计算法”分析预算成本和成本降低率对成本降低额的影响程度。

4) 比率法

比率法是指用两个以上的指标的比例进行分析的方法。它的基本特点是，先把对比分析的数值变成相对数，再观察其相互之间的关系。常用的比率法有以下几种。

(1) 相关比率法。这种方法是以某个项目与相互关联但性质不相同的项目加以对比所得的比率，用以反映有关经济活动的相互关系。利用相关比率指标，可以考察有联系的相关业务安排是否合理，以保障企业经济活动能够顺利进行。如将成本指标与反映生产、销售等生产经营成果的产值、销售收入、利润指标相比较，就可以反映项目经济效益的好坏。

(2) 构成比率法。构成比率又称结构比率，主要用以计算某项经济指标的各个组成部分占总体的比重，反映部分与总体的关系。其计算公式为

构成比率=某一组部分数额÷总体数额

利用构成比率，可以考察总体中某个部分的形成和安排是否合理，以便协调各项活动。例如，将构成项目成本的各个成本项目同产品成本总额相比，计算其占成本项目的比重，确定成本构成的比率。通过这种分析，反映项目成本的构成情况。将不同时期的成本构成比率相比较，就可以观察项目成本构成的变动，掌握经济活动情况及其对项目成本的影响。

【例 5-6】 某公路建设公司某项目成本资料如表 5-13 所示，请使用构成比率分析法来计算和分析项目成本。

表 5-13　某项目成本资料

	预算成本		实际成本		降低成本	
	金额/万元	比率/%	金额/万元	比率/%	金额/万元	占总项目比率/%
直接成本	3000	=3000/5000=60%	3200	=3200/5400=59%	−200	=−200/−400= 50%
1.人工费	600	=600/5000=12%	580	=580/5400=10.7%	20	=20/−400= -5%
2.材料费	1200	=1200/5000=24%	1320	=1320/5400=24.4%	−120	=−120/−400= 30%
3.机械使用费	1200	=1200/5000=24%	1300	=1300/5400=24.1%	−100	=−100/−400= 25%
间接成本	1800	=1800/5000=36%	1600	=1600/5400=30%	200	=200/−400= -50%
不可预见费用	200	=200/5000=4%	600	=600/5400=11%	−400	=−400/−400= 100%
成本总量	5000	100%	5400	100%	−400	100%
量本利比率	100					

由表 5-13 可知，项目成本中直接成本占最大比重，其次是间接成本。在直接成本中，材料费和机械使用费占最大比重，其次为人工费。同时，间接成本节省最大，不可预见费用超支最多，项目总成本超支。

(3) 动态比率法。动态比率法，就是将同类指标不同时期的数值进行对比，求出比率，以分析该项指标的发展方向和发展速度。动态比率的计算，通常采用基期指数(或稳定比指数)和环比指数两种方法。

2. 综合成本的分析方法

所谓综合成本，是指涉及多种生产要素，并受多种因素影响的成本费用，如分部分项工程成本、月(季)度成本、年度成本等。由于这些成本都是随着项目施工的进展而逐步形成的，与生产经营有着密切的关系，因此，做好上述成本的分析工作，无疑将促进项目的生产经营管理，提高项目的经济效益。

1) 分部分项工程成本分析

分部分项工程成本分析是施工项目成本分析的基础。分析对象是已完分部分项工程。分析方法：进行预算成本、目标成本和实际成本的“三算”对比，分别计算实际偏差和目标偏差，分析偏差产生的原因，为今后的分部分项工程成本寻找节约途径。

分部分项工程成本分析的资料来源是：预算成本来自施工图预算，计划成本来自施工预算，实际成本来自施工任务单的实际工程量、实耗人工和限额领料单的实耗材料。

由于施工项目包括很多分部分项工程，不可能也没有必要对每一项分部分项工程都进行成本分析。特别是一些工程量小、成本费用微不足道的零星工程。但是，对于那些主要分部分项工程则必须进行成本分析，而且要做到从开工到竣工进行系统的成本分析。这是一项很有意义的工作，因为通过主要分部分项工程成本的系统分析，可以基本上了解项目成本形成的全过程，为竣工成本分析和今后的项目成本管理提供一份宝贵的参考资料。

分部分项工程成本分析表的格式如表 5-14 所示。

表 5-14　分部分项工程成本分析表

单位工程：________

分部分项工程名称：________工程量：________施工班组：________施工日期：

工料名称	规格	单位	单价	预算成本		目标成本		实际成本		实际与预算比较		实际与目标比较	
				数量	金额	数量	金额	数量	金额	数量	金额	数量	金额
合计													
实际与预算比较(%)(预算=100)													
实际与计划比较(%)(计划=100)													
节约原因说明													

编制单位：　　　　成本员：　　　　填表日期：

2) 月(季)度成本分析

月(季)度成本分析是施工项目定期的、经常性的中间成本分析。因为，通过月(季)度成本分析，可以及时发现问题，以便按照成本目标指示的方向进行监督和控制，保证项目成本目标的实现。

月(季)度的成本分析的依据是月(季)度的成本报表。分析的方法通常有以下几种。

(1) 通过实际成本与预算成本的对比，分析当月(季)的成本降低水平；通过累计实际成本与累计预算成本的对比，分析累计的成本降低水平，预测出实际项目成本的前景。

(2) 通过实际成本与目标成本的对比，分析目标成本的落实情况，以及目标管理中的问题和不足，进而采取措施，加强成本控制，保证成本目标的落实。

(3) 通过对各成本项目的成本分析，可以了解成本总量的构成比例和成本管理的薄弱环节。例如：在成本分析中，发现人工费、机械费和间接费等项目大幅度超支，就应该对这些费用的收支配比关系仔细核查，并采取对应的增收节支措施，防止今后再超支。如果是属于预算定额规定的“政策性”亏损，则应从控制支出着手，把超支额压缩到最低限度。

(4) 通过主要技术经济指标的实际与计划的对比，分析产量、工期、质量、“三材”节约率、机械利用率等对成本的影响。

(5) 通过对技术组织措施执行效果的分析，寻求更加有效的节约途径。

(6) 分析其他有利条件和不利条件对成本的影响。

月度成本盈亏异常情况分析表的格式见表 5-15。

表 5-15　月度成本盈亏异常情况分析表

工程名称：________结构层数：________201　年　月份________预算造价：________万元

<table>
<tr><td colspan="17">到本月末的形象进度</td></tr>
<tr><td colspan="6">累计完成产值/万元</td><td colspan="2"></td><td colspan="9">累计点交预算成本/万元</td></tr>
<tr><td colspan="6">累计发生实际成本/万元</td><td colspan="2"></td><td colspan="4">累计降低或亏损</td><td colspan="2">金额/万元</td><td></td><td>%</td><td></td></tr>
<tr><td colspan="6">本月完成产值 万元</td><td colspan="2"></td><td colspan="4">本月点交预算成本/万元</td><td colspan="5"></td></tr>
<tr><td colspan="6">本月发生实际成本/万元</td><td colspan="2"></td><td colspan="4">月降低或亏损</td><td colspan="2">金额/万元</td><td></td><td>%</td><td></td></tr>
<tr><td rowspan="5">已完工程及费用名称</td><td rowspan="5">单位</td><td rowspan="5">数量</td><td rowspan="5">产值</td><td colspan="13">资源消耗</td></tr>
<tr><td colspan="2" rowspan="3">实耗人工</td><td colspan="9">实耗材料</td><td rowspan="4">机械租费</td><td rowspan="4">工料机金额合计</td></tr>
<tr><td rowspan="3">金额小计/元</td><td colspan="8">其中</td></tr>
<tr><td colspan="2">水泥</td><td colspan="2">钢材</td><td colspan="2">木材</td><td>结构</td><td>设备</td></tr>
<tr><td>工日</td><td>金额/元</td><td>数量</td><td>金额/元</td><td>数量</td><td>金额/元</td><td>数量</td><td>金额/元</td><td>金额</td><td>金额/元</td></tr>
<tr><td></td><td></td><td></td><td></td><td></td><td></td><td></td><td></td><td></td><td></td><td></td><td></td><td></td><td></td><td></td><td></td><td></td></tr>
<tr><td></td><td></td><td></td><td></td><td></td><td></td><td></td><td></td><td></td><td></td><td></td><td></td><td></td><td></td><td></td><td></td><td></td></tr>
</table>

3) 年度成本分析

年度成本分析的依据是年度成本报表。分析的内容，除了月(季)度成本分析的六个方面以外，重点是针对下一年度的施工进展情况，规划切实可行的成本控制措施，以保证施工项目成本目标的实现。

4) 竣工成本的综合分析

凡是有几项单位工程而且是单独进行成本核算的施工项目，其竣工成本分析应以各单位工程竣工成本分析资料为基础，再加上项目经理部的经济效益(如资金调度、对外分包等所产生的效益)进行综合分析。如果施工项目只有一个成本核算对象(单位工程)，就应以该成本核算对象的竣工成本资料作为成本分析的依据。

单位工程竣工成本分析的内容应包括竣工成本分析；主要资源节超对比分析；主要技术节约措施及经济效果分析。

通过以上分析，可以全面了解单位工程的成本构成和降低成本的途径，对今后同类工程的成本控制具有很高的参考价值。

思考题与习题

一、单项选择题

1. 以货币形式编制施工项目在计划期内的生产费用、成本水平、成本降低率以及为降低成本所采取的主要措施和规划的书面方案，这是(　　)。

A. 施工成本控制　B. 施工成本计划　C. 施工成本预测　D. 施工成本核算

2. 在施工过程中，对影响施工项目成本的各种因素加强管理，并采用各种有效措施加以纠正，这是(　　)。

A. 施工成本控制　B. 施工成本计划　C. 施工成本预测　D. 施工成本核算

3. (　　)是指按照规定开支范围对施工费用进行归集，计算出施工费用的实际发生额，并根据成本核算对象，采用适当的方法，计算出该施工项目的总成本和单位成本。

A. 施工成本分析　B. 施工成本考核　C. 施工成本控制　D. 施工成本核算

4. (　　)不是《建设工程施工合同(示范文本)》约定的工程变更价款的确定方法。

A. 合同中已有适用于变更工程的价格，按合同已有的价格变更合同价款

B. 合同中只有类似于变更工程的价格，可以参照类似价格变更合同价款

C. 合同中没有适用于或类似于变更工程的价格，由承包人提出适当的变更价格，经工程师确认后执行

D. 合同中已有适用于变更工程的价格，也可以参照类似的价格变更合同价款

5. (　　)是基于合同中没有或者有但不合适的情况而采取的一种方法。

A. 采用工程量清单的单价和价格

B. 协商单价和价格

C. 由监理工程师作出决定

D. FIDIC合同条件下工程变更的估价

6. 偏差分析可采用不同的方法，但不包括(　　)。

A. 横通图法　B. 表格法　C. 网络图法　D. 曲线法

7. (　　)是利用会计核算资料和业务核算资料，把企业生产经营活动客观现状的大量数据，按统计方法加以系统整理，表明其规律性。

A. 业务核算　B. 统计核算　C. 会计核算　D. 成本核算

8. (　　)是因素分析法的一种简化形式，它利用各个因素的目标值与实际值的差额来计算其对成本的影响程度。

A. 差额计算法　　B. 相关比率法　　C. 构成比率法　　D. 比较法

二、多项选择题

1. 施工成本管理的任务主要包括(　　)。

A. 成本预测　　B. 成本计划　　C. 成本控制

D. 成本核算　　E. 施工计划

2. 施工成本控制可分为(　　)。

A. 前馈控制　　B. 后馈控制　　C. 事先控制

D. 事中控制　　E. 事后控制

3. 成本分析的基本方法包括(　　)。

A. 比较法　　B. 因素分析法　　C. 曲线法

D. 差额计算法　　E. 比率法

4. 为了取得施工成本管理的理想效果，应当从多方面采取措施实施管理，通常可以将这些措施归纳为(　　)。

A. 管理措施　　B. 组织措施　　C. 技术措施

D. 经济措施　　E. 合同措施

5. 施工成本计划的编制依据包括(　　)。

A. 合同报价书，施工预算　　B. 施工组织设计成本施工方案

C. 人、料、机市场价格　　D. 施工设计图纸

E. 公司颁布的材料指导价格、公司内部机械台班价格、劳动力内部挂牌价格

6. 至于具体利率应是什么，在实践中可采用不同的标准，主要的规定有(　　)。

A. 按市场利率　　B. 按当时的银行贷款利率

C. 按当时的银行透支利率　　D. 按合同双方协议的利率

E. 按中央银行贴现率加三个百分点

7. 索赔的计算方法有(　　)。

A. 实际费用法　　B. 总费用法

C. 修正的总费用法　　D. 投标报价估算总费用法

E. 调整后的实际总费用法

8. 承包工程价款结算可以根据不同情况采取多种方式，包括(　　)。

A. 按月结算　　B. 竣工后一次结算

C. 分段结算　　D. 按季结算

E. 按年结算

三、案例分析题

某建筑公司于 2010 年 8 月 10 日与某建设单位签订了修建建筑面积为 3000m^2 工业厂房(带地下室)的施工合同。该建筑公司编制的施工方案和进度计划已获监理工程师批准。施工进度计划已经达成一致意见。合同规定由于建设单位责任造成施工窝工时，窝工费用按原人工费、机械台班费的 60%计算。工程师应在收到索赔报告之日起 28 天内予以确认，监理工程师无正当理由不确认时，自索赔报告送达之日起 28 天后视为索赔已经被确认。根据双方商定，人工费定额为 30 元/工日，机械台班费为 1000 元/台班。建筑公司在履行施工合同

的过程中发生了以下事件。

事件一：基坑开挖后发现地下情况和发包商提供的地质资料不符，有古河道，必须将河道中的淤泥清除并对地基进行二次处理。为此业主以书面形式通知施工单位停工10天，窝工费用合计为3000元。

事件二：2010年10月20日降罕见大暴雨，一直到10月24日开始施工，造成20名工人窝工。

事件三：8月24日用30个工日修复因大雨冲坏的永久道路，8月25日恢复正常挖掘工作。

事件四：8月28日因租赁的挖掘机大修，挖掘工作停工2天，造成人员窝工10个工日。

事件五：8月30日因外部供电故障，使工期延误2天造成共计20人和2台班施工机械窝工。

事件六：在施工过程中，发现因业主提供的图纸存在问题，故停工3天进行设计变更，造成窝工60个工日，机械窝工9个台班。

(1) 分别说明事件一至事件六的工期延误和费用增加应由谁承担。并说明理由。如是建设单位的责任，建设公司应向承包单位补偿的工期和费用分别为多少？

(2) 建设单位应给予承包单位补偿工期多少天？补偿费用多少元？

第 6 章　建设工程项目质量控制

【学习要点及目标】

- 掌握质量管理与质量控制的基本原理和方法。
- 掌握建设工程项目质量的形成过程和影响因素。
- 掌握施工质量控制检查的内容和方法。
- 掌握工程质量管理方法。
- 掌握施工过程验收和竣工验收的程序和要求。
- 掌握施工事故的分类和处理程序。

【核心概念】

质量管理　质量控制　PDCA 循环　质量影响因素　隐蔽工程

【引言】

质量是建设工程项目管理的重要任务目标，建设工程项目质量目标的确定和实现，需要系统有效地应用质量管理和质量控制的基本原理和方法，通过建设工程项目各参与方的质量责任和职能活动的实施来达到。本章主要介绍建设工程质量控制的有关知识。

6.1 建设工程质量概述

6.1.1 施工项目质量管理的基本概念

1. 质量

GB/T 19000—2008/ISO 9000 中关于质量的定义是："一组固有特性满足要求的程度。"质量的主体不仅包括产品，还包括质量管理体系。质量的关注点是一组固有的特性，而不是赋予的特性，要求包括明确的、隐含的和必须满足的需求和期望。

"固有的"就是指某事或某物本来就有的，尤其指那种永久的特性。对于产品来说，水泥的化学成分、强度、凝结时间属于固有特性，而价格和交货期则属于赋予特性。对质量管理体系来说，固有特性就是实现质量方针和质量目标的能力。对过程来说，固有特性就是过程将输入转化为输出的能力。

2. 质量管理

根据《GB/T 19000—ISO 9000(2000)质量管理体系标准》中的定义，质量管理是指确立质量方针及实施质量方针的全部职能及工作内容，并对其工作效果进行评价和改进的一系列工作。质量管理中的"质量"概念应该是可以量度的，在合同规定或是法规规定的情况下，如在安全领域中，是需要明确规定的，而在其他情况下，隐含的需要则应加以识别并确定。在许多情况下，需要会随着时间变化而变化，这就意味着要对质量要求进行定期评审。对产品质量的要求，应既包括结果，也包括质量形成和实现的过程。如一幢建筑物、一座立交桥的质量，不仅要满足人们使用上的需要，还要满足社会发展的某些需要。

建立质量管理体系，实施质量管理的主体是企业组织。其中，质量方针是组织最高管理者的质量宗旨、经营理念和价值观的反映。在质量方针的指导下，通过组织的质量手册、程序性管理文件、质量记录的制定，并通过组织制度的落实、管理人员与资料的配备、质量活动的责任分工与权限界定等，形成组织质量管理体系的运行机制。

3. 质量控制

根据《GB/T 19000—ISO 9000(2000)质量管理体系标准》中的定义，质量控制是质量管理的一部分，是致力于满足质量要求的一系列相关活动(包括作业技术活动和管理活动)。由于建设工程项目的质量要求是由业主(或投资者、项目法人)提出的，即建设工程项目的质量总目标(即业主的建设意图)是通过项目策划，包括项目的定义及建设规模、系统构成、使用功能和价值、规格档次、标准等的定位策划和目标决策来确定的。因此，在工程勘察设计、招标采购、施工安装、竣工验收等各个阶段，项目干系人均应围绕着致力于满足业主要求的质量总目标而展开建设工程质量控制。

质量控制是质量管理的一部分而不是全部。两者的区别在于概念不同、职能范围不同和作用不同。质量控制是在明确的质量目标和具体的条件下，通过行动方案和资源配置的计划、实施、检查和监督，进行质量目标的事前控制、事中控制和事后纠偏控制，实现预期质量目标的系统过程。

6.1.2　质量管理的原理

1. 质量管理的 PDCA 循环

PDCA 循环又叫戴明环，是美国质量管理专家戴明博士提出的，在长期的生产实践和理论研究过程中形成的 PDCA 循环，是确立质量管理和建立质量体系的基本原理。PDCA 循环如图 6-1 所示，从实践论角度看，质量管理就是确定任务目标，并按照 PDCA 循环原理来实现预期目标。每一循环都围绕着实现预期的目标，进行计划、实施、检查和处置活动，随着对存在问题的克服、解决和改进，不断增强质量能力，提高质量水平。一个循环的四大职能活动相互联系，共同构成了质量管理的系统过程。

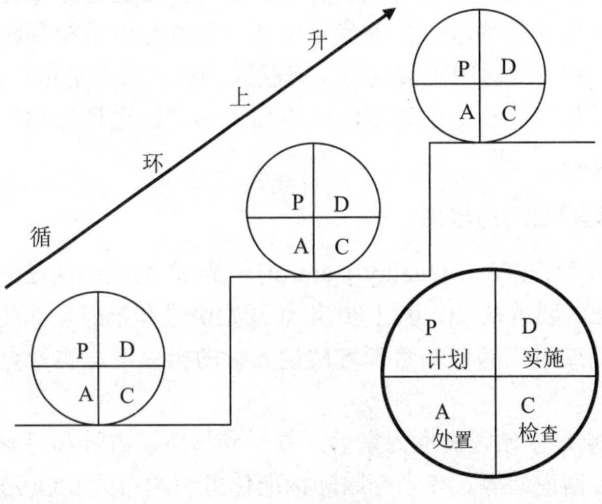

图 6-1　PDCA 循环

1) 计划 P(Plan)

质量管理的计划职能，包括确定或明确质量目标和制定实现质量目标的行动方案两方面。实践表明质量计划的严谨周密、经济合理和切实可行，是保证工作质量、产品质量和服务质量的前提条件。

建设工程项目的质量计划，是由项目干系人根据其在项目实施中所承担的任务、责任范围和质量目标，分别进行质量计划而形成的质量计划体系，其中，建设单位的工程项目质量计划，包括确定和论证项目总体的质量目标，以及提出的项目质量管理的组织、制度、工作程序、方法和要求。项目其他各方干系人，则根据工程合同规定的质量标准和责任，在明确各自质量目标的基础上，制定实施相应范围质量管理的行动方案，包括技术方法、业务流程、资源配置、检验试验要求、质量记录方式、不合格处理、管理措施等具体内容和做法的质量管理文件，同时亦须对其实现预期目标的可行性、有效性、经济合理性进行分析论证，并按照规定的程序与权限，经过审批后执行。

2) 实施 D(Do)

实施职能在于将质量的目标值，通过生产要素的投入、作业技术活动和产出过程，转换为质量的实际值。为保证工程质量的产出或形成过程能够取得预期的结果，在各项质量活动实施前，要根据质量管理计划进行行动方案的部署和交底。交底的目的在于使具体的作业者和管理者明确计划的意图和要求，掌握质量标准及其实现的程序与方法。在质量活动的实施过程中，则要求严格执行计划的行动方案，规范管理行为，把质量管理计划的各项规定和安排落实到具体的资源配置和作业技术活动中去。

3) 检查 C(Check)

检查是指对计划的实施过程进行各种检查，包括作业者的自检、互检和专职管理者专检。各类检查包含两大方面：一是检查是否严格执行了计划的行动方案，实际条件是否发生了变化，不执行计划的原因；二是检查计划执行的结果，即产出的质量是否达到标准的要求，并对此进行确认和评价。

4) 处置 A(Action)

对于质量检查所发现的质量问题或质量不合格，及时进行原因分析，并采取必要的措施予以纠正，保持工程质量形成过程的受控状态。处置分纠偏和预防改进两个方面。前者是指采取应急措施，解决当前的质量偏差、问题或事故；后者是指提出目前质量状况信息，并反馈管理部门，反思问题症结或计划时的不周，确定改进目标和措施，为今后类似的质量问题预防提供借鉴。

2. 全面质量管理(TQC)的思想

TQC 即全面质量管理(Total Quality Control)，是 20 世纪中期在欧美和日本广泛应用的质量管理理念和方法，我国从 20 世纪 80 年代开始引进和推广全面质量管理方法。其基本原理就是强调在企业或组织的最高管理者质量方针的指引下，实行全面、全过程和全员参与的质量管理。

TQC 的主要特点是以顾客满意为宗旨，领导参与质量方针和目标的制定，提倡预防为主、科学管理、用数据说话等。在当今国际标准化组织颁布的 ISO 9000—2000 版质量管理体系标准中，都体现了这些重要特点和思想。建设工程项目的质量管理，同样应贯彻如下“三全”管理的思想和方法。

1) 全方位质量管理

建设工程项目的全方位质量管理，是建设工程项目各方干系人所进行的工程项目质量管理的总称，其中包括工程(产品)质量和工作质量的全方位管理。工作质量是产品质量的保证，工作质量直接影响着产品质量的形成。业主、监理单位、勘察单位、设计单位、施工总包单位、施工分包单位、材料设备供应商等任何一方，在任何环节的怠慢疏忽或质量责任不到位都会对建设工程质量产生消极影响。

2) 全过程质量管理

建设工程项目的全过程质量管理是指根据工程质量的形成规律，从源头抓起，全过程推进。GB/T 19000 强调质量管理的“过程方法”管理原则。因此，必须掌握识别过程和应用“过程方法”进行全过程质量控制的方式方法。主要的过程有项目策划与决策过程；勘察设计过程；施工采购过程；施工组织与准备过程；检测设备控制与计量过程；施工生产的检验试验过程；工程质量的评定过程；工程竣工验收与交付过程；工程回访维修服务过程等。

3) 全员参与质量管理

按照全面质量管理的原理，组织内部的每个部门和工作岗位都应承担相应的质量职能，组织的最高管理者确定了质量方针和目标后，就应组织和动员全体员工参与到实施质量方针的系统活动中去，发挥自己的角色作用。开展全员参与质量管理的重要手段就是运用目标管理方法，将组织的质量总目标逐级进行分解，使之形成自上而下的质量目标分解体系和自下而上的质量目标保证体系，发挥组织系统内部每个工作岗位、部门或团队在实现质量总目标过程中的作用。

6.2 工程项目质量的形成过程和影响因素

建筑产品的多样性和单件性生产的组织方式，虽然决定了各具体建设工程项目的质量特性和目标的差异，但它们的质量形成过程和影响因素却有共同的规律。

6.2.1 建设工程项目质量的基本特性和形成过程

1. 建设工程项目质量的基本特性

建设工程项目从本质上来说是一项拟建或在建的建筑产品，它和一般产品具有同样的质量内涵，即一组固有特性满足需要的程度。这些特性是指产品的适用性、可靠性、安全性、经济性以及环境的适宜性等。由于建筑产品一般是采用单件性筹划、设计和施工的生产组织方式，因此其具体的质量特性指标是在各建设工程项目的策划、决策和设计过程中进行定义的。在工程管理实践和理论研究中，把建设工程项目质量的基本特性概括为如下各点。

1) 反映使用功能的质量特性

建设工程项目的功能性质量指标，主要反映对建设工程使用功能需求的一系列特性指标，如房屋建筑的平面空间布局、通风采光性能；工业建设工程项目的生产能力和工艺流程；道路交通工程的路面等级、通行能力，等等。按照现代质量管理理念，功能性质量必须以顾客关注为焦点，通过需求的识别进行定义。

2) 反映安全可靠的质量特性

建设工程项目的安全可靠性质量，即建筑产品不仅要满足使用功能和用途的要求，而且在正常的使用条件下应能达到安全可靠的标准，如建筑自身结构的安全可靠，建筑物使用过程的防腐蚀、防坠、防火、防盗、防辐射，以及设备系统运行与使用安全等。可靠性质量必须在满足功能性质量需求的基础上，结合技术标准、规范特别是强制性条文的要求进行确定与实施。

3) 反映艺术文化的质量特性

建筑产品具有深刻的社会文化背景，历来人们都把建筑产品视为艺术品。其个性的艺术效果，包括建筑造型、立面外观、文化内涵、时代表征以及装修装饰、色彩视觉等，不仅是使用者的关注对象，也是社会的关注对象；不仅当前引人关注，而且存续于未来人们的关注和评价。建设工程项目艺术文化特性的质量来自设计者的设计理念、创意和创新，以及施工者对设计意图的领会与精益生产。

4) 反映建筑环境的质量特性

作为项目管理对象(或管理单元)的建设工程项目，可能是独立的单项工程或单位工程，甚至可能是某主要分部工程；也可能是一个由群体建筑或线性工程组成的建设项目，如新、改、扩建的工业厂区，以及大学城或校区、枢纽空港机场、深水港区、高速公路等。建筑环境质量包括项目用地范围内的规划布局、道路交通组织、绿化景观，追求其与周边环境的协调性或适宜性。

2. 建设工程项目质量的形成过程

从一般意义上说，建设工程项目是建设项目可以独立发包组织设计和施工的交工系统，如大型国际机场建设项目，其中的航站区、飞行区、工作区、航管设施、供油设施等，无论是在理论分析还是实践运作上，都是作为独立的建设工程项目或交工系统组织实施的。当建设项目仅包含一个单位工程或单项工程时，该单位工程或单项工程既可称为建设项目，又可称为建设工程项目，这是特例。因此，对于大型建设项目尤其是群体工程构成的建设项目，建设项目管理和建设工程项目管理，在管理范围、管理目标和管理主体方面既有区别又有联系。建设工程项目质量的形成过程，贯穿于整个建设项目的决策过程和各个工程项目的设计与施工过程，体现了建设工程项目质量从目标决策、目标细化到目标实现的系统过程。

1) 质量需求的识别过程

在建设项目决策阶段，主要工作包括建设项目发展策划、可行性研究、建设方案论证和投资决策。这一过程的质量职能在于识别建设意图和需求，对建设项目的性质、建设规模、使用功能、系统构成和建设标准要求等进行策划、分析、论证，对整个建设项目的质量总目标，以及建设项目内各建设工程项目的质量目标提出明确要求。

必须指出，由于建筑产品采取定制式的承发包生产，因此，其质量目标的决策是建设单位(业主)或项目法人的质量职能，尽管对于建设项目的前期工作，业主可以采用社会化、专业化的方式，委托咨询机构、设计单位或建设工程总承包企业进行，但这一切并不改变业主或项目法人的决策性质。业主的需求和法律法规的要求，是决定建设工程项目质量目标的主要依据。

2) 质量目标的定义过程

建设工程项目质量目标的具体定义过程，一方面是在建设工程设计阶段。设计是一种高智力的创造性活动。建设工程项目的设计任务，因其产品对象的单件性，总体上具有目标设计与标准设计相结合的特征，在总体规划设计与单体方案设计阶段，相当于目标产品的开发设计，总体规划和方案设计经过可行性研究和技术经济论证后，进入工程的标准设计阶段，在这个过程中实现对建设工程项目质量目标的明确定义。由此可见，建设工程项目设计的任务就在于按照业主的建设意图、决策要点、法律法规和强制性标准的要求，将建设工程项目的质量目标具体化。通过建设工程的方案设计、扩大初步设计、技术设计和施工图设计等环节，对建设工程项目各细部的质量特性指标进行明确定义，即确定质量目标值，为建设工程项目的施工安装作业活动及质量控制提供依据。另一方面，承包商为了创建品牌工程或根据业主的创优要求及具体情况来确定工程的总体质量目标，也可以据此策划精品工程的质量控制。

3) 质量目标的实现过程

建设工程项目质量目标实现的最重要和最关键的过程是在施工阶段，包括施工准备过程和施工作业技术活动过程，其任务是按照质量策划的要求，制定企业或工程项目内控标准，实施目标管理、过程监控、阶段考核、持续改进的方法，严格按图纸施工，正确合理地配备施工生产要素，把特定的劳动对象转化成符合质量标准的建设工程产品。

综上所述，建设工程项目质量的形成过程，贯穿于建设工程项目的决策过程和实施过程，由这些过程的各个重要环节共同构成了工程建设的基本程序，它是工程建设客观规律的体现。无论哪个国家和地区，也无论其发达程度如何，只要讲求科学，都必须遵循这样的客观规律。尽管在信息技术高度发展的今天，流程可以再造、可以优化，但不能改变流程所反映的事物本身的内在规律。建设工程项目质量的形成过程，在某种意义上说，就是在执行建设程序的过程中，对建设工程项目实体注入一组固有的质量特性，以满足人们的预期需要。在这个过程中，业主方的项目管理，担负着对整个建设工程项目质量总目标的策划、决策和实施监控的任务；而建设工程项目的各参与方，则直接承担着相关建设工程项目质量目标的控制职能和相应的质量责任。

6.2.2　建设工程项目质量的影响因素

建设工程项目质量的影响因素，主要是指在建设工程项目质量目标策划、决策和实现过程中的各种客观因素和主观因素，包括人的因素、技术因素、管理因素、环境因素和社会因素等。

1. 人的因素

人的因素对建设工程项目质量形成的影响，包括两个方面的含义：一是指直接承担建设工程项目质量职能的决策者、管理者和作业者个人的质量意识及质量活动能力；二是指承担建设工程项目策划、决策或实施的建设单位、勘察设计单位、咨询服务机构、工程承包企业等实体组织。前者是个体的人，后者是群体的人。我国实行建筑业企业经营资质管理制度、市场准入制度、执业资格注册制度、作业及管理人员持证上岗制度等，从本质上说，都是对从事建设工程活动的人的素质和能力进行必要的控制。此外，《建筑法》和《建设工程质量管理条例》还对建设工程的质量责任制度作出明确规定，如规定按资质等级承包工程任务，不得越级，不得挂靠，不得转包，严禁无证设计、无证施工等，从根本上说也是为了防止因人的资质或资格失控而导致质量能力的失控。

2. 技术因素

影响建设工程项目质量的技术因素所涉及的内容十分广泛，包括直接的工程技术和辅助的生产技术，前者如工程勘察技术、设计技术、施工技术、材料技术等，后者如工程检测检验技术、试验技术等。建设工程技术的先进性程度，从总体上说取决于国家一定时期的经济发展和科技水平，取决于建筑业及相关行业的技术进步。对于具体的建设工程项目，主要是通过技术工作的组织与管理，优化技术方案，发挥技术因素对建设工程项目质量的保证作用。

3. 管理因素

影响建设工程项目质量的管理因素，主要是决策因素和组织因素。其中，决策因素首先是业主方的建设工程项目决策，其次是建设工程项目实施过程中，实施主体的各项技术决策和管理决策。实践证明，没有经过资源论证、市场需求预测，盲目建设，重复建设，建成后不能投入生产或使用，所形成的合格而无用途的建筑产品，从根本上是社会资源的极大浪费，不具备质量的适用性特征。同样盲目追求高标准，缺乏质量经济性考虑的决策，也将对工程质量的形成产生不利的影响。

管理因素中的组织因素，包括建设工程项目实施的管理组织和任务组织。管理组织指建设工程项目管理的组织架构、管理制度及其运行机制，三者的有机联系构成了一定的组织管理模式，其各项管理职能的运行情况，直接影响着建设工程项目目标的实现。任务组织是指对建设工程项目实施的任务及其目标进行分解、发包、委托，以及对实施任务所进行的计划、指挥、协调、检查和监督等一系列工作过程。从建设工程项目质量控制的角度看，建设工程项目管理组织系统是否健全、实施任务的组织方式是否科学合理，无疑将对质量目标控制产生重要的影响。

4. 环境因素

一个建设项目的决策、立项和实施，受到经济、政治、社会、技术等多方面因素的影响，是建设项目可行性研究、风险识别与管理所必须考虑的环境因素。对于建设工程项目质量控制而言，无论该建设工程项目是某建设项目的一个子项工程，还是本身就是一个独立的建设项目，作为直接影响建设工程项目质量的环境因素，一般是指建设工程项目所在地点的水文、地质和气象等自然环境，施工现场的通风、照明、安全卫生防护设施等劳动作业环境，以及由多单位、多专业交叉协同施工的管理关系、组织协调方式、质量控制系统等构成的管理环境。对这些环境条件的认识与把握，是保证建设工程项目质量的重要工作环节。

5. 社会因素

影响建设工程项目质量的社会因素，表现在建设法律、法规的健全程度及其执法力度；建设工程项目法人或业主的理性化以及建设工程经营者的经营理念；建筑市场包括建设工程交易市场和建筑生产要素市场的发育程度及交易行为的规范程度；政府的工程质量监督及行业管理的成熟度；建设咨询服务业的发展及其服务水准的提高；廉政建设及行风建设的状况等。

必须指出，作为建设工程项目管理者，不仅要系统认识和思考以上各种因素对建设工程项目质量形成的影响及其规律，而且要分清对于建设工程项目质量控制，哪些是可控因素，哪些是不可控因素。不难理解，人、技术、管理和环境因素，对于建设工程项目而言是可控因素；社会因素存在于建设工程项目系统之外，一般情形下对于建设工程项目管理者而言，属于不可控因素，但可以通过自身的努力，尽可能做到趋利去弊。

6.3 建设工程项目施工质量控制

建设工程项目的施工质量控制，有两方面的含义。一是指建设工程项目施工承包企业的施工质量控制，包括总包的、分包的、综合的和专业的施工质量控制；二是指广义的建设工程项目的施工质量控制，即除了承包方的施工质量控制外，还包括业主、设计单位、监理单位以及政府质量监督机构，在施工阶段对建设工程项目的施工质量所实施的监督管理和安置职能。因此，从建设工程项目管理的角度，应全面理解施工质量安置的内涵，掌握建设工程项目施工阶段质量控制任务的目标与控制方法、施工质量计划的编制，以及施工生产要素和作业过程的质量控制方法，并熟悉施工质量控制的主要途径。

6.3.1 施工阶段质量控制的目标

1. 施工阶段质量控制的任务目标

建设工程项目施工质量控制的总目标，是实现由建设工程项目决策、设计文件和施工合同所决定的预期使用功能和质量标准。尽管建设单位、设计单位、施工单位、供货单位和监理机构等，在施工阶段质量控制的地位和任务目标不同，但从建设工程项目管理的角度看，它们都致力于实现建设工程项目的质量总目标。因此，施工质量控制目标，可具体表述如下。

1) 建设单位的控制目标

建设单位在施工阶段，通过对施工全过程全面的质量监督管理、协调和决策，保证竣工项目达到投资决策所确定的质量标准。

2) 设计单位的控制目标

设计单位在施工阶段，通过对关键部位和重要施工项目施工质量的验收签证、设计变更控制及纠正施工中所发现的设计问题，采纳变更设计的合理化建议等，保证竣工项目的各项施工结果与设计文件(包括变更文件)所规定的质量标准相一致。

3) 施工单位的控制目标

施工单位包括总承包单位和分包单位，作为建设工程产品的生产者和经营者，应根据施工合同的任务范围和质量要求，通过全过程、全面的施工质量自控，保证最终交付满足施工合同及设计文件所规定质量标准(含建设工程质量创优要求)的建设工程产品。我国《建设工程质量管理条例》规定，施工单位对建设工程的施工质量负责；分包单位应当按照分包合同的约定对其分包工程的质量向总承包单位负责；总承包单位与分包单位对分包工程的质量承担连带责任。

4) 供货单位的控制目标

建筑材料、设备、构配件等供应商，应按照采购供货合同约定的质量标准提供货物及其质量保证、检验试验单据、产品规格和使用说明书，以及其他必要的数据和资料，并对其产品质量负责。

5) 监理单位的控制目标

建设工程监理单位在施工阶段，通过审核施工质量文件、报告报表及采取现场旁站、巡视、平行检测等形式进行施工过程质量监理；并应用施工指令和结算支付控制等手段，监控施工承包单位的质量活动行为，协调施工关系，正确履行对工程施工质量的监督责任，以保证工程质量达到施工合同和设计文件所规定的质量标准。我国《建筑法》规定，建设工程监理人员认为工程施工不符合工程设计要求、施工技术标准和合同约定的，有权要求建筑施工企业改正。

2. 施工阶段质量控制的基本方式

在长期的建设工程施工实践中，施工质量控制的基本方式可以概括为自主控制与监督控制相结合的方式，事前控制与事中控制相结合的方式，动态跟踪与纠偏控制相结合的方式，以及这些方式的综合应用。

6.3.2 施工质量计划的编制方法

按照 GB/T 19000 质量管理体系标准，质量计划是质量管理体系文件的组成内容。在合同环境下，质量计划是企业向顾客表明质量管理方针、目标及其具体实现的方法、手段和措施，体现企业对质量责任的承诺和实现的具体步骤。

1. 施工质量计划的编制主体和范围

建设工程项目施工任务的组织，无论业主方采用平行承发包还是总分包方式，将涉及多方参与主体的质量责任。也就是说建筑产品的直接生产过程，是在协同方式下进行的。因此，在工程项目质量控制系统中，按照谁实施、谁负责的原则，应明确施工质量控制的主体构成及其各自的控制范围。

1) 施工质量计划的编制主体

施工质量计划应由自控主体即施工承包企业进行编制。在平行承发包方式下，各承包单位应分别编制施工质量计划；在总分包模式下，施工总承包单位应编制总承包工程范围的施工质量计划，各分包单位编制相应分包范围的施工质量计划，作为施工总承包方质量计划的深化和组成。施工总承包方有责任对各分包施工质量计划的编制进行指导和审核，并承担相应施工质量的连带责任。

2) 施工质量计划的编制范围

施工质量计划编制的范围，根据工程项目质量控制的要求，应与建筑安装工程施工任务的实施范围相一致，以此保证整个项目建筑安装工程的施工质量总体受控；对具体施工任务承包单位而言，施工质量计划的编制范围，应能满足其履行工程承包合同质量责任的要求。建设工程项目的施工质量计划，应在施工程序、控制组织、控制措施、控制方式等方面，形成几个有机的质量计划系统，确保项目质量总目标和各分解目标的控制能力。

2. 现行施工质量计划的方式和内容

质量计划是质量管理体系标准的一个质量术语和职能，在建筑施工企业的质量管理体系中，以施工项目为对象的质量计划称为施工质量计划。

1) 现行施工质量计划的方式

目前，我国除了已经建立质量管理体系的部分施工企业直接采用施工质量计划的方式外，普遍在工程项目施工组织设计或在施工项目管理实施规划中包含有质量计划的内容。因此，现行的施工质量计划有三种方式。

(1) 工程项目施工质量计划。

(2) 工程项目施工组织设计(含施工质量计划)。

(3) 施工项目管理实施规划(含施工质量计划)。

施工组织设计或施工项目管理实施规划之所以能发挥施工质量计划的作用，是因为根据建筑生产的技术经济特点，每个工程项目都需要进行施工生产过程的组织与计划，包括施工质量、进度、成本、安全等目标的设定、控制计划和控制措施的安排等。因此，施工质量计划所要求的内容，理所当然地被包含于施工组织设计或项目施工管理实施规划中，而且能够充分体现施工项目管理目标(质量、工期、成本、安全)的关联性、制约性和整体性，这也和全面质量管理的思想方法相一致。

2) 施工质量计划的基本内容

在已经建立质量管理体系的条件下，质量计划的内容必须全面体现和落实企业质量管理体系文件的要求(也可引用质量管理体系文件中的相关条文)，编制程序、内容和编制依据要符合有关规定，同时应结合本工程的特点，在质量计划中编写专项管理要求。施工质量计划的基本内容一般应包括以下几方面。

(1) 工程特点及施工条件分析(合同条件、法规条件和现场条件)。

(2) 质量总目标及其分解目标。

(3) 质量管理组织机构和职责、人员及资源配置计划。

(4) 确定施工工艺与操作方法的技术方案和施工任务的流程组织方案。

(5) 施工材料、设备物资等的质量管理及控制措施。

(6) 施工质量检验、检测、试验工作的计划安排及其实施方法与接收准则。

(7) 施工质量控制点及其跟踪控制的方式与要求。

(8) 记录的要求等。

3. 施工质量计划的审批程序与执行

施工单位的项目施工质量计划或施工组织设计文件编成后，应按照工程施工管理程序进行审批，包括施工企业内部的审批和项目监理机构的审查。

1) 企业内部的审批

施工单位的项目施工质量计划或施工组织设计的编制与审批，应根据企业质量管理程序性文件规定的权限和流程进行。通常应由项目经理部主持编制，报企业组织管理层批准，并报送项目监理机构核准确认。

施工质量计划或施工组织设计文件的审批过程，是施工企业自主技术决策和管理决策的过程，也是发挥企业职能部门与施工项目管理团队的智慧和经验的过程。

2) 监理工程师的审查

实施工程监理的施工项目，按照我国建设工程监理规范的规定，施工承包单位必须填写《施工组织设计(方案)报审表》并附施工组织设计(方案)，报送项目监理机构审查。规范规定，在工程开工前，总监理工程师应组织专业监理工程师审查承包单位报送的施工组织设计(方案)报审表，提出意见，并经总监理工程师审核、签认后报建设单位。

3) 审批关系的处理原则

正确执行施工质量计划的审批程序，是正确理解工程质量目标和要求，保证施工部署、技术工艺方案和组织管理措施的合理性、先进性和经济性的重要环节，也是进行施工质量事前预控的重要方法。因此，在执行审批程序时，必须正确处理施工企业内部审批和监理工程师审批的关系，其基本原则如下所述。

(1) 充分发挥质量自控主体和监控主体的共同作用，在坚持项目质量标准和质量控制能力的前提下，正确处理承包人利益和项目利益的关系；施工企业内部的审批首先应从履行工程承包合同的角度，审查实现合同质量目标的合理性和可行性，以项目质量计划向发包方提供信任。

(2) 施工质量计划在审批过程中，对监理工程师审查所提出的建议、希望、要求等意见是否采纳以及采纳的程度，应由负责质量计划编制的施工单位自主决策。在满足合同和相关法规要求的情况下，确定质量计划的调整、修改和优化，并承担相应执行结果的责任。

(3) 经过按规定程序审查批准的施工质量计划，在实施过程中如因条件变化需要对某些重要决定进行修改时，其修改内容仍应按照相应程序经过审批后执行。

4. 施工质量控制点的设置与管理

施工质量控制点的设置是施工质量计划的重要组成内容。施工质量控制点是施工质量控制的重点，凡属关键技术，重要部位，控制难度大、影响大、经验欠缺的施工内容以及新材料、新技术、新工艺、新设备等，均可列为质量控制点，实施重点控制。

1) 质量控制点的设置

施工质量控制点的设置，是根据工程项目施工管理的基本程序，结合项目特点，在制定项目总体质量计划后，列出各基本施工过程对局部和总体质量水平有影响的项目，作为具体实施的质量控制点。如在高层建筑施工质量管理中，基坑支护与地基处理、工程测量与沉降观测、大体积钢筋混凝土施工、工程的防排水、钢结构的制作、焊接及检测、大型设备吊装及有关分部分项工程中必须进行重点控制的内容或部位，都可列为质量控制点。又如在工程功能性检测的控制程序中，可设立建筑物(构筑物)防雷检测、消防系统调试检测、通风设备系统调试检测、智能化系统调试检测等专项质量控制点。工程采用的新材料、新技术、新工艺、新设备要有具体的施工方案、技术标准、材料要求、质量检验措施等，且必须列入专项质量控制点。

2) 质量控制点的实施

施工质量控制点的实施主要是通过控制点的动态设置和动态跟踪管理来实现的。所谓动态设置，是指一般情况下在工程开工前、设计交底和图纸会审时，可确定一批整个项目的质量控制点，随着工程的展开、施工条件的变化，随时或定期进行控制点范围的调整和更新。动态跟踪是应用动态控制原理，落实专人负责跟踪和记录控制点质量控制的状态和效果，并及时向项目管理组织的高层管理者反馈质量控制信息，保持施工质量控制点的受控状态。

实施建设工程监理的施工项目，应根据现场工程监理机构的要求，对施工作业质量控制点，按照不同的性质和管理要求，细分为“见证点”和“待检点”，进行施工质量的监督和检查。凡属“见证点”的施工作业，如重要部位、特种作业、专门工艺等，施工方必须在该项作业开始前 24 小时，书面通知现场监理机构到旁站，见证施工作业过程；凡属“待检点”的施工作业，如隐蔽工程等，施工方必须在完成施工质量自检的基础上，提前 24 小时通知项目监理机构经检查验收之后，才能进行工程隐蔽或下道工序的施工。未经过项目监理机构检查或验收不合格者，不得进行工程隐蔽或下道工序的施工。

6.3.3　施工生产要素的质量控制

施工生产要素是施工质量形成的物质基础，包括作为劳动主体的生产人员，即作业者、管理者的素质及其组织效果，作为劳动对象的建筑材料、半成品、工程用品、设备等，作为劳动方法的施工工艺及技术措施的水平，作为劳动手段的施工机械、设备、工具、模具等的技术性能，以及施工环境(包括现场水文、地质、气象等自然环境，通风、照明、安全等作业环境以及协调配合的管理环境)。

1. 劳动主体的控制

施工时，首先要考虑对劳动主体的控制。一是通过加强思想教育，提高全体员工的质量意识，树立质量第一的观念、预控为主的观念、为用户服务的观念、用数据说话的观念以及企业效益与社会效益相结合的观念。二是通过择优录用、加强技能方面的教育培训，提高全体员工的质量技能，使领导者对于质量管理工作有较强的决策能力和组织能力；管理者有较强的质量目标管理、施工组织、技术指导、质量检验能力；操作人员有精湛的技术技能，能严格执行质量标准和操作规程；后勤人员能做好服务工作，搞好后勤保障。三是合理组织、严格考核，并辅以必要的激励机制，使企业员工的潜在能力得到最好的组合和充分发挥，从而保证劳动主体在质量控制系统中发挥主体自控作用。

2. 劳动对象的控制

原材料、半成品、设备是构成工程实体的基础，其质量是工程项目实体质量的组成部分。故加强原材料、半成品及设备的质量控制，不仅是提高工程质量的必要条件，也是实现工程项目投资目标和进度目标的前提。

对原材料、半成品及设备进行质量控制的主要内容为：控制材料设备性能、标准与设计文件的相符性；控制材料设备各项技术性能指标、检验测试指标与标准要求的相符性；控制材料设备进场验收程序及质量文件资料的齐全程度等。施工企业应在施工过程中贯彻执行企业质量程序文件中明确的材料设备在封样、采购、进厂检验、抽样检测及质量保证资料提交等的一系列控制标准。

3. 施工工艺的控制

施工工艺的先进合理是直接影响工程质量、工程进度及工程造价的关键因素，施工工艺的合理、可靠还直接影响到工程施工安全。因此在工程项目质量控制系统中，制定和采用先进合理的施工工艺是工程质量控制的重要环节。对施工方案的质量控制主要包括以下内容。

(1) 全面正确地分析工程特征、技术关键及环境条件等资料，明确质量目标、验收标准以及控制的重点和难点。

(2) 制定合理有效的施工技术方案和组织方案，前者包括施工工艺、施工方法；后者包括施工区段划分、施工流向及劳动组织等。

(3) 合理选用施工机械设备和施工临时设施，合理布置施工总平面图和各阶段施工平面图。

(4) 选用和设计保证质量和安全的模具、脚手架等施工设备。

(5) 编制工程所采用的新技术、新工艺、新材料的专项技术方案和质量管理方案。

4. 施工设备的控制

对施工所用的机械设备，包括起重设备、各项加工机械、专项技术设备、检查测量仪表设备及人货两用电梯等，应根据工程需要从设备选型、主要性能参数及使用操作要求等方面加以控制。对施工方案中选用的模板、脚手架等施工设备，除按使用的标准定型选用外，一般需按设计及施工要求进行专项设计，对其设计方案及制作质量的控制及验收应作为重点进行控制。

5. 施工环境的控制

环境因素对工程施工的影响一般难以避免，要消除其对施工质量的不利影响，主要应采取预测预防的控制方法。一是对地质水文等方面的影响因素的控制，应根据设计要求，分析基底地质资料，预测不利因素，并会同设计等方面采取相应措施；二是对天气气象方面的不利条件，应在施工方案中制定专项施工方案，明确施工措施，落实人员、器材等方面的各项准备以紧急应对，从而控制其对施工质量的不利影响；三是因环境因素造成的施工中断，往往也会对工程质量造成不利影响，必须通过加强管理、调整计划等措施，加以控制。

6.3.4 施工过程的作业质量控制

1. 施工作业质量自控

1) 施工作业质量自控的意义

施工作业质量的自控，从经营的层面上说，强调的是作为建筑产品生产者和经营者的施工企业，应全面履行企业的质量责任，向顾客提供质量合格的工程产品；从生产的过程来说，强调施工作业者应履行岗位质量责任，向后道工序提供合格的作业成果(中间产品)。同理，供货厂商必须按照供货合同约定的质量标准和要求，对施工材料物资的供应过程实施产品质量自控。因此，施工承包方和供应方在施工阶段是质量自控主体，不能因为监控主体的存在和监控责任的实施而减轻或免除其质量责任。我国《建筑法》和《建设工程质量管理条例》规定：建筑施工企业对工程的施工质量负责；建筑施工企业必须按照工程设计要求、施工技术标准和合同的约定，对建筑材料、建筑构配件和设备进行检验，不合格的不得使用。

2) 施工作业质量的自控程序

施工作业质量的自控过程是由施工作业组织的成员进行的，其基本的控制程序包括作业技术交底、作业活动的实施和作业质量的自检自查、互检互查以及专职管理人员的质量检查等。

(1) 施工作业技术的交底。技术交底是施工组织设计和施工方案的具体化，施工作业技术交底的内容必须具有可行性和可操作性。

从建设工程项目的施工组织设计到分部分项工程的施工计划，在实施之前必须对下级逐级交底，其目的是使管理者的计划和决策意图为实施人员理解。施工作业交底是最基层的技术和管理交底活动，施工总承包方和工程监理机构都要对施工作业交底进行监督。作业交底的内容包括作业范围、施工依据、作业程序、技术标准和要领、质量目标以及其他与安全、进度、成本、环境等目标管理有关的要求和注意事项。

(2) 施工作业活动的实施。施工作业活动由一系列工序组成，为了保证工序质量的可控性，首先要对作业条件进行再确认，即按照作业计划检查作业准备状态是否落实到位，其中包括对施工程序和作业工艺顺序的检查确认，在此基础上，严格按计划的要求和质量标准开展工序作业活动。

(3) 施工作业质量的检验。施工作业的质量检验，是贯穿整个施工过程的最基本的质量控制活动，包括施工组织内部的工序作业质量自检、互检、专检和交接检查，现场监理机构的旁站检查、平等检测等。施工作业质量检查是施工质量验收的基础，已完检验批及分部分项工程的施工质量，必须在施工单位完成质量自检并确认合格之后，才能报请现场监理机构进行检查验收。

我国实施监理的工程项目，要求施工质量检验应在施工单位自检并合格后，填写施工质量《报验申请表》，提请现场施工监理机构检查验收。

前道工序作业质量经验收合格后，才可进入下道工序施工。未经验收合格的工序，不得进入下道工序施工。

3) 施工作业质量自控的要求

工序作业质量是直接形成工程质量的基础，为获得对工序作业质量控制的效果，在加强工序管理和质量目标控制方面应坚持以下要求。

(1) 预防为主。严格按照施工质量计划的要求，进行各分部分项施工作业的部署。同时，根据施工作业的内容、范围和特点，制订施工作业计划，明确作业质量目标和作业技术要领，认真进行作业技术交底，落实各项作业技术组织措施。

(2) 重点控制。在施工作业计划中，一方面要认真贯彻实施施工质量计划中的质量控制点的控制措施，同时，要根据作业活动的实际需要，进一步建立工序作业控制点，深化工序作业的重点控制。

(3) 坚持标准。工序作业人员在工序作业过程中应严格进行质量自检，通过自检不断改善作业，并创造条件开展作业质量互检，通过互检加强技术与经验的交流。对已完工序作业产品，即检验批或分部分项工程，应严格坚持质量标准。对不合格的施工作业质量，不得进行验收签证，必须按照规定的程序进行处理。

《建筑工程施工质量验收统一标准》(GB 50300—2001)及配套使用的专业质量验收规范，是施工作业质量自控的合格标准。有条件的施工企业或项目经理部应结合自己的条件编制高于国家标准的企业内控标准或工程项目内控标准，或采用施工承包合同明确规定的更高标准，列入质量计划中，努力提升工程质量水平。

(4) 记录完整。施工图纸、质量计划、作业指导书、材料质保书、检验试验及检测报告、质量验收记录等，是形成可追溯性的质量保证依据，也是工程竣工验收所不可缺少的质量控制资料。因此，对工序作业质量，应有计划、有步骤地按照施工管理规范的要求进行填写记录，做到及时、准确、完整、有效，并具有可追溯性。

4) 施工作业质量自控的有效制度

根据实践经验的总结，施工作业质量自控的有效制度有：①质量自检制度；②质量例会制度；③质量会诊制度；④质量样板制度；⑤质量挂牌制度。

2. 施工作业质量监控

我国《建设工程质量管理条例》规定，国家实行建设工程质量监督管理制度。建设单位、监理单位、设计单位及政府的工程质量监督部门，在施工阶段依据法律法规和工程施工承包合同，对施工单位的质量行为和质量状况实施监督控制。

设计单位应当就审查合格的施工图纸设计文件向施工单位作出详细说明，应当参与建设工程质量事故分析，并对因设计造成的质量事故提出相应的技术处理方案。

建设单位在领取施工许可证或者开工报告前，应当按照国家有关规定办理工程质量监督手续。

作为监控主体之一的项目监理机构，在施工作业实施过程中，根据其监理规划与实施细则，采取现场旁站、巡视、平行检验等形式，对施工作业质量进行监督检查，如发现工程施工不符合工程设计要求、施工技术标准和合同约定的，有权要求建筑施工企业改正。监理机构应进行检查而没有检查或没有按规定进行检查的，给建设单位造成损失时应承担赔偿责任。

必须强调，施工质量的自控主体和监控主体，在施工全过程相互依存、各尽其责，共同推动着施工质量控制过程的展开，最终实现工程项目的质量总目标。

6.3.5 施工阶段质量控制的主要途径和方法

1. 现场质量检查

现场质量检查是施工作业质量监控的主要手段。

1) 现场质量检查的内容

(1) 开工前的检查。主要检查是否具备开工条件，开工后是否能够保持连续正常施工，能否保证工程质量。

(2) 工序交接检查。对于重要的工序或对工程质量有重大影响的工序，应严格执行“三检”制度(即自检、互检、专检)，未经监理工程师(或建设单位技术负责人)检查认可，不得进行下道工序施工。

① 自我检验。简称“自检”，即作业组织和作业人员的自我质量检验。这种检验包括随做随检和一批作业任务完成后提交验收前的全面自检。随做随检是可以使质量偏差及时得到纠正、持续改进和调整的作业方法，能够保证工序质量始终处于受控状态。全面自检

可以保证检验批施工质量的一次校验合格。

② 相互检验。简称“互检”，即相同工种相同施工条件的作业组织和作业人员，在实施同一施工任务时相互间的质量检验。相互检验对于促进质量水平的提高有积极的作用。

③ 专业检验。简称“专检”，即专职质量管理人员的例行专业检验，也是施工企业质量管理部门对现场施工质量的监督检查方式之一。只有经过专检合格的施工成果才能提交施工监理机构检查验收。

(3) 隐蔽工程的检查。施工中凡是隐蔽工程必须经检查认证后方可进行隐蔽掩盖。

(4) 停工后复工的检查。因客观因素停工或处理质量事故等停工复工时，经检查认可后方能复工。

(5) 分项、分部工程完工后的检查。应经检查认可，并签署验收记录后，才能进行下一工程项目的施工。

2) 施工质量检验的方法

(1) 目测法。目测法即凭借感官进行检查，也称观感质量检验，其手段可概括为“看、摸、敲、照”四个字。

① 看：就是根据质量标准要求进行外观检查，例如，清水墙面是否洁净，喷涂的密实度和颜色是否良好、均匀，工人的操作是否正常，内墙抹灰的大面及口角是否平直，混凝土外观是否符合要求等。

② 摸：就是通过触摸手感进行检查、鉴别，例如油漆的光滑度，浆活是否牢固、不掉粉等。

③ 敲：就是运用敲击工具进行音感检查，例如，对地面工程、装饰工程中的水磨石、面砖、石材饰面等，均应进行敲击检查。

④ 照：就是通过人工光源或反射光照射，检查难以看到或光线较暗的部位，例如，管道井、电梯井等内部管线、设备安装质量，装饰吊顶内连接及设备安装质量等。

(2) 实测法。实测法就是通过实测数据与施工规范、质量标准的要求及允许偏差值进行对照，以此判断质量是否符合要求，其手段可概括为“靠、量、吊、套”四个字。

① 靠：就是用直尺、塞尺检查诸如墙面、地面、路面等的平整度。

② 量：就是指用测量工具和计量仪表等检查断面尺寸、轴线、标高、湿度、温度等的偏差，例如，大理石板拼缝尺寸，摊铺沥青拌和料的温度，混凝土坍落度的检测等。

③ 吊：就是利用托线板以及线坠吊线检查垂直度。例如，砌体垂直度检查、门窗的安装等。

④ 套：就是辅以塞尺检查，例如，对阴阳角的方正、踢脚线的垂直度、预制构件的方正、门窗口及构件的对角线检查等。

(3) 试验法。试验法是指通过必要的试验手段对质量进行判断的检查方法，主要包括如下内容。

① 理化试验。工程中常用的理化试验包括物理力学性能方面的检验和化学成分及化学性能的测定等两个方面。物理力学性能的检验，包括各种力学指标的测定，如抗拉强度、抗压强度、抗弯强度、抗折强度、冲击韧性、硬度、承载力等，以及各种物理性能方面的测定，如密度、含水量、凝结时间、安定性及抗渗、耐磨、耐热性能等。化学成分及化学性质的测定内容包括钢筋中的磷、硫含量，混凝土粗骨料中的活性氧化硅成分，以及耐酸、

耐碱、抗腐蚀性等。此外，根据规定有时还需进行现场试验，例如，对桩或地基的静载试验、下水管道的通水试验、压力管道的耐压试验、防水层的蓄水或淋水试验等。

② 无损检测。利用专门的仪器仪表从表面探测结构物、材料、设备的内部组织结构或损伤情况。常用的无损检测方法有超声波探伤、X射线探伤、γ射线探伤等。

2. 技术核定与见证取样

1) 技术核定

在建设工程项目施工过程中，因施工方对施工图纸的某些要求不甚明白，或图纸内部存在某些矛盾，或工程材料调整与代用，改变建筑节点构造、管线位置或走向等，需要通过设计单位明确或确认的，施工方必须以技术核定单的方式向监理工程师提出，报送设计单位核准确认。在施工期间无论是建设单位、设计单位或施工单位提出，需要进行局部设计变更的内容，都必须按照规定的程序，先将变更意图或请求报送监理工程师，经过设计单位审核认可并签发《设计变更通知单》后，由监理工程师下达《变更指令》。

2) 见证取样送检

为了保证建设工程质量，我国规定对工程所使用的主要材料、半成品、构配件以及施工过程留置的试块、试件等应实行现场见证取样送检。见证人员由建设单位及工程监理机构中有相关专业知识的人员担任；送检的试验室应具备经国家或地方工程检验检测主管部门核准的相关资质；见证取样送检必须严格按执行规定的程序进行，包括取样见证并记录、样本编号、填单、封箱、送试验室、核对、交接、试验检测、报告等。

检测机构应当建立档案管理制度。检测合同、委托单、原始记录、检测报告等应当按年度统一编号，编号应当连续，不得随意抽撤、涂改。

3. 施工技术复核

施工技术复核是指对用于指导施工或提供施工依据的技术数据、参数、样本等的复查核实工作，其目的在于保证技术基准的正确性。如工程测量定位、工程轴线及高程引测点的设置、混凝土及砌筑砂浆配合比、建筑结构节点大样图、结构件加工图等。

(1) 施工技术复核必须以施工技术标准、施工规范和设计规定为依据，保证技术基准的正确性。

(2) 施工技术复核必须制定技术工作责任制度，担任技术复核的人员必须具备相应的技术资格和业务能力。凡涉及施工技术复核内容的单据表式均应设置技术操作人、复核人和技术负责人签名专栏，全面反映技术工作的过程和结果，并对该结果负责。

(3) 凡涉及工程施工主要技术基准、影响施工总体质量的技术复核内容，以及按照施工监理细则要求必须报监理工程师核准的技术复核项目，施工单位必须按规定报送，获准后才能作为施工依据。

4. 隐蔽工程验收与成品质量保护

1) 隐蔽工程验收

凡被后续施工所覆盖的施工内容，如地基基础工程、钢筋工程、预埋管线工程等均属隐蔽工程。加强隐蔽工程质量验收，是施工质量控制的重要环节。其程序要求施工方首先应完成自检并合格，然后填写专用的《隐蔽工程验收单》。验收单所列的验收内容应与已完工的隐蔽工程实物相一致，并事先通知监理机构及有关方面，按约定时间进行验收。验收合格的隐蔽工程由各方共同签署验收记录；验收不合格的隐蔽工程，应按验收整改意见进行整改后重新验收。严格隐蔽工程验收的程序和记录，对于预防工程质量隐患，提供可追溯质量记录具有重要作用。

2) 施工成品质量保护

建设工程项目的成品保护，目的是避免施工成品受到来自后续施工以及其他方面的污染或损坏，施工的成品保护问题和相应措施，在工程施工组织设计与计划阶段就应该在施工顺序上进行考虑，防止施工顺序不当或交叉作业造成相互干扰、污染和损坏。成品形成后可采取防护、覆盖、封闭、包裹等相应措施进行保护。

5. 施工计量管理

(1) 从工程质量控制的角度来说，施工计量管理主要是指施工现场的投料计量和施工测量、检验的计量管理。它是有效控制工程质量的基础工作。计量失真和失控，不但会造成工程质量隐患，而且也会造成经济损失。

(2) 工程施工计量管理，均应按照计量工作的法制性、统一性、准确性等规定要求进行，增强计量意识、法制观念和监督机制。已经建立质量管理体系的施工企业，现场施工应严格按照企业有关计量检测管理的程序性文件和要求实施计量管理。

(3) 施工计量管理，一是正确选择各种计量器具、仪器仪表，并做好经常性的维护保养和定期校准工作，保证计量器具的精度和灵敏度，防止因计量器具失真失控、计量误差超标造成工程质量隐患；二是加强计量工作责任制，建立计量管理制度，做到专人管理计量器具，严格执行计量操作程序和规程，规范计量记录等，以保证各项计量的准确性。

(4) 施工现场常用的计量器具有：经纬仪、水准仪、测距仪、钢卷尺、托线板、靠尺、楔形塞尺、台秤、回弹仪等。

6.4　建设工程项目质量验收

6.4.1　施工过程质量验收

施工过程的工程质量验收是指在施工过程中，在施工单位自行质量检查评定的基础上，参与建设活动的有关单位共同对检验批、分项、分部的工程质量进行抽样复验，根据相关标准以书面形式对工程质量达到合格与否作出确认。

1. 施工过程质量验收的内容

根据《建筑工程施工质量验收统一标准》(GB50300—2001)的规定，检验批和分项工程是质量验收的基本单元，分部工程是在所含全部分项工程验收的基础上进行验收的，在施工过程中随完工随验收，并留下完整的质量验收记录和资料。单位工程作为具有独立使用功能的完整的建筑产品，进行竣工质量验收。因此，施工过程的质量验收包括检验批质量验收、分项工程质量验收和分部工程质量验收。

1) 检验批质量验收

检验批是工程验收的最小单位，是分项工程乃至整个建筑工程质量验收的基础。检验批是施工过程中按同样的生产条件或按规定的方式汇总起来供检验用的，由一定数量样本组成的检验体。检验批可以根据施工及质量控制和专业验收的需要，按楼层、施工段、变形缝等进行划分。

(1) 检验批应由监理工程师(建设单位项目技术负责人)组织施工单位项目专业质量(技术)负责人等进行验收。

(2) 检验批质量验收合格应符合下列规定。

① 主控项目和一般项目的质量经抽样检验合格。

② 具有完整的施工操作依据、质量检查记录。

质量控制资料反映了检验批从原材料到最终验收的各施工工序的操作依据、检查情况记录以及保证质量所必需的管理制度等。对其完整性的检查，实际上是对过程控制的确认，这是检验批合格的前提。

检验批的合格质量主要取决于对主控项目和一般项目的检验结果。主控项目是对检验批的基本质量起决定性影响的检验项目，因此，必须全部符合有关专业工程验收规范的规定。这意味着主控项目不允许有不符合要求的检验结果，即这种项目的检查具有否决权。鉴于主控项目对基本质量具有决定性影响，因而必须从严要求。

2) 分项工程质量验收

分项工程的验收在检验批的基础上进行。一般情况下，两者具有相同或相近的性质，只是批量的大小不同而已。分项工程应按主要工种、材料、施工工艺、设备类别等进行划分。因此，将有关的检验批汇集即可构成分项工程的检验。分项工程质量合格的条件比较简单，只要构成分项工程的各检验批的验收资料文件完整，并且均已验收合格，则分项工程验收合格。

(1) 分项工程应由监理工程师(建设单位项目技术负责人)组织施工单位项目专业质量(技术)负责人进行验收。

(2) 分项工程质量验收合格应符合下列规定。

① 分项工程所含的检验批均应符合合格质量的规定。

② 分项工程所含的检验批的质量验收记录应完整。

3) 分部(子分部)工程质量验收

分部工程的划分应按专业性质、建筑部位确定，当分部工程较大或较复杂时，可按材料种类、施工特点、施工程序、专业系统及类别等分为若干子分部工程。

(1) 分部工程应由总监理工程师(建设单位项目负责人)组织施工单位项目负责人和技术、质量负责人等进行验收；地基与基础、主体结构分部工程的勘察、设计单位工程项目负责人和施工单位技术、质量部门负责人也应参加相关分部工程验收。

(2) 分部(子分部)工程质量验收合格应符合下列规定。

① 分部(子分部)工程所含分项工程的质量均应验收合格。

② 质量控制资料应完整。

③ 地基与基础、主体结构和设备安装等分部工程有关安全、使用功能、节能、环境保护的检验和抽样检测结果应符合有关规定。

④ 观感质量验收应符合要求。

分部工程的验收在其所含各分项工程验收的基础上进行。分部工程验收合格的条件如下。

首先，分部工程的各分项工程必须已验收合格且相应的质量控制资料文件必须完整，这是验收的基本条件。此外，由于各分项工程的性质不尽相同，因此作为分部工程不能简单地组合就加以验收，尚须增加以下两类检查项目。

a. 涉及安全和使用功能的地基基础、主体结构和具有安全及重要使用功能的安装分部工程应进行有关见证取样送样试验或抽样检测。

b. 观感质量验收，这类检查往往难以定量，只能以观察、触摸或简单量测的方式进行，并由个人的主观印象判断，检查结果并不给出“合格”或“不合格”的结论，而是综合给出质量评价。对于评价为“差”的检查点应采取返修处理等补救措施。

4) 检验批、分项工程、分部(子分部)工程的质量验收记录应按表 6-1、表 6-2 和表 6-3 的要求进行填写。

表 6-1　检验批质量验收记录

工程名称		分项工程名称		验收部位	
施工单位		专业工长		项目经理	
施工执行标准名称及编号					
分包单位		分包项目经理		施工班组长	
	质量验收规范规定		施工单位检查评定记录	监理(建设)单位验收记录	
主控项目	1				
	2				
	3				
	4				
	5				
	6				
	7				
	8				
	9				
一般项目	1				
	2				
	3				
	4				
施工单位检查结果评定	项目专业质量检查员： 年　月　日				
监理(建设)单位验收结论	监理工程师： (建设单位项目专业技术负责人)： 年　月　日				

2. 施工过程质量验收不合格的处理

施工过程的质量验收是以检验批的施工质量为基本验收单元。检验批质量不合格可能是由于使用的材料不合格，或施工作业质量不合格，或质量控制资料不完整等原因所致，按照《建筑工程施工质量验收统一标准》(GB 50300—2001)的规定，其处理方法有如下几种。

(1) 在检验批验收时，发现存在严重缺陷的应推倒重做，有一般缺陷的可通过返修或更换器具、设备消除缺陷后重新进行验收。

(2) 个别检验批发现某些项目或指标(如试块强度等)不满足要求，难以确定是否验收时，应请有资质的法定检测单位检测鉴定，当鉴定结果能够达到设计标准时，应予以验收。

表 6-2　________分项工程质量验收记录

工程名称		结构类型		检验批数	
施工单位		项目经理		项目技术负责人	
分包单位		分包单位负责人		分包项目经理	
序号	检验批部位、区段	施工单位检查评定记录	监理(建设)单位验收记录		
1					
2					
3					
检查结论	项目专业技术负责人： 年　月　日		验收结论	监理工程师 (建设单位项目专业技术负责人)： 年　月　日	

表 6-3　________ 分部(子分部)工程质量验收记录

工程名称			结构类型		层数	
施工单位			技术部门负责人		质量部门负责人	
分包单位			分包单位负责人		分包技术负责人	
序号	分项工程名称	检验批数	施工单位检查评定		验收意见	
1						
2						
3						
…						
质量控制资料						
安全和功能检验(检测)报告						
观感质量验收						
验收单位	分包单位		项目经理：　　年　月　日			
	施工单位		项目经理：　　年　月　日			
	勘察单位		项目负责人：　　年　月　日			
	设计单位		项目负责人：　　年　月　日			
	监理(建设)单位		总监理工程师：(建设单位项目专业负责人)　　年　月　日			

(3) 当检测鉴定达不到设计标准，但经原设计单位核算仍能满足结构安全和使用功能的检验批时，可予以验收。

(4) 严重质量缺陷或超过检验批范围内的缺陷，经法定检测单位检测鉴定以后，认为不能满足最低限度的安全储备和使用功能，则必须进行加固处理。虽然改变外形尺寸，但能满足安全使用要求的，可按技术处理方案和协商文件进行验收，责任方应承担经济责任。

(5) 通过返修或加固处理后仍不能满足安全使用要求的分部工程严禁验收。

6.4.2　建设工程竣工验收与备案

建设工程项目竣工验收有两层含义，一是指承发包单位之间进行的工程竣工验收，也称工程交工验收；二是指建设工程项目的竣工验收。

1. 竣工验收的依据

1) 工程施工承包合同

工程施工承包合同所规定的有关施工质量方面的条款，是发包方所要求的施工质量目标，是承包方对施工质量责任的明确承诺，是施工质量验收的重要依据。

2) 批准的设计文件、施工图纸及说明书

由发包方确认并提供的工程施工图纸，以及按规定程序和手续实施变更的设计和施工变更图纸，是工程施工合同文件的组成部分，也是直接指导施工和进行施工质量验收的重要依据。

3) 工程施工质量验收统一标准

《建筑工程施工质量验收统一标准》(GB 50300—2001)规范了建筑工程施工质量验收的基本规定、验收的划分、验收的标准以及验收的组织和程序。根据我国现行的工程建设管理体制，国务院各工业交通部门负责对全国专业建设工程质量进行监督管理，因此，其相应的专业建设工程施工质量验收统一标准是各专业工程建设施工质量验收的依据。

4) 专业工程施工质量验收规范

专业工程施工质量验收规范是在施工质量验收统一标准的指导下，结合专业工程的特点和要求编制的，是施工质量验收统一标准的进一步深化和具体。

5) 建设法律、法规、管理标准和技术标准

现行的建设法律、法规、管理标准和相关的技术标准，是制定施工质量验收“统一标准”和“验收规范”的依据，而且其中强调了相应的强制性条文，也是组织和指导施工质量验收、评判工程质量责任行为的重要依据。

2. 竣工工程质量验收的要求

单位工程是工程项目竣工质量验收的基本对象，也是工程项目投入使用前最后一次的验收对象，其重要性不言而喻。《建筑工程质量验收统一标准》(GB 50300—2001)规定建筑工程施工质量应按下列要求进行验收。

(1) 工程施工质量应符合各类工程质量统一验收标准和相关专业验收规范的规定。

(2) 工程施工应符合工程勘察、设计文件的要求。

(3) 参加工程施工质量验收的各方人员应具备规定的资格；单位工程的验收人员应具备

工程建设相关专业的中级以上技术职称并具有5年以上从事工程建设相关专业的工作经历，参与单位工程验收的签字人员应为各方项目负责人。

(4) 工程质量的验收均应在施工单位自行检查评定的基础上进行。

(5) 隐蔽工程在隐蔽前应由施工单位通知有关单位进行验收，并应形成验收文件。

(6) 涉及结构安全的试块、试件以及有关材料，应按规定进行见证取样检测。

(7) 检验批的质量应按主控项目、一般项目验收。

(8) 对涉及结构安全、使用功能、节能、环境保护等的重要分部工程应进行抽样检测。

(9) 承担见证取样检测及有关结构安全检测的单位应具有相应资质。

(10) 工程的观感质量应由验收人员通过现场检查共同确认。

3. 竣工工程质量验收的标准

按照《建筑工程质量验收统一标准》(GB 50300—2001)的规定，建筑工程的单位(子单位)工程质量验收的标准如下所述。

(1) 单位(子单位)工程所含分部(子分部)工程质量验收均应合格。

(2) 质量控制资料应完整。

(3) 单位(子单位)工程所含分部工程有关安全和功能的检测资料应完整。

(4) 主要功能项目的抽查结果应符合相关专业质量验收规范的规定。

(5) 观感质量验收应符合要求。

4. 竣工工程质量验收的程序

承发包人之间所进行的建设工程项目竣工验收，通常可分为验收准备、初步验收和正式验收三个环节。整个验收过程涉及建设单位、设计单位、监理单位及施工总分包各方的工作，必须按照工程项目质量控制系统的职能分工，以监理工程师为核心进行竣工验收的组织协调。

1) 竣工验收准备

施工单位按照合同规定的施工范围和质量标准完成施工任务，经质量自检并合格后，向现场监理机构(或建设单位)提交工程竣工申请报告，要求组织工程竣工验收。施工单位的竣工验收准备，包括工程实体的验收准备和相关工程档案资料的验收准备，使之达到竣工验收标准，其中设备及管道安装工程等，应经过试压、试车和系统联动试运行的检查。

2) 初步验收

监理机构收到施工单位的工程竣工申请报告后，应就验收的准备情况和验收条件进行检查；应就工程实体质量及档案资料存在的缺陷，及时提出整改意见，并与施工单位协商整改方案，确定整改要求和完成时间。具备下列条件时，由施工单位向建设单位提交工程竣工验收报告，申请工程竣工验收。

(1) 完成建设工程设计和合同约定的各项内容。

(2) 有完整的技术档案和施工管理资料。

(3) 有工程使用的主要建筑材料、构配件和设备的进场试验报告。

(4) 有工程勘察、设计、施工、工程监理等单位分别签署的质量合格文件。

(5) 有施工单位签署的工程保修书。

3) 正式验收

当初步验收检查结果符合竣工验收要求时，监理工程师应将施工单位的竣工申请报告报送建设单位，由建设单位(项目)负责人组织勘察、设计、施工(含分包单位)、监理等单位(项目)负责人进行单位工程验收。

建设单位应组织勘察、设计、施工、监理等单位和其他方面的专家组成竣工验收小组，负责检查验收的具体工作，并制定验收方案。

建设单位应在工程竣工验收前 7 个工作日将验收时间、地点、验收组名单通知该工程的工程质量监督机构。建设单位组织竣工验收会议。正式验收过程的主要工作如下所述。

(1) 建设、勘察、设计、施工、监理单位分别汇报工程合同履约情况，工程施工各环节施工满足设计要求情况，以及质量符合法律、法规和强制性标准的情况。

(2) 检查审核设计、勘察、施工、监理单位的工程档案资料及质量验收资料。

(3) 实地检查工程的外观质量，对工程的使用功能进行抽查。

(4) 对工程施工质量管理各环节工作、对工程实体质量及质保资料情况进行全面评价，形成经验收组人员共同确认签署的工程竣工验收意见。

(5) 竣工验收合格，建设单位应及时提出工程竣工验收报告。验收报告还应附有工程施工许可证、设计文件审查意见、质量检测功能性试验资料、工程质量保修书等法规所规定的其他文件。

(6) 工程质量监督机构应对工程竣工验收工作进行监督。

5. 工程竣工验收备案

我国实行建设工程竣工验收备案制度。新建、扩建和改建的各类房屋建筑工程和市政基础设施工程的竣工验收，均应按《建筑工程质量管理条例》的规定进行备案。

(1) 建设单位应当自建设工程竣工验收合格之日起 15 日内，将建设工程竣工验收报告和规划、公安消防、环保等部门出具的认可文件或准许使用文件，报建设行政主管部门或者其他相关部门备案。

(2) 备案部门在收到备案文件资料后 15 日内，对文件资料进行审查，符合要求的工程，在验收备案表上加盖“竣工备案专用章”，并将一份退建设单位存档。如审查中发现建设单位在竣工验收过程中，有违反国家有关建设工程质量管理规定行为的，责令停止使用，重新组织竣工验收。

6.5　施工质量事故的处理

1. 工程质量问题和工程质量事故的分类

(1) 质量不合格和质量缺陷。根据我国《质量管理体系标准》(GB/T 19000—2008)的规定，凡工程产品没有满足某个规定的要求，称为质量不合格；工程未满足某个与预期或规定用于有关的要求，称为质量缺陷。

(2) 质量问题和质量事故。凡是质量不合格，影响使用功能或工程结构安全，造成永久性质量缺陷或存在重大质量隐患，甚至直接导致工程倒塌或人身伤亡的工程，必须进行返修、加固或报废处理。按照直接经济损失的大小，此类事件可分为质量问题和质量事故。直接经济损失低于 5000 元的为质量问题，直接经济损失在 5000 元之上的为质量事故。

2. 工程质量事故

工程质量事故，是指由于建设、勘察、设计、施工、监理等单位违反工程质量有关法律法规和工程建设标准，使工程产生结构安全、重要使用功能等方面的质量缺陷，造成人身伤亡或者重大经济损失的事故。

(1) 按事故造成损失的程度分级。按照住房和城乡建设部《关于做好房屋建筑和市政基础设施工程质量事故报告和调查处理工作的通知》(建质[2010]111 号)，根据工程质量事故造成的人员伤亡或者直接经济损失，工程质量事故可分为4个等级。

① 特别重大事故，是指造成30人以上死亡，或者100人以上重伤(包括急性工业中毒，下同)，或者1亿元以上直接经济损失的事故。

② 重大事故，是指造成10人以上30人以下死亡，或者50人以上100人以下重伤，或者5000万元以上1亿元以下直接经济损失的事故。

③ 较大事故，是指造成3人以上10人以下死亡，或者10人以上50人以下重伤，或者1000万元以上5000万元以下直接经济损失的事故。

④ 一般事故，是指造成3人以下死亡，或者10人以下重伤，或者1000万元以下直接经济损失的事故。

本等级划分所称的“以上”包括本数，所称的“以下”不包括本数。

(2) 按事故责任分类。

① 指导责任事故。指由于工程实施指导或领导失误而造成的质量事故。如施工技术方案未经分析论证，贸然组织施工；材料配方失误；违背施工程序指挥施工等。

② 操作责任事故。指在施工过程中，由于实施操作者不按规程和标准实施操作而造成的质量事故。如工序未执行施工操作规程；无证上岗等。

3. 施工质量事故的预防

施工质量事故的预防，要从施工质量事故发生的原因入手，抓住影响施工质量的各种因素和施工质量形成过程的各个环节，采取具有针对性的有效预防措施。

1) 施工质量事故发生的原因

(1) 技术原因：指引发质量事故是由于在工程项目设计、施工中在技术上的失误。例如，结构设计计算错误，对水文地质情况判断错误，以及采用了不适当的施工方法或施工工艺等。

(2) 管理原因：指引发的质量事故是由于管理上的不完善或失误。例如：施工单位的质量管理体系不完善、质量控制不严格、检测仪器设备因管理不善而失准等。

2) 施工质量事故预防的具体措施

(1) 严格按照基本建设程序办事。要做好开工前的可行性论证，搞清工程地质水文条件方可开工；杜绝无证设计、无图施工；禁止任意修改设计和不按图纸施工。

(2) 认真做好工程地质勘查。地质勘查时要适当布置钻孔位置和设定钻孔深度。钻孔间距过大，不能全面反映地基实际情况；钻孔深度不够，难以查清地下软土层、滑坡、墓穴、孔洞等有害地质构造。

(3) 科学加固处理地基。对软弱土、冲填土、杂填土、岩层出露、土洞等不均匀地基要进行科学的加固处理。要根据不同地基与设计的工程特性，按照地基处理与上部结构相结合使其共同工作的原则进行处理。

(4) 设计图纸的审查复核。由具有专业资质的审图机构对施工图纸进行审查复核，防止因设计考虑不周、结构构造不合理、设计计算错误、沉降缝及伸缩缝设置不当、悬挑结构未通过抗倾覆验算等，导致质量事故的发生。

(5) 严格把好建筑材料及制品的质量关。严格控制建筑材料的进场质量，防止不合格材料应用到工程上。

(6) 对施工人员进行培训。通过对施工人员进行建筑结构和建筑材料方面知识的培训，使施工人员在施工中自觉遵守操作规则，不蛮干，不违章操作，不偷工减料。

(7) 加强施工过程的管理。施工中必须按图纸、施工验收规范、操作规程进行施工；对工程的复杂工序、关键部位应编制专项施工方案并严格执行。

(8) 制定应对不利施工条件和各种灾害的预案。事先针对可能出现的风、雨、高温、严寒、雷电等不利施工条件，制定相应的施工技术措施；对不可预见的人为事故和严重自然灾害制定应急预案。

4. 施工质量问题和质量事故的处理

1) 施工质量事故处理程序

(1) 事故报告。施工现场发生质量事故时，施工负责人(项目经理)应按规定时间和规定的程序及时向企业报告事故状况，内容包括事故发生的工程名称、部位、时间、地点；事故经过及主要状况和后果；事故原因的初步分析判断；现场已采取的控制事态的措施等。

工程质量事故发生后，事故现场有关人员应当立即向工程建设单位负责人报告；工程建设单位负责人接到报告后，应于 1 小时内向事故发生地县级以上人民政府住房和城乡建设主管部门及有关部门报告。情况紧急时，事故现场有关人员可直接向事故发生地县级以上人民政府住房和城乡建设主管部门报告。

(2) 事故调查。事故调查是搞清质量事故原因，有效进行技术处理，分清质量事故责任的重要手段。事故调查包括现场施工管理组织的自查和来自企业的技术、质量管理部门的调查。此外，根据事故的性质，需要接受政府建设行政主管部门、工程质量监督部门以及检察、劳动部门等的调查。现场施工管理组织应积极配合，如实提供情况和资料。

(3) 事故处理。施工事故处理包括两大方面：事故的技术处理，以解决施工质量不合格和缺陷问题；事故的责任处罚，根据事故的性质、损失大小、情节轻重对事故的责任单位和责任人作出相应的行政处分直至追究刑事责任。

(4) 事故处理的鉴定验收。质量事故处理是否达到预期的目的，是否依然存在隐患，应当通过检查鉴定和验收作出确认。事故处理的质量鉴定，应严格按施工验收规范和相关的质量标准的规定进行，必要时还应通过实际测量、试验和仪器检测等方法获取必要的数据，以便准确地对事故处理的结果作出鉴定。

2) 施工质量事故处理的依据和要求

处理依据包括：质量事故的实况资料、有关合同及合同文件、技术文件和档案、建设法规。

处理要求包括：搞清原因、稳妥处理；坚持标准，技术合理；安全可靠，不留隐患；验收鉴定，结论明确。

3) 施工质量事故处理的基本方法

(1) 修补处理。工程的某些部位存在一定的缺陷，经过修补后可以达到要求的质量标准，又不影响使用功能或外观的要求时，可采取修补处理的方法。例如，混凝土结构表面出现蜂窝、麻面，局部未振实、火灾、碱骨料反应等，这些损伤仅仅在结构的表面或局部，不影响其使用和外观，可进行修补处理。

(2) 加固处理。加固处理主要是针对危及承载力的质量缺陷的处理。通过对缺陷的加固处理，使建筑结构恢复或提高承载力，重新满足结构安全性与可靠性的要求，使结构能继续使用或改作其他用途。例如，对混凝土结构常用加固的方法有增大截面加固法、外包角钢加固法、粘钢加固法等。

(3) 返工处理。当工程质量缺陷经过修补处理后仍不能满足规定的质量标准要求，或不具备补救可能性时，必须采取返工处理。例如，某防洪堤坝填筑压实后，其压实土的干密度未达到规定值，土的稳定性不满足抗渗能力的要求，须挖除不合格土，重新填筑，进行返工处理。

(4) 限制使用。当工程质量缺陷按修补方法处理后无法保证达到规定的使用标准和安全标准，而又无法返工处理时，可作出诸如结构卸荷或减荷以及限制使用的决定。

(5) 不作处理。某些工程质量问题虽然达不到规定的要求和标准，但其情况不严重，对工程或结构的使用及安全影响较小，经过分析、论证、法定检测单位鉴定和设计单位等认可后，可不作专门处理。

① 不影响结构安全、生产工艺和使用要求的。如某些部位混凝土表面的裂缝，经检查分析，属于表面养护不够的干缩微裂，不影响使用和外观，可不作处理。

② 后道工序可以弥补的质量缺陷。例如混凝土表面的轻微麻面，可以通过后续的抹灰、刮涂、喷涂等弥补，可不作处理。

③ 经法定检测单位鉴定合格。例如某检验批混凝土试块强度值不满足规范要求，强度不足，但经法定检测单位对混凝土实体强度进行实际检测后，其强度达到规范允许和设计要求值时，可不作处理。

④ 出现的质量缺陷，经检测鉴定达不到设计要求，但经原设计单位核算，仍能满足结构安全和使用功能的。例如某一结构构件截面尺寸不足，或材料强度不足，影响结构承载力，但按实际情况进行复核后仍能满足设计要求的承载力时，可不进行处理。

(6) 报废处理。出现质量事故的部位，采取上述处理方法后仍不能满足规定的质量要求或标准，则必须进行报废处理。

6.6 质量管理统计分析方法

统计质量管理是 20 世纪 30 年代发展起来的科学管理理论与方法，它把数理统计方法应用于产品生产过程的抽样检验，研究样本质量热性数据的分布规律，分析和推断生产过程质量的总体状况，改变了传统的事后把关的质量控制方式，为工业生产的事前质量控制和过程质量控制，提供了有效的科学手段。本节主要介绍分层法、因果分析图法、排列图法、直方图法的应用。

6.6.1　分层法

1. 分层法的基本原理

分层法又叫分类法，是将调查收集的原始数据，根据不同的目的和要求，按某一性质进行分组、整理的分析方法。分层可使数据各层间的差异突出地显示出来，层内的数据差异减少。在此基础上再进行层间、层内的比较分析，可以更深入地发现和认识质量问题产生的原因。由于产品质量是多方面因素共同作用的结果，因而对同一批数据，可以按不同性质分层，使我们能从不同角度来考虑、分析产品存在的质量问题和影响因素。

例如一个电焊工班组有 A、B、C 三个工人实施焊接作业，共抽查 60 个焊接点，发现有 18 个点不合格，占 30%，究竟问题出在哪里？根据分层调查的统计数据表(见表 6-4)可知，主要是作业工人 C 的焊接质量影响了总体的质量水平。

表 6-4　分层调查的统计数据表

作业工人	抽检点数	不合格点数	个体不合格率	占不合格点总数百分率
A	20	2	10%	11%
B	20	4	20%	22%
C	20	12	60%	67%
合计	60	18	—	100%

2. 分层法的实际应用

分层法的关键是调查分析的类别和层次划分，根据管理需要和统计目的，通常可按照以下分层方法取得原始数据。

(1) 按施工时间分，如月、日、上午、下午、白天、晚间、季节。

(2) 按地区部位分，如区域、城市、乡村、楼层、外墙、内墙。

(3) 按产品材料分，如产地、厂商、规格、品种。

(4) 按检测方法分，如方法、仪器、测定人、取样方式。

(5) 按作业组织分，如工法、班组、工长、工人、分包商。

(6) 按工程类型分，如住宅、办公楼、道路、桥梁、隧道。

(7) 按合同结构分，如总承包、专业分包、劳务分包。

经过第一次分层调查和分析，找出主要问题的所在以后，还可以针对这个问题再次分层进行调查分析，一直到分析结果满足管理需要为止。层次类别划分越明确、越细致，就越能够准确有效地找出问题及其产生的原因。

6.6.2　因果分析图法

1. 因果分析图法的基本原理

因果分析图法，也称为质量特性要因分析法，其基本原理是对每一个质量特性或问题，逐层深入排查可能原因，然后确认其中最主要的原因，进行有的放矢的处置和管理。

2. 因果分析图的绘制方法

因果分析图是由原因和结果两部分组成的。一般情况下，可从人的不安全行为(安全管理、设计者、操作者等)和物质条件构成的不安全状态(设备缺陷、环境不良等)两大方面从大到小，从粗到细，由表及里，深入分析，得出因果分析图的基本形式，具体如图 6-2 所示。可归纳为：针对结果，分析原因；先主后次，层层深入。

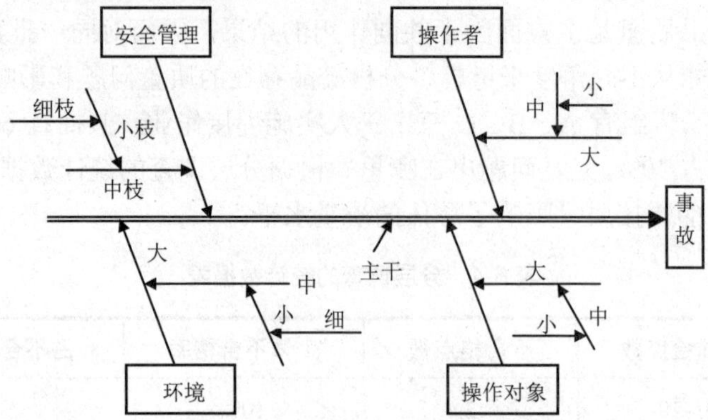

图 6-2　因果分析图的基本形式

3. 因果分析图的绘制步骤

现以混凝土强度不足的质量问题为例说明因果分析图的绘制步骤。因果分析图的绘制步骤与图 6-3 中箭头方向恰恰相反，是从“结果”开始将原因逐层分解的，具体步骤如下所述。

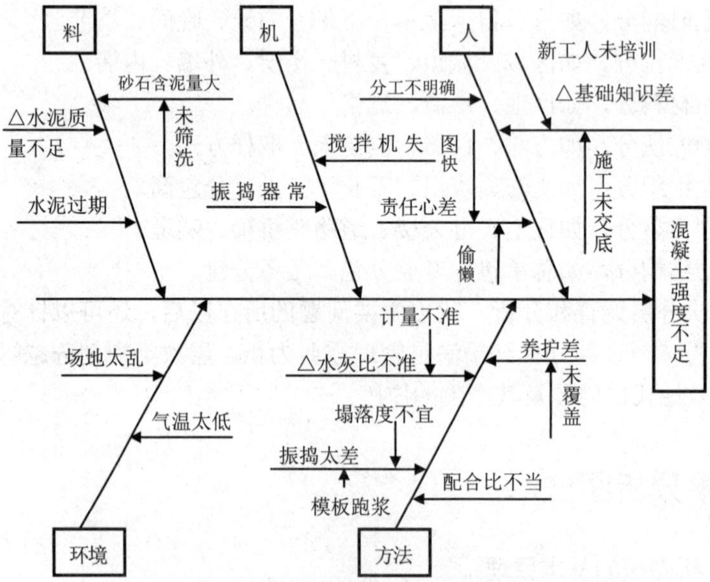

图 6-3　混凝土强度不合格的因果图

(1) 明确质量问题的结果。该例分析的质量问题是“混凝土强度不足”，制图时首先应由左至右画出一条水平主干线，箭头指向一个矩形框，框内注明研究的问题，即结果。

(2) 分析确定影响质量特性大的方面的原因。一般来说，影响质量特性的因素有五大方面，即人、机械、材料、方法和环境，另外还可以按产品的生产过程进行分析。

(3) 将每种大原因进一步分解为中原因、小原因，直至分解的原因可以采取具体措施加以解决为止。

(4) 检查图中所列的原因是否齐全，可以对初步分析结果广泛征求意见，并做必要的补充及修改。

(5) 选择出影响大的关键因素，作出标记△，以便重点采取措施。

4. 因果分析图法应用时的注意事项

(1) 一个质量特性或一个质量问题使用一张图分析。

(2) 通常应采用 QC 小组活动的方式进行，以便集思广益，共同分析。

(3) 必要时可以邀请小组以外的有关人员参与，广泛听取意见。

(4) 分析时要充分发表意见，层层深入，排除所有可能的原因。

(5) 在充分分析的基础上，由各参与人员采用投票或其他方式，从中选择 1 至 5 项多数人达成共识的最主要原因。

6.6.3　排列图法

排列图又称帕累托图，是找出影响产品质量主要因素的一种有效方法，它根据“关键的少数和次要的多数”的原理，把影响产品质量的各个因素按主次轻重排列，发现主要影响因素，突出重点。

1. 主次因素排列图的基本格式及其画法

(1) 图中横坐标表示影响产品质量的因素或项目，一般以直方的高度表示各因素出现的频数，并从左到右按频数的多少，由大到小顺序排列。

(2) 纵坐标一般设置两个：左端的纵坐标可以用事件出现的频数(如各因素造成的不合格品数)表示，或用不合格品损失金额来表示；右端的纵坐标用事件发生的频数占全部事件总数的比率表示。

(3) 将各因素所占的频数(比率)顺序累加起来，即可得各因素的顺次累计频率(累计百分比)。然后将所得的各因素顺次累计频率逐一画在图中相应位置上，并将各点连接，即可得到帕累托曲线，如图 6-4 所示。

将其中累计频率 0～80%区间问题定位为 A 类问题，即主要问题，进行重点管理；将累计频率在 80%～90%区间的问题定位为 B 类问题，即次要问题，作为次重点管理，将其余累计频率在 90%～100%区间的问题定位为 C 类问题，即一般问题，按照常规适当加强管理。以上方法被称为 ABC 分类管理法。

2. 排列图法的简单示例

某建筑工程对房间地坪质量不合格问题进行了调查，发现有 80 间房间起砂，调查结果统计如表 6-5 所示。

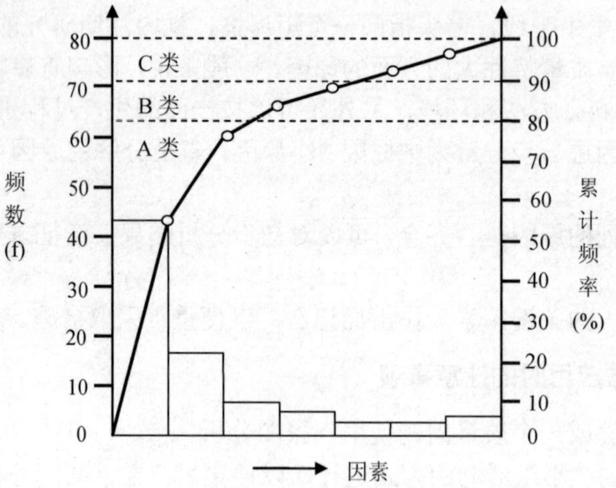

图 6-4　帕累托曲线

表 6-5　调查结果统计表

序　号	检查项目	不合格点数	序　号	检查项目	不合格点数
1	砂含泥量过大	16	5	水泥标号太低	2
2	砂粒径过细	45	6	砂浆终凝前压光不足	2
3	后期养护不良	5	7	其他	3
4	砂浆配合比不当	7			

第一步：绘制地坪起砂原因的排列表，如表 6-6 所示。

表 6-6　起砂原因排列表

项　目	频　数	累计频数	累计频率
砂粒径过细	45	45	56.2%
砂含泥量过大	16	61	76.2%
砂浆配合比不当	7	68	85%
后期养护不良	5	73	91.3%
水泥标号太低	2	75	93.8%
砂浆终凝前压光不足	2	77	96.2%
其他	3	80	100%

第二步：绘制排列图，如图 6-5 所示。

结论：

A 类主要因素是砂粒径过细、砂含泥量过大；

B 类次要问题是砂浆配合比不当、后期养护不良；

C 类一般问题是水泥标号太低、砂浆终凝前压光不足、其他。

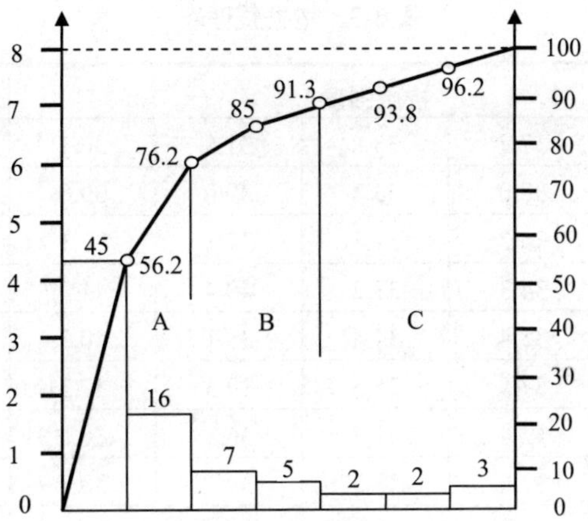

图 6-5 排列图

3. 排列图绘制注意事项

(1) 主要项目一般为一至两个，最多不超过三个，如果主要项目较多，应考虑重新分类。

(2) 当统计的项目较多时，可以把出现频数少的项目合并成“其他”一项，排在最后。

(3) 制作排列图时，如有必要可进行分层。根据不同目的可按时间、工艺、机床、操作者、环境等进行分层。

(4) 排列图要画完整。常见的遗漏问题有直方上频数未标出、总数 N 未标出、折线上各点的累计频率未标出、图名称未标出以及主要因素未标出等。

6.6.4 直方图法

1. 直方图的用途

(1) 直方图即频数分布直方图法，它是将收集到的质量数据进行分组整理，绘制成频数分布直方图，用以描述质量分布状态的一种分析方法，所以又称质量分布图。

(2) 观察分析在生产过程中质量是否处于正常、稳定和受控状态以及质量水平是否保持在公差允许的范围内。

2. 直方图的绘制方法

1) 收集整理数据

用随机抽样的方法抽取数据，一般要求数据在 50 个以上。

【例 6-1】 某建筑施工工地浇筑 C30 混凝土，为对其抗压强度进行质量分析，共收集了 50 份抗压强度试验报告单，经整理如表 6-7 所示。

2) 计算极差 R

极差 R 是数据中最大值和最小值之差，本例中

$$x_{max} = 46.2\text{N/mm}^2$$

$$x_{min} = 31.5\text{N/mm}^2$$

$$R = x_{max} - x_{min} = 14.7\text{N/mm}^2$$

表6-7 数据整理表

单位：N/mm^2

序 号	抗压强度					最大值	最小值
1	39.8	37.7	33.8	31.5	36.1	39.8	31.5
2	37.2	38.0	33.1	39.0	39.0	39.0	33.1
3	35.8	35.2	31.8	37.1	37.1	37.1	31.8
4	39.9	34.3	33.2	40.4	41.2	41.2	33.2
5	39.2	35.4	34.4	38.1	40.3	40.3	34.4
6	42.3	37.5	35.5	39.3	37.3	42.3	35.5
7	35.9	42.4	41.8	36.3	36.2	42.4	35.9
8	46.2	37.6	38.3	39.7	38.0	46.2	37.6
9	36.4	38.3	43.4	38.2	38.0	42.4	36.4
10	44.4	42.0	37.9	38.4	39.5	44.4	37.9

3) 数据分组

(1) 确定组数 k。确定组数的原则是，分组的结果能正确地反映数据的分布规律。组数应根据数据多少来确定。组数过少，会掩盖数据的分布规律；组数过多，会使数据过于零乱分散，也不能显示出质量分布状况。一般可参考表6-8的经验数值来确定。

表6-8 数据分组参考值

数据总数 n	分组数 k
50～100	6～10
100～250	7～12
250以上	10～20

本例中取 $k=8$。

(2) 确定组距 h。组距是组的区间长度，即一个组数值的范围。各组距应相等，为了使分组结果能覆盖全部变量值，应有：组距×组数稍大于极差。

组数、组距的确定应结合 R、n 综合考虑，适当调整，还要注意数值尽量取整，便于以后的计算分析。

本例中：$$h=\frac{R}{k}=\frac{14.7\text{N/mm}^2}{8}=1.8\text{N/mm}^2\approx 2.0\text{N/mm}^2$$

(3) 确定组限。每组数值的极限值，大者为上限，小者为下限，上、下限统称组限。确定组限时应注意使各组之间连续，即较低组上限应为相邻较高组下限，这样才不致遗漏组间数据。

对恰恰处于组限值上的数据，其解决的办法有二：一是规定每组的其中一个组限为极限，极限值对应数值不含在该组内，如上组限对应数值不计在该组内，而应计入相邻较高组内，即左连续；或者是下组限对应数值不计在该组内，而应计入相邻较低组内，即右连续。二是将组限值较原始数据精度提高半个最小测量单位。

现采取第一种办法：用左连续划分组限，即每组上限不计入该组内。

首先确定第一组下限：

$$x_{\min} - \frac{h}{2} = 31.5\text{N/mm}^2 - \frac{2.0\text{N/mm}^2}{2} = 30.5\text{N/mm}^2$$

第一组上限：$30.5\text{N/mm}^2 + h = 30.5\text{N/mm}^2 + 2.0\text{N/mm}^2 = 32.5\text{N/mm}^2$

第二组下限=第一组上限=32.5N/mm^2

第二组上限：$32.5\text{N/mm}^2 + h = 32.5\text{N/mm}^2 + 2.0\text{N/mm}^2 = 34.5\text{N/mm}^2$

以下以此类推，最高组限为 44.5 ～ 46.5N/mm^2，分组结果覆盖了全部数据。

4) 编制数据频数统计表

统计各组频数，频数总和应等于全部数据个数。本例频数统计结果如表 6-9 所示。

表 6-9 频数统计表

组 号	组限/(N/mm^2)	频 数
1	30.5～32.5	2
2	32.5～34.5	6
3	34.5～36.5	10
4	36.5～38.5	15
5	38.5～40.5	9
6	40.5～42.5	5
7	42.5～44.5	2
8	44.5～46.5	1
合 计		50

从表 6-7 中可以看出，浇筑 C30 混凝土，50 个试块的抗压强度是各不相同的，这说明质量特性值是有波动的。但这些数据分布是有一定规律的，就是数据在一个有限范围内变化，且这种变化有一个集中趋势，即强度值在 36.5～38.5N/mm^2 范围内的试块最多，可把这个范围即第四组视为该样本质量数据的分布中心，随着强度值的逐渐增大和逐渐减小而数据逐渐减少。为了更直观、更形象地表现质量特征值的这种分布规律，应进一步绘制直方图。

5) 绘制频数分布直方图

在频数分布直方图中，横坐标表示质量特性值，本例中为混凝土强度，并标出各组的组限值。根据表 6-7 画出以组距为底，以频数为高的 k 个直方形，便可得到混凝土强度的频数分布直方图，如图 6-6 所示。

3. 直方图法的观察分析

1) 通过分布形状观察分析

(1) 所谓形状观察分析是指将绘制好的直方图形状与正态分布图的形状进行比较分析，一看形状是否相似，二看分布区间的宽窄。直方图的分布形状及分布区间宽窄是由质量特性统计数据的平均值和标准偏差所决定的。

(2) 正常直方图呈正态分布，其形状特征是中间高、两边低、成对称状态，如图 6-7(a) 所示。正常直方图反映生产过程质量处于正常、稳定状态。数理统计研究证明，当随机抽样方案合理且样本数量足够大时，在生产能力处于正常、稳定状态，质量特性检测数据趋于正态分布。

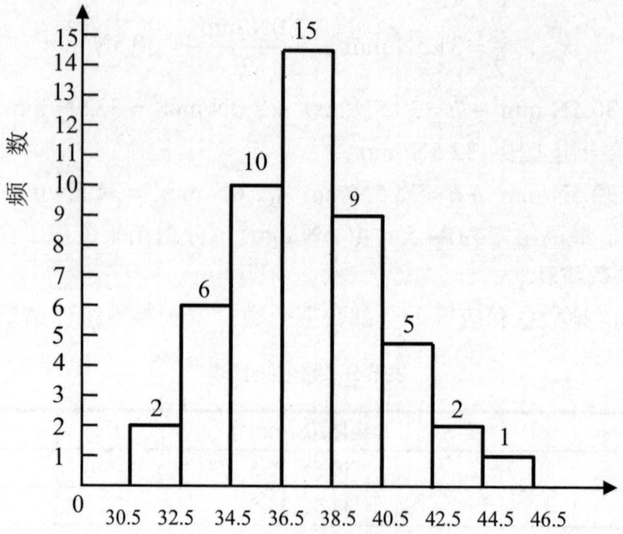

图 6-6 混凝土强度分布直方图

(3) 异常直方图呈偏态分布，常见的异常直方图有折齿形、缓坡形、孤岛形、双峰形和峭壁形，如图 6-7(b)所示，出现异常的原因可能是生产过程存在影响质量的统计因素，或收集整理数据制作直方图的方法不当，要具体分析。

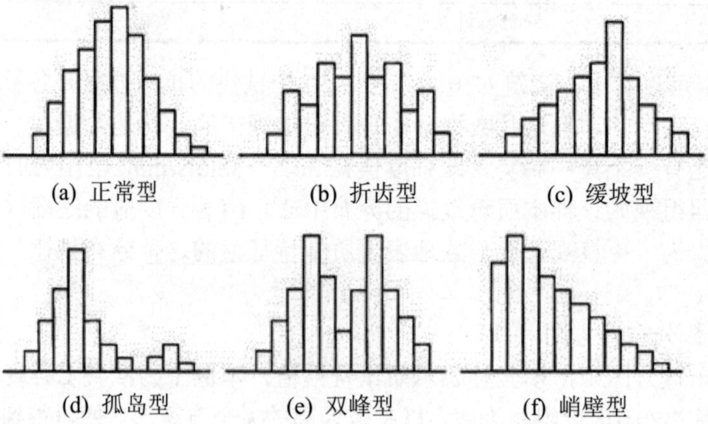

图 6-7 常见的直方图

2) 位置观察分析

所谓位置观察分析是指将直方图的分布位置与质量控制标准的上、下限范围进行比较分析，如图 6-8 所示的六种情况。

(1) 如图 6-8(a)所示，B 在 T 中间，质量分布中心 $\bar{x}$ 与质量标准中心 M 重合，实际数据分部与质量标准相比较两边还有一定余地。这样的生产过程是很理想的，说明生产过程处于正常的稳定状态。在这种情况下生产出来的产品可认为全都是合格品。

(2) 如图 6-8(b)所示，B 虽然落在 T 内，但质量分布中心 $\bar{x}$ 与 T 的中心 M 不重合，偏向一边。这样生产状态一旦发生变化，就可能超出质量标准下限或上限而出现不合格品。出现这种情况时应迅速采取措施，使直方图移到中间来，$\bar{x}$ 与 M 重合。

(3) 如图 6-8(c)所示，B 在 T 中间，$\bar{x}$ 与 M 重合，但 B 的范围接近 T 的范围，没有余地，

生产过程一旦发生微小的变化，产品的质量特性值就可能超出质量标准。出现这种情况时易出现不合格，必须分析原因，采取措施。

(4) 如图 6-8(d)所示，B 在 T 中间，$\bar{x}$ 与 M 重合，但两边余地太大，说明加工过于精细，不经济。在这种情况下，可以对原材料、设备、工艺、操作等控制要求适当放宽，有目的地使 B 扩大，从而有利于降低成本。

(5) 如图 6-8(e)、图 6-8(f)所示，数据分布均已出现超出质量标准的上下界限，这些数据说明生产过程存在质量不合格的情况，需要分析原因，采取措施进行纠偏。

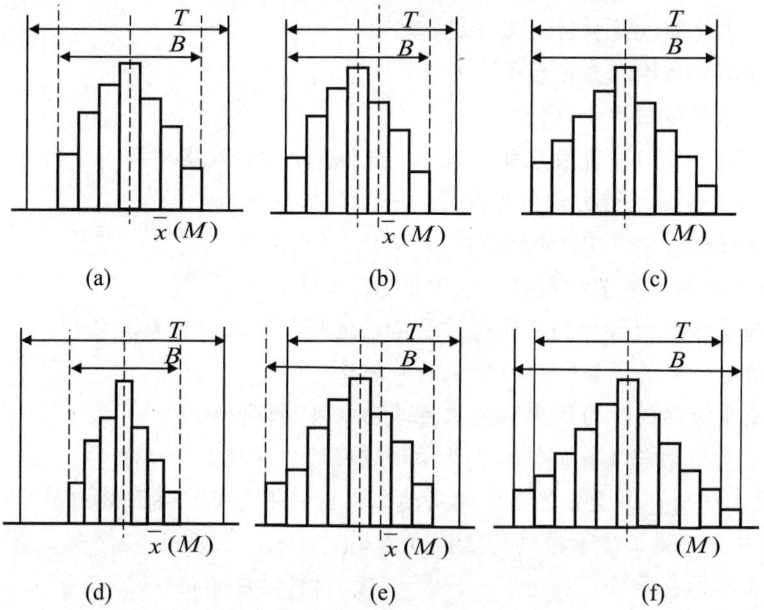

图 6-8　直方图与质量标准上下限

以上叙述中 T 表示质量标准要求界限；B 表示实际质量特性分布范围。

思考题与习题

一、简答题

1. 简述质量管理、质量控制的概念和二者的关系。
2. PDCA 循环作为施工项目质量管理的原理是什么？
3. 全面质量管理的思想包括哪些内容？
4. 建设工程质量形成包括哪几个过程？
5. 建设工程项目质量的影响因素有哪些？
6. 施工质量控制点如何设置？
7. 施工质量检验方法包括哪些内容？
8. 简述施工过程质量验收的内容和要求。
9. 简述竣工验收的标准和程序。

10. 简述施工质量事故的分类标准。

11. 简述施工质量事故的处理程序。

12. 建设项目常用的质量控制方法有哪些?

二、单项选择题

1. 根据《建筑工程施工质量验收统一标准》(GB 50300—2001)，对于通过翻修可以解决质量缺陷的检验批，应(　　)。

A. 按验收程序重新进行验收

B. 按技术处理方案和协商文件进行验收

C. 经检测单位检测鉴定后予以验收

D. 设计单位复核后予以验收

2. 根据GB/T 19000质量管理体系标准，确立质量方针及实施质量方针的全部职能及工作内容，并对其工作效果进行评价和改进的一系列工作称为(　　)。

A. 质量保证　　B. 质量控制　　C. 质量管理　　D. 质量计划

3. 在建设工程项目质量控制的系统过程中，事中控制是指(　　)。

A. 对质量活动的行为约束和对质量活动过程和结果的检查与监控

B. 对质量计划的调整和对质量偏差的纠正

C. 对质量活动的行为约束和对质量活动结果的评价认定

D. 对质量活动前准备工作和质量活动过程的监督控制

4. 某建设工程项目由于分包单位购买的工程材料不合格，导致其中某分部工程质量不合格。在该事件中，施工质量控制的监控主体是(　　)。

A. 施工总承包单位　　B. 材料供应单位

C. 分包单位　　D. 建设单位

5. 某工程由于安装的生产设备存在质量缺陷，导致其中某分部工程质量不合格，施工单位在更换了该生产设备后，该分部工程应(　　)。

A. 按验收程序，重新组织检查验收

B. 经有资质的检测单位检测鉴定后，予以验收

C. 征得建设单位同意后，可予以验收

D. 按技术处理方案和协商文件进行验收

6. 建设工程项目的施工质量计划应经施工企业(　　)审核批准后，才能提交工程监理单位或建设单位。

A. 项目经理　　B. 法定代表人

C. 项目经理部技术负责人　　D. 技术负责人

7. 政府对建设工程质量监督的职能是(　　)。

A. 监督检查工程建设各方主体的质量行为和工程实体的施工质量

B. 监督检查工程建设投资主体的建设行为和施工单位的施工质量

C. 监督检查工程建设各方主体的建设行为和工程设计、施工质量

D. 监督检查工程建设投资主体的质量行为和施工单位的施工质量

8. 某建设工程项目在施工过程中出现混凝土强度不足的质量问题，采用逐层深入排查的方法，分析确定其最主要原因。这种方法是(　　)。

A. 直方图法　　B. 排列图法　　C. 控制图法　　D. 因果分析图法

9. 对直方图的分布位置与质量控制标准的上、下限范围进行比较时，如质量特性数据分布(　　)，说明质量能力偏大、不经济。

A. 偏下限　　B. 充满上、下限

C. 居中且边界与上、下限有较大距离　　D. 超出上、下限

10. 在建设工程项目实施过程中，质量控制系统涉及多个质量责任主体，其中属于监控主体的是(　　)。

A. 建设单位　　B. 劳务分包单位　　C. 施工单位　　D. 材料供应单位

三、多项选择题

1. 在影响建设工程项目质量的因素中，属于项目管理者可控因素的有(　　)等。

A. 人　　B. 技术　　C. 管理　　D. 社会

E. 环境

2. 建设单位满足了竣工验收的条件，即应组织竣工验收，竣工验收的依据有(　　)等。

A. 工程质量体系文件

B. 工程施工组织设计或施工质量计划

C. 工程施工承包合同

D. 工程施工图纸

E. 质量检测功能性实验资料

3. 根据《建筑工程施工质量验收统一标准》(GB50300—2001)，检验批质量验收合格应满足的条件有(　　)。

A. 主控项目经抽样检验合格　　B. 一般项目经抽样检验合格

C. 具有完整的施工操作依据　　D. 具有总监理工程师的现场验收证明

E. 具有完全的质量检查记录

4. 根据《特种作业人员安全技术考核管理规则》，下列建设工程活动中，属于特种作业的有(　　)。

A. 建筑登高架设作业　　B. 钢筋焊接作业

C. 卫生洁具安装作业　　D. 起重机械操作作业

E. 建筑外墙抹灰作业

5. 下列各项工作中，属于施工质量事后控制的有(　　)。

A. 分项工程质量验收　　B. 分部工程质量验收

C. 隐蔽工程质量验收　　D. 单位工程质量验收

E. 已完施工成品保护

6. 在下列施工质量验收环节中，应由专业监理工程师组织施工单位项目专业质量负责人等进行验收的有(　　)。

A. 分部工程　　B. 分项工程　　C. 单项工程　　D. 检验批

E. 单位工程

7. 某建设工程项目施工采用了施工总承包方式，其中的幕墙工程、设备安装工程分别进行了专业分包，对幕墙工程施工质量实施监督控制的主体是(　　)等。

A. 幕墙玻璃供应商　　B. 建设行政主管部门
C. 幕墙设计单位　　D. 设备安装单位
E. 建设单位

8. 建设单位收到施工承包单位的单位工程验收申请后，应组织(　　)等方面人员进行验收，并形成验收报告。

A. 施工单位　　B. 检测单位　　C. 设计单位　　D. 监理单位
E. 质量监督机构

9. 使用质量特性要因分析法时，应注意的事项有(　　)。

A. 若干个质量问题可在一张图中一起分析
B. 应收集足够多的质量特性数据，一般不少于50个
C. 通常采用QC小组活动方式进行，以便集思广益，共同分析
D. 根据管理需要和统计目的，分类收集数据
E. 分析时要充分发表意见，层层深入，列出所有可能原因

10. 关于质量控制与管理的说法，正确的有(　　)。

A. 质量管理就是对施工业技术活动的管理
B. 质量控制的致力点在于构建完善的质量管理体系
C. 质量控制是质量管理的一部分
D. 建设工程质量控制活动只涉及施工阶段
E. 质量控制活动包含作业技术活动和管理活动

第 7 章　工程项目职业健康安全与环境管理

【学习要点及目标】

- 掌握建设工程职业健康安全与环境管理的目的、任务和特点。
- 掌握建设工程安全生产管理措施。
- 掌握建设工程职业健康安全事故的分类和处理方法，能编制安全生产施工方案，对施工现场安全生产进行指导和控制。
- 掌握建设工程环境保护的要求和措施，能编制环境保护施工方案。

【核心概念】

职业健康安全　环境保护　安全生产制度　特种作业人员　“三同时”制度　安全检查类型　安全检查内容　职业伤害事故　环境保护　文明施工

【引言】

工程项目在施工过程中直接或间接地可对施工参与人员的安全和周围环境产生影响，因此一名合格的施工管理人员一定要掌握职业健康安全和环境管理的相关规定。本章主要介绍职业健康安全和环境管理的有关知识。

7.1 工程项目职业健康安全与环境管理概述

7.1.1 职业健康安全与环境管理的概念和目的

1. 职业健康安全与环境管理的概念

职业健康安全(OHS)是国际上通用的词语，通常是指影响作业场所内的员工、临时工作人员、合同方人员、访问者和其他人员健康安全的条件和因素。职业健康安全是组织管理体系的一部分，是组织对与其业务相关的职业健康风险的管理，包括为制定、实施、实现、评审和保持职业健康安全方针所需的组织机构、计划活动、职责、惯例、程序、过程和资源。

环境是指组织运行活动的外部存在，包括空气、水、土地、自然资源、植物、动物、人，以及它们之间的相互关系。环境管理体系是组织管理体系的一部分，包括为制定、实施、实现、评审和保持环境安全方针所需的组织机构、计划活动、职责、惯例、程序、过程和资源。

2. 职业健康安全与环境管理的目的

建设工程项目职业健康安全管理的目的是减少生产安全事故，保证产品生产者的健康和安全，以及保障人民群众的生命和财产安全。控制影响工作场所内员工、临时工作人员、合同方人员、访问者和其他有关部门人员健康和安全的条件和因素，避免因管理不当对员工健康和安全造成的危害，是职业健康安全管理的有效手段。

建设工程项目环境管理的目的是保护生态环境，使社会的经济发展与人类的生存环境相协调，具体包括控制作业现场的各种粉尘、废水、废气、固体废弃物以及噪声、振动对环境的污染和危害，力争能源节约，避免资源的浪费等。

7.1.2 职业健康安全与环境管理的任务

1. 职业健康安全与环境管理的任务

职业健康安全与环境管理的任务是建筑生产组织为达到建筑工程的职业健康安全与环境管理目的的指挥和控制的协调活动，包括为制定、实施、实现、评审和保持职业健康安全与环境方针所需的组织机构、计划活动、职责、惯例、程序、过程和资源。如表 7-1 所示，该表共 2 行 7 列，构成了实现职业健康安全和环境方针的 14 个方面的管理任务。不同的组织应根据自审的实际情况制定方针，建立组织机构，策划活动，明确职责，遵守有关法律法规和惯例，编制程序控制文件，实行过程控制并提供人员、设备、资金和信息资源，保证职业健康安全与环境管理任务的完成。

表 7-1　职业健康安全与环境管理的任务

	组织结构	计划活动	职　责	惯例 (法律、法规)	程序文件	过　程	资　源
职业健康安全方针							
环境方针							

2. 建设工程项目各阶段的职业健康安全与环境管理的主要任务

1) 建设工程项目决策阶段

建设单位应按照有关建设工程法律、法规的规定和强制性标准的要求，办理各种有关安全与环境保护方面的审批手续。对需要进行环境影响评价或安全预评价的建设工程项目，应组织或委托有相应资质的单位进行建设工程项目环境影响评价和安全预评价。

2) 工程设计阶段

设计单位应按照有关建设工程法律、法规的规定和强制性标准的要求，进行环境保护设施和安全设施的设计，防止因设计考虑不周而导致生产安全事故的发生或对环境造成不良影响。

在进行工程设计时，设计单位应当考虑施工安全和防护的需要，对涉及施工安全的重点部分和环节在设计文件中应予以注明，并对防范生产安全事故提出指导性意见。

对于采用新结构、新材料、新工艺的建设工程和特殊结构的建设工程，设计单位应在设计中提出保障施工作业人员安全和预防生产安全事故的措施和建议。

在工程总概算中，应明确工程安全环保设施费用、安全施工和环境保护措施费等。

3) 工程施工阶段

建设单位在申请领取施工许可证时，应当提供建设工程有关安全施工措施的资料。对于开工报告已被批准的建设工程，建设单位应当自开工报告批准之日起 15 日内，将保证安全施工的措施报送建设工程所在地的县级以上人民政府建设行政主管部门或者其他有关部门备案。

对于应当拆除的工程，建设单位应当在拆除工程施工开工 15 日前，将拆除施工单位资质等级证明，拟拆除建筑物、构筑物及可能涉及毗邻建筑的说明，拆除施工组织方案，堆放、清除废弃物的措施的资料报送建设工程所在地的县级以上的地方人民政府建设行政主管部门或者其他有关部门备案。

施工单位应当具备安全生产的资质条件，建设工程实行总承包的，由承包单位对施工现场的安全生产负总责并自行完成工程主体结构的施工。

分包合同中应当明确各自在安全生产方面的权利和义务。总承包和分包单位对分包工程的安全生产承担连带责任。

分包单位应当接受总承包单位的安全生产管理，分包单位不服从管理导致生产安全事故的，由分包单位承担主要责任。

4) 项目验收试运行阶段

项目竣工后，建设单位应向审批建设工程项目环境影响报告书、环境影响报告或者环境影响登记表的环境保护行政主管部门申请，对环保设施进行竣工验收。环保行政主管部门应在收到环保设施竣工验收申请之日起 30 日内完成验收。验收合格后，才能投入生产和使用。

对于需要试生产的建设工程项目，建设单位应当在项目投入试生产之日起 3 个月内，向环保行政主管部门申请对其项目配套的环保设施进行竣工验收。

7.2 施工项目安全控制

7.2.1 施工项目安全控制概述

1. 施工项目安全控制的概念和内容

施工项目安全控制是生产过程中涉及的计划、组织、监控、调节和改进等一系列致力于满足生产安全所进行的管理活动。按施工项目形成过程的时间阶段划分，施工项目安全控制可分为以下两个环节。

1) 施工准备阶段的安全控制

施工准备阶段的安全控制指在各工程对象的正式施工活动开始前，对各项准备工作及影响施工安全生产的各因素进行控制，这是确保施工安全的先决条件。

2) 施工过程的安全控制

施工过程的安全控制指在施工过程中对实际投入的生产要素及作业、管理活动的实施状态结果所进行的控制，包括作业者发挥技术能力过程的自控行为和来自有关管理者的监控行为。

施工项目安全控制的内容如图 7-1 所示。

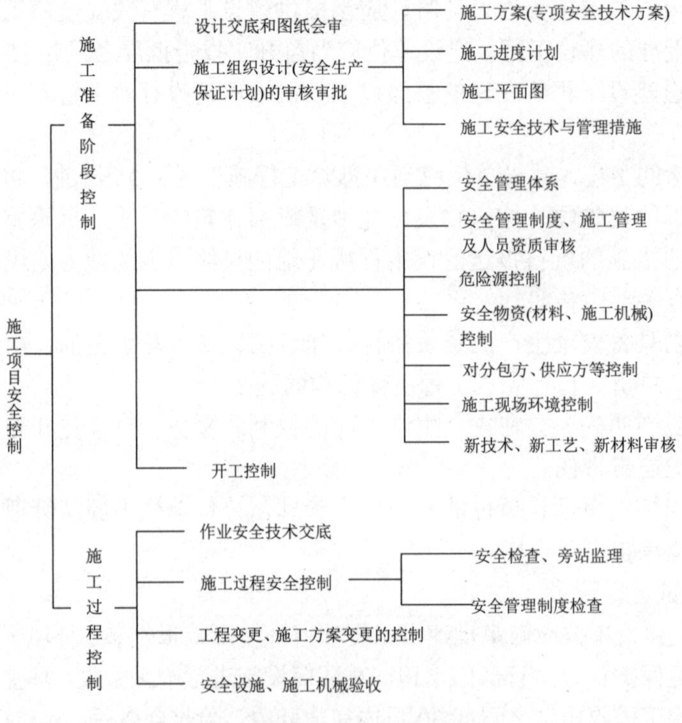

图 7-1 施工项目安全控制的内容

2. 施工项目安全控制的特点

1) 控制面广

建设工程规模较大，生产工艺复杂、工序多，在建造过程中流动作业和高空作业多，作业位置多变，遇到的不确定因素多，所以安全控制工作涉及范围大，控制面广。

2) 控制的动态性

(1) 由于建设工程项目的单件性，使每项工程所处的条件不同，所面临的危险因素和防范措施也会有所变化。员工在转移工地后，熟悉一个新的工作环境需要一定的时间，有些工作制度和安全技术措施也会有所调整，员工同样有个熟悉的过程。

(2) 建设工程项目施工的分散性。因为现场施工分散于施工现场的各个部位，尽管有各种规章制度和安全技术交底的环节，但是面对具体的生产环境时，员工仍需要自己的判断和处理，以适应不断变化的情况。

3) 控制系统的交叉性

建设工程项目是开放系统，受自然环境和社会环境的影响较大，同时也会对社会和环境造成影响，因此安全控制需要把工程系统、环境系统及社会系统有机地结合起来。

4) 控制的严谨性

由于建设工程施工的危害因素复杂、风险程度高、伤亡事故多，所以预防控制措施必须严谨，如有疏漏就可能造成失控状态，酿成事故，造成损失和伤害。

3. 施工项目安全控制的流程

施工项目安全控制的流程如图 7-2 所示。

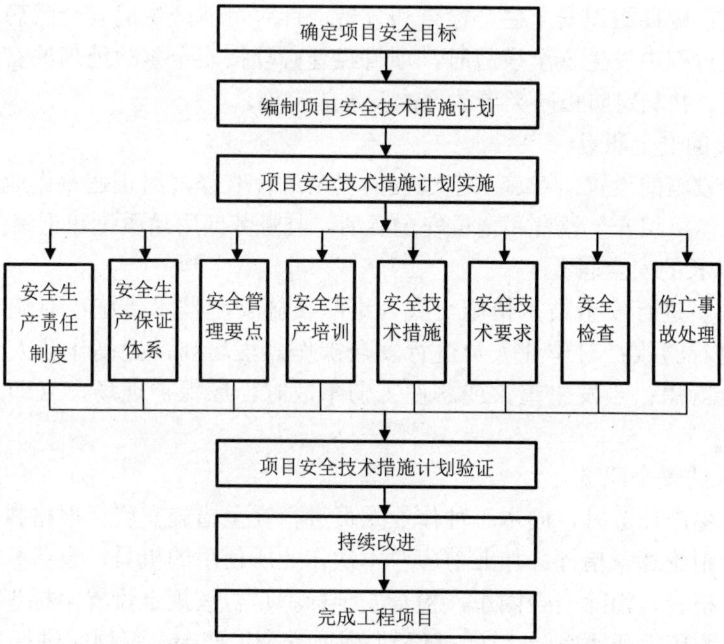

图 7-2　施工项目安全控制流程

(1) 确定项目的安全目标。按“目标管理”方法在以项目经理为首的项目管理系统内进行分解，从而确定每个岗位的安全目标，实现全员安全控制。

(2) 编制项目安全技术措施计划。对生产过程中的不安全因素，用技术手段加以消除和控制。该文件是落实“预防为主”方针的具体体现，是进行工程项目安全控制的指导性文件。

(3) 安全技术措施的落实和实施。包括建立健全安全生产责任制，设置安全生产设施，采用安全技术和应急措施，进行安全教育和培训、安全检查以及事故处理，沟通和交流信息，通过一系列安全措施的贯彻，使生产作业的安全状态处于受控状态。

(4) 安全技术措施计划的验证。包括通过施工中对安全技术措施计划实施情况的安全检查，纠正不符合安全技术措施的情况，保证安全技术措施的贯彻和实施。

(5) 持续改进是根据安全技术措施计划的验证结果，对不适宜的安全技术措施计划进行修改、补充和完善。

7.2.2 施工安全控制措施

1. 安全生产责任制度

安全生产责任制度是最基本的安全管理制度，是所有安全生产管理制度的核心。安全生产责任制可以将各级负责人员、各职能部门及其工作人员和各岗位生产工人在安全生产方面应做的及应负的责任加以明确。

1) 项目经理的安全职责

认真贯彻安全生产方针、政策、法规和各项规章制度，制定和执行安全生产管理办法，严格执行安全考核指标和安全生产奖惩办法，严格执行安全技术措施审批和施工安全技术措施交底制度；定期组织安全生产检查和分析，针对可能产生的安全隐患制定相应的预防措施；当施工过程中发生安全事故时，项目经理必须按安全事故处理的有关规定和程序及时上报和处置，并制定防止同类事故再次发生的措施。

2) 安全员的安全职责

落实安全设施的设置；对施工全过程的安全进行监督，纠正违章作业，配合有关部门排除安全隐患，组织安全教育和全员安全活动，监督劳保用品质量和正确使用。

3) 作业队长的安全职责

向作业人员进行安全技术措施交底，组织实施安全技术措施；对施工现场安全防护装置和设施进行验收；对作业人员进行安全操作规程培训，提高作业人员的安全意识，避免产生安全隐患；当发生重大或恶性工伤事故时，应保护现场，立即上报并参与事故调查处理。

4) 班组长的安全职责

安排施工生产任务时，向本工种作业人员进行安全措施交底；严格执行本工种安全技术操作规程，拒绝违章指挥；作业前应对本次作业所使用的机具、设备、防护用具及作业环境进行安全检查，消除安全隐患，检查安全标牌是否按规定设置，标识方法和内容是否正确完整；组织班组开展安全活动，召开上岗前安全生产会；每周应进行安全讲评。

5) 操作工人的安全职责

认真学习并严格执行安全技术操作规程，不违规作业；自觉遵守安全生产规章制度，执行安全技术交底和有关安全生产的规定；服从安全监督人员的指导，积极参加安全活动；爱护安全设施；正确使用防护用具；对不安全作业提出意见，拒绝违章指挥。

6) 承包人对分包人的安全生产责任

审查分包人的安全施工资格和安全生产保证体系，不应将工程分包给不具备安全生产条件的分包人；在分包合同中应明确分包人安全生产责任和义务；对分包人提出安全要求，并认真监督、检查；对违反安全规定冒险蛮干的分包人，责令其停工整改；承包人应统计分包人的伤亡事故，按规定上报，并按分包合同的约定协助处理分包人的伤亡事故。

7) 分包人的安全生产责任

分包人对本施工现场的安全工作负责，认真履行分包合同规定的安全生产责任；遵守承包人的有关安全生产制度，服从承包人的安全生产管理，及时向承包人报告伤亡事故并参与调查，处理善后事宜。

2. 安全教育

1) 管理人员的安全教育

(1) 企业领导的安全教育。包括对企业法定代表人和经理，主要应进行安全生产方针、政策、法规、规章制度、基本安全技术知识、基本安全管理知识的教育。对企业管理人员进行安全教育的目的在于提高他们对安全生产方针的认识，增强安全生产的责任感和自觉性，使他们懂得并掌握基本的安全生产技术和安全管理方法，并以身作则、遵章守纪，积极支持安全部门的工作，为安全生产提供良好的条件。

(2) 项目经理、技术负责人和技术干部的安全教育。安全教育的内容包括安全生产的方针、政策和法律、法规；本职安全生产责任制，主要是强调履行安全技术措施；典型的事故案例剖析；系统安全生产工程知识；基本的安全技术知识。安全教育的职责包括贯彻上级有关安全生产和劳动保护的方针、政策、法令、指示和规章制度，负责制定本单位的安全生产规章制度并认真贯彻执行；每季度主持召开车间、科室领导人员会议，分析本单位的安全生产形势，制定相应措施；每年组织数次以查思想、查制度、查纪律、查事故隐患为主要内容的全员性安全大检查，对检查中发现的重大问题，企业负责制订措施、计划，组织有关部门实施。

(3) 行政管理干部的安全教育。教育内容包括安全生产的方针、政策和法律、法规，安全技术知识以及他们本职的安全生产责任制。目的是使他们提高责任感和自觉性，主动支持安全生产工作。

(4) 企业安全管理人员的安全教育。教育内容包括国家有关安全生产的方针、政策、法规和标准；企业安全生产管理、安全技术；劳动卫生知识、安全文化；工伤保险、职工伤亡事故和职业病统计报告及调查处理程序；有关事故案例及事故应急处理措施等。

(5) 班组长和安全员的安全教育。教育内容包括劳动安全卫生法律、法规；安全技术、劳动卫生和安全文化的知识、技能，本企业、本班组和一些岗位的危险危害因素、安全注意事项；本岗位安全生产职责；典型的事故案例及事故抢救与应急处理措施等。

2) 特种作业人员的安全教育

(1) 特种作业人员的定义和范围。对操作者本人，尤其对他人或周围设施的安全有重大危害因素的作业，称为特种作业。直接从事特种作业的人，称为特种作业人员。根据《特种作业人员安全技术考核管理规则》，特种作业包括：电工作业、锅炉司炉、压力容器操作、起重机械操作、爆破作业、金属焊接(气割)作业、煤矿井下瓦斯检验、机动车辆驾驶、机动船舶驾驶和轮机操作、建筑登高架设作业和其他符合特种作业基本定义的作业。

特种作业人员应具备的条件是：必须年满十八周岁以上，从事爆破作业和煤矿井下瓦斯检验的人员，年龄不得低于二十周岁。

(2) 特种作业人员的安全教育。特种作业较一般作业的危险性大，所以，特种作业人员必须经过安全培训和严格考核，对特种作业人员的安全教育应注意以下三点。

① 特种作业人员上岗作业前，必须进行专门的安全技术和操作技能的培训教育。

② 培训后，经考核合格后方可取得操作证，并准许独立作业。

③ 持操作证的特种作业人员，必须定期进行复审。复审期限除机动车辆驾驶按国家有关规定执行外，其他特种作业人员每两年进行一次复审。

3) 企业员工的安全教育

企业员工的安全教育主要有新员工上岗前的三级安全教育、改变工艺和变换岗位时的安全教育、经常性安全教育三种形式。

(1) 新员工上岗前的三级安全教育。三级安全教育通常是指进厂、进车间、进班组三级，对建设工程来说，具体指企业(公司)、项目(或工区、工程处、施工队)、班组三级。

① 企业(公司)级安全教育由企业主管领导负责，由企业职业健康安全管理部门会同有关部门组织实施。

② 项目(或工区、工程处、施工队)级安全教育由项目级负责人组织实施，由专职或兼职安全员协助。

③ 班组级安全教育由班组长组织实施，内容包括遵章守纪，岗位安全操作规程，岗位间工作衔接配合的安全生产事项，典型事故及发生事故后应采取的紧急措施，劳动防护用品(用具)的性能及正确使用方法等。

(2) 改变工艺和变换岗位时的安全教育。

① 企业在实施新工艺、新技术或使用新设备、新材料时，必须对有关人员进行相应级别的安全教育，要按新的安全操作规程教育和培训参加操作的员工，使其了解新工艺、新设备、新产品的安全性能及安全技术，以适应新的岗位作业。

② 当组织内部员工从一个岗位调到另外一个岗位，或从某工种改变为另一工种，或因放长假离岗一年以上重新上岗时，企业必须进行相应的安全技术培训和教育。

(3) 经常性安全教育。经常性安全教育必须坚持不懈、持之以恒，并采用多种形式，如每天班前班后说明安全注意事项、安全活动日、安全生产会议、事故现场会、张贴宣传标语及标志等。

3. 施工安全检查

施工安全检查的目的是消除隐患、防止事故、改善劳动条件及提高员工安全生产意识，因此是安全管理的一项重要内容。通过安全检查可以发现工程中的危险因素，以便有计划地采取措施，保证安全生产。施工项目的安全检查由项目经理组织，定期进行。

1) 安全检查的主要类型

(1) 经常性检查是指企业一般每年进行 1～4 次安全检查；工程项目、车间每月至少进行 1 次；班组每班都应进行安全检查。专职安全技术人员应该有计划地针对重点部位进行周期性的检查。

(2) 专业或专职安全管理人员专业安全检查是指针对特种作业、特种设备、特殊场所进行的检查，如焊接施工、起重机械设备、压力容器、易燃易爆场所等。专业或专职安全管理人员在进行安全检查时，必须按章检查，发现违章操作立即纠正，发现隐患及时指出并提出相应的防护措施，并及时上报检查结果。

(3) 季节性检查是根据季节特点，为保障安全生产所进行的检查。如春季防风防沙；夏季防涝抗旱、防雷电、防暑、防触电；冬季防寒、防冻、防煤烟中毒。

(4) 节假日检查。员工节假日容易放松思想警惕发生意外，因此，节假日前必须进行安全生产综合检查，节后进行遵章守纪的检查。

(5) 不定期检查是指工程或设备在开工和停工前、检修中、工程或设备竣工及试运转时进行的安全检查。

2) 安全检查的主要内容

(1) 查思想。查思想主要检查企业领导和员工对安全生产方针的认识程度，建立健全安全生产管理和安全生产规章制度。

(2) 查管理。查管理主要检查安全生产管理措施是否有效，安全生产管理措施和规章制度是否落实到位。主要检查内容包括安全技术措施计划、安全组织机构、安全生产责任制度、安全保证措施、安全技术交底、安全教育、安全持证上岗、安全设施、安全标识、违规管理等。

(3) 查隐患。查隐患主要检查作业现场是否符合安全生产要求。检查劳动条件、卫生设施、安全通道、防护设施、电气设备、压力容器、化学用品的储存；有毒有害作业部位的达标情况；检查个人劳动防护用品的使用是否符合规定。

(4) 查整改。查整改主要检查对过去提出的安全问题和发生的生产事故及安全隐患是否采取了安全技术措施和安全管理措施，进行整改的效果如何。

(5) 查事故处理。查事故处理主要检查对伤亡事故是否及时报告，明确责任并对责任人作出严肃处理。安全检查中必须成立适应安全检查的检查组，检查组检查结束后应编制安全检查报告，说明已达标项目、未达标项目、存在问题、原因分析、纠正和预防措施。

3) 安全检查的注意事项

(1) 安全检查要深入基层、紧紧依靠职工，坚持领导与群众相结合的原则，组织好检查工作。

(2) 建立检查的组织领导机构，配备适当的检查力量，挑选具备技术业务水平的专业人员参加。

(3) 明确检查的目的和要求。既要严格要求，又要防止一刀切，要从实际出发，分清主、次矛盾，力求实效。

(4) 做好检查的各项准备工作，包括思想、业务知识、法规政策和物资、奖金准备。

(5) 把自查与互查有机结合起来。基层以自检为主，企业内部相应部门相互检查，取长补短，相互学习和借鉴。

(6) 坚持查改结合。检查不是目的，只是一种手段，整改才是最终目的。发现问题，要及时采取切实有效的防范措施。

(7) 建立检查档案。结合安全检查表的实施，逐步建立健全检查档案，收集基本的数据，掌握基本安全状况，为及时消除隐患提供数据，同时也为以后的职业健康安全检查奠定基础。

4. “三同时”制度

“三同时”制度指凡在我国境内新建、改建、扩建的基本建设项目(工程)、技术改建项目(工程)和引进的建设项目，其安全生产设施必须符合国家规定的标准，必须与主体工程同时设计、同时施工、同时投入生产和使用。安全生产设施主要是指安全技术方面的设施、职业卫生方面的设施和生产辅助性设施。

5. 安全设施管理

施工项目的安全设施有脚手架、安全帽、安全网、安全带、操作平台、防护栏杆和临时用电防护等。

1) 脚手架

(1) 脚手架的基本要求。①坚固稳定。即要保证足够的承载能力、刚度和稳定性，保证在施工期间不产生超过容许要求的变形、倾斜、摇晃或扭曲现象，不发生失稳倒塌，确保施工作业人员的人身安全。②装拆简便，能多次周转使用。③其宽度应满足施工作业人员操作、材料堆放和运输的要求。

(2) 脚手架材质的要求。钢管材质一般采用直径为48mm，壁厚3.5mm的钢管，钢管应涂防锈漆。脚手架钢管要求无严重锈蚀、弯曲、压扁和裂纹。

(3) 脚手架设计的要求。使用的脚手架须经设计计算，并经技术负责人审批后方可搭设。由于脚手架的问题，特别在高层建筑施工中，导致安全事故较多，因此，脚手架的设计不但要满足使用要求，而且首先要考虑安全问题。设置可靠的安全防护措施，如防护栏、挡脚板、安全网、通道扶梯、斜道防滑、悬吊架的安全销和雨季防电、避雷设置等。

2) 安全帽

安全帽须经有关部门检验合格后方能使用，并正确使用安全帽，扣好帽带，不准抛、扔或坐、垫安全帽，不准使用缺衬、缺带及破损的安全帽。

3) 安全带

(1) 安全带须经有关部门检验合格后方能使用。

(2) 安全带使用两年后，必须按规定抽检一次，对抽检不合格的，必须更换安全绳后才能使用。

(3) 安全带应储存在干燥、通风的仓库内，不准接触高温、明火、强酸碱或尖锐的坚硬物体。

(4) 安全带应高挂低用，不准将绳打结使用。

(5) 安全带上下的各种部件不得任意拆除。更换新绳时要注意加绳套。

4) 安全网

(1) 从二层楼面设安全网，往上每隔四层设置一道，同时须设一道随施工高度可提升的安全网。

(2) 网绳不破损并生根牢固、绷紧、圈牢，拼接严密。网绳支架用钢管为宜。

(3) 网宽不小于2.6m，里口离墙不得大于15cm，外高内低，每隔3m高设立支撑，角度为45°。

(4) 立网随施工层提升，网高出施工层1m。网下口与墙生根牢靠，离墙不大于15cm，网之间拼接严密，空隙不大于10cm。

5) 防护栏杆

地面基坑周边，无外脚手架的楼面及屋面周边，分层施工的楼梯口与楼段边，尚未安装栏杆或栏板的阳台、料台周边，挑平台周边，雨篷与挑檐边，井架、施工用电梯、外脚手架等通向建筑物通道的两侧边，以及水箱与水塔周边等处，均应设置防护栏杆，顶层的楼梯口，应随工程结构的进度安装正式栏杆或立挂安全网封闭。

6) 临时用电安全防护

(1) 临时用电应按有关规定编制施工组织计划，并建立对现场线路、设施的定期检查制度。

(2) 配电线路必须按有关规定架设整齐，架空线应采用绝缘导线，不得采用塑胶软线，不得成束架空敷设或沿地明敷设。

(3) 架空线路与建筑物水平距离一般不小于10m，与地面垂直距离不小于6m；与建筑物顶部垂直距离不小于2.5m。

(4) 配电系统必须采取分线配电，各类配电箱、开关箱的安装和内部设置必须符合有关规定，开关电器应标明用途。

(5) 一般场地应采用220V电压作为现场照明，照明导线用绝缘子固定，照明灯具的金属外壳必须接地或接零。特殊场所必须按国家有关规定使用安全电压照明。

(6) 手持电动工具必须单独安装漏电保护装置，具有良好的绝缘性，金属外壳接地良好。所有手持电动工具必须装有可靠的防护罩(盖)，橡胶皮电线不得损坏。

(7) 电焊机应有良好的接地或接零保护，并有可靠的防雨、防潮、防砸保护措施。焊把线应双线到位，绝缘良好。

7.3　建设工程职业健康安全事故的分类和处理

7.3.1　职业伤害事故的分类

事故即造成死亡、疾病、伤害、损坏或其他损失的意外事件。职业健康安全事故分两大类型，即职业伤害事故和职业病。

职业伤害事故是指因生产过程及工作原因或与其相关的其他原因造成的伤亡事故。

1. 按照事故发生的原因分类

按照我国《职业伤亡事故分类》(GB 6441—1986)规定，职业伤害事故可分为20类，其中与建筑业有关的有以下所述各点。

(1) 物体打击：指落物、滚石、锤击、碎裂、崩块、砸伤等造成的人身伤害，不包括因爆炸而引起的物体打击。

(2) 车辆伤害：指被车辆挤、压、撞和车辆倾覆等造成的人身伤害。

(3) 机械伤害：指被机械设备或工具绞、碾、碰、割、戳等造成的人身伤害，不包括车辆、起重设备引起的伤害。

(4) 起重伤害：指从事各种起重作业时发生的机械伤害事故，不包括上下驾驶室时发生的坠落伤害，起重设备引起的触电及检修时制动失灵造成的伤害。

(5) 触电：指由于电流经过人体导致的生理伤害，包括雷击伤害。

(6) 灼烫：包括火焰引起的烧伤、高温物体引起的烫伤、强酸或强碱引起的灼伤、放射线引起的皮肤损伤等，不包括电烧伤及火灾事故引起的烧伤。

(7) 火灾：指在火灾时造成的人体烧伤、窒息、中毒等。

(8) 高处坠落：指由于危险势能差引起的伤害，包括从架子、屋架上坠落以及平地坠入坑内等。

(9) 坍塌：指建筑物、堆置物倒塌以及土石塌方等引起的事故伤害。

(10) 火药爆炸：指建筑物、堆置物倒塌以及土石方坍塌等引起的事故伤害。

(11) 中毒和窒息：指煤气、汽油、沥青、化学物品、一氧化碳中毒等。

(12) 容器爆炸：指压力容器内部压力超出容器壁所能承受的压力引起的物理性爆炸和容器内部可燃气体泄漏与周围空气混合遇火源而发生的化学性爆炸。

(13) 其他伤害：包括扭伤、跌伤、冻伤、野兽咬伤等。

2. 按事故后果严重程度分类

我国《企业伤亡事故分类标准》(GB 6441—1986)规定，按事故后果严重程度分类，事故可分为以下几类。

(1) 轻伤事故：指职工肢体或某些器官功能性或器质性的轻度损伤，表现为劳动能力轻度或暂时丧失的伤害，一般每个受伤人员休息 1 个工作日以上，105 个工作日以下。

(2) 重伤事故：一般指受伤人员肢体残缺或视觉、听觉等器官受到严重损伤，能引起人体长期存在功能障碍或劳动能力有重大损失，或者造成每个受伤人损失 105 工作日以上的失能伤害。

① 死亡事故：一次事故中死亡职工 1～2 人的事故。

② 重大伤亡事故：一次事故中死亡 3 人以上(含 3 人)的事故。

③ 特大伤亡事故：一次死亡 10 人以上(含 10 人)的事故。

(3) 急性中毒事故：指生产性毒物一次或短期内通过人的呼吸道、皮肤或消化道大量进人体内，使人体在短时间内发生病变，导致职工立即中断工作，并须进行急救，或者当场死亡的事故。急性中毒的特点是发病快，一般不超过一个工作日，有的毒物因毒性有一定的潜伏期，可在下班后数小时发病。

3. 按事故造成的人员伤亡或直接经济损失分类

依据 2007 年 6 月 1 日起实施的《生产安全事故报告和调查处理条例》规定，按生产安全事故造成的人员伤亡或者直接经济损失，工程质量事故可分为 4 个等级。

(1) 特别重大事故，是指造成 30 人以上死亡，或者 100 人以上重伤(包括急性工业中毒，下同)，或者 1 亿元以上直接经济损失的事故。

(2) 重大事故，是指造成 10 人以上 30 人以下死亡，或者 50 人以上 100 人以下重伤，或者 5000 万元以上 1 亿元以下直接经济损失的事故。

(3) 较大事故，是指造成3人以上10人以下死亡，或者10人以上50人以下重伤，或者1000万元以上5000万元以下直接经济损失的事故。

(4) 一般事故，是指造成3人以下死亡，或者10人以下重伤，或者1000万元以下直接经济损失的事故。

本等级划分所称的“以上”包括本数，所称的“以下”不包括本数。

目前，在建设工程领域中，判别事故等级较多采用的是《生产安全事故报告和调查处理条例》。

7.3.2 职业伤害事故的处理

1. 安全事故处理的原则

强化安全生产监管监察行政执法。各级安全生产监管监察机构要增强执法意识，做到严格、公正、文明执法。认真查处各类事故，坚持事故原因不清楚不放过、事故责任者和员工没有受到教育不放过、事故责任者没有处理不放过、没有制定防范措施不放过的“四不放过”原则，不仅要追究事故直接责任人的责任，同时还要追究有关负责人的领导责任。

2. 安全事故处理程序

1) 迅速抢救伤员并保护事故现场

事故发生后，事故现场有关人员应当立即向本单位负责人报告；单位负责人接到报告后，应当在1小时内向事故发生地县级以上人民政府安全生产监督管理部门和负有安全生产监督管理职责的有关部门报告，并有组织、有指挥地抢救伤员、排除险情；防止人为或自然因素的破坏，便于事故原因的调查。

安全生产监督管理部门和负有安全生产监督管理职责的有关部门必须依照规定上报事故情况，应当同时报告本级人民政府。国务院安全生产监督管理部门和负有安全生产监督管理职责的有关部门以及省级人民政府接到发生特别重大事故、重大事故的报告后，应当立即报告国务院。必要时，安全生产监督管理部门和负有安全生产监督管理职责的有关部门可以逐级上报事故情况。

安全生产监督管理部门和负有安全生产监督管理职责的有关部门逐级上报事故情况，每级上报时间不得超过2小时。事故报告后出现新情况的，应当及时补报。

2) 组织调查组

(1) 轻伤、重伤事故，由企业负责人或其指定人员组织生产、技术、安全等有关人员以及工会成员参加的事故调查组，进行调查。

(2) 死亡事故，由企业主管部门会同企业所在地设区的市或者相当于设区的市一级安全行政管理部门、劳动部门、公安部门、工会组成事故调查组，进行调查。

(3) 重大伤亡事故，按照企业的隶属关系由省、自治区、直辖市企业主管部门或者国务院有关主管部门会同同级安全行政管理部门、劳动部门、监察部门、工会组成事故调查组，进行调查。

(4) 事故调查组应当邀请人民检察院派人员参加，还可邀请其他部门的人员和有关专家参加。

3) 现场勘查

事故发生后，调查组应速赶到现场进行及时、全面、准确和客观的勘查，包括现场笔录、现场拍照和现场绘图。

(1) 分析事故原因。通过调查分析，查明事故经过，按受伤部位、受伤性质、起因物、致害物、伤害方法、不安全状态、不安全行为等，查清事故原因，包括人、物、生产管理、技术管理等方面的原因。通过直接和间接的分析，确定事故的直接责任者、间接责任者和主要责任者。

(2) 制定防范措施。根据事故原因分析，制定防止类似事故再次发生的防范措施。根据事故后果和事故责任者应负的责任提出处理意见。

(3) 提交事故调查报告。事故调查组应当自事故发生之日起60日内提交事故调查报告；特殊情况下，经负责事故调查的人民政府批准，提交事故调查报告的期限可以适当延长，但延长的期限最长不超过60日。事故调查报告应当包括下列内容。

① 事故发生单位概况。

② 事故发生经过和事故救援情况。

③ 事故造成的人员伤亡和直接经济损失。

④ 事故发生的原因和事故性质。

⑤ 事故责任的认定以及事故责任者的处理意见。

⑥ 事故防范和整改措施。

(4) 安全事故的审理和结案。重大事故、较大事故、一般事故、负有事故调查的人民政府应当自收到事故调查报告之日起15天内作出批复；特别重大事故，30天内作出批复。特殊情况下，批复时间可以适当延长，但延长的时间最长不超过30天。

有关机关应当按照人民政府的批复，依照法律、行政法规规定的权限和程序，对事故发生单位和有关人员进行行政处罚，对负有事故责任的国家工作人员进行处分。事故发生单位应当按照负有责任事故调查的人民政府的批复，对本单位负有事故责任的人员进行处分。

负有事故责任的人员涉嫌犯罪的，依法追究刑事责任。

事故处理的情况由负责事故调查的人民政府或者其授权的有关部门、机构向社会公布，依法应当保密的除外。事故调查处理的文件记录应长期完整地保存。

7.4 建筑工程环境保护与文明施工

7.4.1 环境保护

工程建设过程中的污染主要包括对施工场界内的污染和对周围环境的污染。对施工场界内的污染防治属于职业健康问题，对周围环境的污染防治属于环境保护问题。

施工现场环境保护是按照法律、法规、各级主管部门和企业的要求，保护和改善作业现场的环境，控制现场的各种粉尘、废水、废气、固体废弃物、噪声、振动等对环境的污染和危害。

建设工程环境保护措施主要包括大气污染的防治、水污染的防治、噪声污染的防治、固体废弃物的处理以及文明施工措施。

1. 大气污染的防治

1) 大气污染物的分类

大气污染物的种类有数千种，已发现有危害作用的有 100 多种，其中大部分是有机物。大气污染物通常以气体状态和粒子状态存在于空气中。

(1) 气体状态污染物。包括二氧化硫、氮氧化物、一氧化碳、碳氢化合物、苯等。

(2) 粒子状态污染物。包括降尘和飘尘。降尘是分散在大气中的微小液滴和固体颗粒，其粒径在 0.01～100μm 之间，是一种复杂的非均匀体；飘尘是可长期飘浮于大气中的固体颗粒，其粒径小于 10μm。

施工现场主要的大气污染物有锅炉、熔化炉、厨房烧煤产生的烟尘，建材破碎、筛分、碾磨、加料、装卸运输过程产生的粉尘。

2) 施工现场空气污染的防治措施

(1) 施工现场垃圾渣土要及时清理出现场。

(2) 高大建筑物清理施工垃圾时，要使用封闭式的容器或者采取其他措施处理高空废弃物，严禁凌空随意抛撒。

(3) 施工现场道路应指定专人定期洒水清扫，形成制度，防止道路扬尘。

(4) 对于细颗粒散体材料(如水泥、粉煤灰、白灰等)的运输、储存要注意遮盖、密封，防止颗粒飞扬。

(5) 车辆开出工地要做到不带泥沙，基本做到不洒土、不扬尘，以减少对周围环境的污染。

(6) 除设有符合规定的装置外，禁止在施工现场焚烧油毡、橡胶、塑料、皮革、树叶、枯草、各种包装物等废弃物品以及其他会产生有毒、有害烟尘和恶臭气体的物资。

(7) 机动车都要安装减少尾气排放的装置，确保符合国家标准。

(8) 工地茶炉应尽量采用电热水器，若只能使用烧煤茶炉和锅炉时，应选用消烟除尘型茶炉和锅炉，大灶应选用消烟节能回风炉灶，使烟尘降至允许排放的范围为止。

(9) 大城市市区的建设工程已不容许搅拌混凝土。在容许设置搅拌站的工地，应将搅拌站封闭严密，并在进料仓上方安装除尘装置，采用可靠措施控制工地粉尘污染。

(10) 拆除旧建筑物时，应适当洒水，防止扬尘。

2. 水污染的防治

1) 水污染物的主要来源

(1) 工业污染源：指各种工业废水向自然水体的排放。

(2) 生活污染源：主要指食物废渣、食油、粪便、合成洗涤剂、杀虫剂、病原微生物等。

施工现场废水和固体废物随水流流入水体部分，包括泥浆、水泥、油漆、各种油类、混凝土外加剂、重金属、酸碱盐等。

2) 废水处理技术

废水处理的目的是把废水中所含的有害物质清理分离出来。废水处理可分为化学法、物理方法、物理化学方法和生物法。

(1) 物理法：是指利用筛滤、沉淀、气浮等处理废水的方法。

(2) 化学法：是指利用化学反应来分离、分解污染物，或使其转化为无害物质的处理方法。

(3) 物理化学方法：包括吸附法、反渗透法、电渗析法等。

(4) 生物法：是指利用微生物新陈代谢功能，将废水中成溶解和胶体状态的有机污染物降解，并转化为无害物质，使水得到净化的处理方法。

3) 施工过程水污染的防治措施

(1) 禁止将有毒有害废弃物作土方回填。

(2) 施工现场搅拌站废水，现制水磨石的污水，电石(碳化钙)的污水必须经沉淀池沉淀合格后再排放，最好将沉淀水用于工地洒水降尘或采取措施回收利用。

(3) 现场存放油料，必须对库房地面进行防渗处理。如采用防渗混凝土地面、铺油毡等措施。使用时，要采取防止油料跑、冒、滴、漏的措施，以免污染水体。

(4) 施工现场100人以上的临时食堂，污水排放时可设置简易有效的隔油池，定期清理，防止污染。

(5) 工地临时厕所，化粪池应采取防渗漏措施。中心城市施工现场的临时厕所可采用水冲式厕所，并采取防蝇、灭蛆措施，防止污染水体和环境。

(6) 化学用品、外加剂等要妥善保管，库内存放，防止污染环境。

3. 噪声污染防治

1) 噪声的分类和危害

(1) 噪声按照振动性质可分为气体动力噪声、机械噪声、电磁性噪声。

(2) 按噪声来源可分为交通噪声(如汽车、火车、飞机等)、工业噪声(如鼓风机、汽轮机、冲压设备等)、建筑施工的噪声(如打桩机、推土机、混凝土搅拌机等发出的声音)、社会生活噪声(如高音喇叭、收音机等)。

(3) 噪声的危害：噪声是一类影响与危害非常广泛的环境污染问题。噪声环境可以干扰人的睡眠与工作、影响人的心理状态与情绪，造成人的听力损失，甚至引起许多疾病。此外噪声对人们的对话干扰也是相当大的。

2) 施工现场噪声的控制措施

(1) 声源控制。噪声控制技术可从声源、传播途径、接收者防护等方面考虑。

① 从声源上降低噪声是防止噪声污染的最根本的措施。

② 尽量采用低噪声设备和工艺代替高噪声设备与加工工艺，如低噪声振动器、风机、电动空压机、电锯等。

③ 在声源处安装消声器消声，即在通风机、鼓风机、压缩机、燃气机、内燃机及各类排气放空装置等进出风管的适当位置设置消声器。

(2) 传播途径控制。

① 吸声：利用吸声材料(大多由多孔材料制成)或由吸声结构形成的共振结构(金属或木质薄板钻孔制成的空腔体)吸收声能，降低噪声。

② 隔声：应用隔声结构，阻碍噪声向空间传播，将接收者与噪声声源分隔。隔声结构包括隔声室、隔声罩、隔声屏障、隔声墙等。

③ 消声：利用消声器阻止传播。允许气流通过的消声降噪是防止空气动力性噪声的主要装置。如对空气压缩机、内燃机使用消声器等。

④ 减震降噪：对来自振动引起的噪声，通过降低机械振动减少噪声，如将阻尼材料涂在振动源上，或改变振动源与其他刚性结构的连接方式等。

(3) 接收者的防护。让处于噪声环境下的人员使用耳塞、耳罩等防护用品，减少相关人员在噪声环境中的暴露时间，以减少噪声对人体的危害。

(4) 严格控制人为噪声。

凡在人口稠密区进行强噪声作业时，必须严格控制作业时间，一般晚 10 点到次日早 6 点之间应停止强噪声作业。确系特殊情况必须昼夜施工时，应尽量采取降低噪声的措施，并会同建设单位与当地居委会、村委会或当地居民协调，贴出安民告示，求得群众谅解。

3) 施工现场噪声的限制

在工程施工中，要特别注意不得超过国家标准的限值，尤其是夜间禁止打桩作业，如表 7-2 所示。

表 7-2　建筑施工场界噪声限值表

施工阶段	主要噪声声源	噪声限值/dB(A)	
		昼　间	夜　间
土石方	推土机、挖掘机、装载机等	75	55
打桩	各种打桩机械等	85	禁止施工
结构	混凝土搅拌机、振捣棒、电锯等	70	55
装修	吊车、升降机等	65	55

4. 固体废弃物的处理

1) 固体废弃物的概念

固体废弃物是生产、建设、日常生活和其他活动中产生的固态、半固态废弃物质。固体废物是一个极其复杂的废物体系。固体废弃物按照其化学组成可分为有机废弃物和无机废弃物；按照对其环境和人类健康的危害程度可以分为一般废弃物和危险废弃物。

2) 建设工程施工工地上常见的固体废物

(1) 建筑渣土：包括砖瓦、碎石、渣土、混凝土碎块、废钢铁、碎玻璃、废屑、废弃装饰材料等。

(2) 废弃的散装大宗建筑材料：包括水泥、石灰等。

(3) 生活垃圾：包括炊厨废物、丢弃食品、废纸、生活用品、玻璃、陶瓷碎片、废电池、废塑料制品、煤灰渣等。

(4) 设备、材料等的包装材料。

(5) 粪便。

3) 固体废弃物的处理和处置

固体废弃物处理的基本思路是：采取资源化、减量化和无害化的处理，对固体废弃物产生的全过程进行控制。固体废弃物的主要处理方法如下所述。

(1) 回收利用。回收利用是对固体废弃物进行资源化、减量化的重要手段之一。粉煤灰在建设工程领域的广泛应用就是对固体废弃物进行资源化利用的典型范例。

(2) 减量化处理。减量化是对已经产生的固体废弃物进行分选、破碎、压实浓缩、脱水等处理，减少其最终处置量，降低处理成本，减少对环境的污染。在减量化处理的过程中，也包括和其他处理技术相关的工艺方法，如焚烧、热解、堆肥等。

(3) 焚烧。焚烧适用于不适合再利用且不宜直接予以填埋处理的废弃物，除有复核规定的装置外，不得在施工现场熔化沥青和焚烧油毡、油漆，亦不得焚烧其他可产生有毒有害和恶臭气体的废弃物。垃圾焚烧处理应使用符合环境要求的处置装置，避免对大气的二次污染。

(4) 稳定和固化。利用水泥、沥青等胶结材料，将松散的废弃物胶结包裹起来，防止有害物质从废物中间向外迁移、扩散，使废物对环境的污染减少。

(5) 填埋。填埋是将经过无害化、减量化处理的废弃物残渣集中到填埋场进行处置。禁止将有毒有害废弃物现场填埋，填埋场应利用天然或人工屏障。尽量使需处置的废弃物与环境隔离，并注意废弃物的稳定性和长期安全性。

7.4.2 文明施工

文明施工是指保持施工现场的整洁、卫生，施工组织科学，施工程序合理的一种施工方法。建筑工程施工现场是企业对外的“窗口”，文明施工可以适应现代化施工的客观要求，有利于员工的身心健康，有利于培养和提高施工队伍的整体素质，促进企业综合管理水平的提高，提高企业的知名度和市场竞争力。

1. 工场文明施工管理的内容

(1) 规范施工现场的场容，保持作业环境的整洁卫生。

(2) 科学组织施工，使生产有序进行。

(3) 减少施工对周围居民和环境的影响。

(4) 遵守施工现场文明施工的规定，保证职工的人身安全和身体健康。

2. 施工现场文明施工的控制要点

(1) 施工现场主要出入口应设置大门，大门应牢固美观，两侧应设置门垛并与围挡连接，大门上方应标有企业名称或企业标识，次出入口也应设专人负责。主要出入口明显处应设置“六板二图”，内容包括工程概况牌、入场须知牌、管理人员名单和监督电话牌、消防保卫牌、安全生产牌、文明施工牌、施工现场总平面布置图和工程立面图。

(2) 施工现场必须实行封闭管理。沿工地四周连续设置围挡，市区主要路段和其他涉及市容景观路段的工地设置围挡的高度不低于 2.5m，其他工地的围挡高度不低于 1.8m。

(3) 新建工程应使用密目式安全立网封闭，既保护作业人员的安全，又能减少扬尘外泄。小区内多个工程之间可以用软质材料围挡，但在集中小区最外围，应当设置硬质围挡。严禁将围挡做挡土墙或在其一侧堆放杂物使用。

(4) 施工现场进出口必须设门卫，并实行外来人员登记和门卫交接班记录制度，治安保卫责任要分解到个人，项目部管理人员都是治安保卫员，并应制定治安防范的措施，严防失盗事件发生。

(5) 进入施工现场的所有人员都必须正确佩戴安全帽，门卫处应设置备用安全帽存放处，至少备足十个以上的合格安全帽，施工现场所有工作人员必须佩戴工作卡。

(6) 施工现场应进行施工道路统一规划，要平整、坚实，并进行混凝土硬化，达到黄土不露天。施工现场在基坑开挖前，必须设置便于车辆出入的冲洗泵和地漏篦子。设备放置点、料场，办公室与宿舍门前必须硬化。建筑物四周尽可能设置循环干道，以满足运输和消防的要求。道路应做成凸形，硬化宽度宜为 5m，载重汽车转变半径不宜小于 15m，坡度为 5‰。

(7) 工程开工前，施工现场应进行施工供排水统一规划，确定整体流水坡向，所有道路两侧、临时设施周围、塔吊基础、搅拌机沉淀池、外脚手架周围、总配电箱和分配电箱周围、钢筋作业区设备及其他设备周围都应设置具有明显排水坡度的有组织排水沟或沉淀池，排水沟宽度宜为 30cm，深为 10cm，所有排水设施要自成系统，保持畅通，流入城市污水干道前应经过沉淀。施工现场临时给水管线应埋入地下，无滴漏和长流水现象。施工现场必须有防止泥浆、污水外流或防止堵塞下水道和排水河道的措施，并要符合施工现场排水总平面图的布置。

(8) 施工现场要按照总平面布置图进行合理规划，必须有明显的办公区域、生活区域、施工作业区域的划分，各区域应相互隔开。

(9) 施工现场的材料、构配件、料具必须按总平面指示位置堆放和设置。材料堆放应整齐、美观有序，要悬挂或固定 50cm×45cm 的硬质物料标识牌，并注明材料的名称、品种、规格、数量、产地、检验状态等。

(10) 施工现场的建筑垃圾应按品种、名称等标牌指示的位置集中分类堆放，集中清运。易燃易爆物品要分类存放，并有注明品种、规格、性质的标识牌。各种材料、垃圾、物品堆放要整齐、清洁有序，标牌栏内要注明责任人姓名，做到工完料净场地清，保持场容场貌整洁并建立日清扫制度，责任到人。

(11) 施工现场的机械设备(混凝土地泵、搅拌机、轮子锯、卷扬机、切断机、弯曲机、箍筋机、无齿锯等)必须采用定型化、工具化，易于装拆方便的防尘防护棚。

(12) 施工现场应设置办公室、会议室、资料室、门卫值班室等办公设施；宿舍、食堂、厕所、淋浴间、开水房、阅览室、文体活动室、卫生保健室等生活设施；仓库、防护棚、加工棚、操作棚等生产设施，道路、现场排水设施；围墙、大门、供水处、吸烟处、密闭式垃圾站(或容器)及漱洗设施等辅助设施。所有临时设施使用的建筑材料应符合环保、消防的要求。

(13) 施工现场搭建的办公设施和临时设施必须采用定型化、工具化的，应优选隔热环保彩钢板制作的。

(14) 工程开工时，必须有绿化规划。

(15) 施工现场要建立宣传教育制度，根据工程状况和施工阶段有针对性地设置、悬挂、张贴人性化的安全标语、横幅和禁止、警告、指令、提示安全标志，各种安全标志必须符合国标，做到齐全、整洁、醒目，悬挂位置得当。并按照施工现场总平面图布置，悬挂高度宜在 2.0～3.5m。

思考题与习题

一、简答题

1. 简述施工项目职业健康安全与环境管理的概念。

2. 简述施工项目职业健康安全与环境管理的目的和任务。
3. 试述工程项目职业健康的基本原则。
4. 何谓施工项目安全控制？安全控制有哪些内容？
5. 简述管理人员、特种作业人员、企业员工安全教育的要求。
6. 简述安全检查的内容和形式。
7. “三同时”制度指的是什么？
8. 简述按事故后果严重程度分类标准。
9. 简述安全事故处理程序。
10. 简述建筑施工场界噪声限值的要求。
11. 现场文明施工管理的内容包括哪些？

二、单项选择题

1. 建设工程项目决策阶段，建设单位职业健康安全与环境管理的任务是(　　)。
A. 对环境保护和安全设施的设计提出建议
B. 办理有关安全和环境保护的各种审批手续
C. 对生产安全事故的防范提出指导意见
D. 将保证安全施工的措施报有关管理部门备案

2. 项目的安全检查应由(　　)组织，定期进行。
A. 项目技术负责人　　B. 项目经理　　C. 专职安全员　　D. 企业安全生产部门

3. 清理高层建筑施工垃圾的正确做法是(　　)。
A. 将施工垃圾洒水后沿临边窗口倾倒至地面后集中处理
B. 将各楼层施工垃圾焚烧后装入密封容器吊走
C. 将各楼层施工垃圾装入密封容器吊走
D. 将施工垃圾从电梯井倾倒至地面后集中处理

4. 根据《建筑施工场界噪声限值》(GB 12523—1990)的要求，工程施工中昼间打桩作用噪声限值为(　　)dB。
A. 70　　B. 75　　C. 80　　D. 85

5. 根据《建设工程安全生产管理条例》，建设单位应当自开工报告批准之日起(　　)日内，将保证安全施工措施报送建设工程所在地的县级以上人民政府建设行政主管部门或其他有关部门备案。
A. 15　　B. 20　　C. 25　　D. 30

6. 三类危险源中，第一类危险源控制的方法有(　　)。
A. 增加设备安全系数，提高可靠性　　B. 消除危险源，限制危险物质
B. 进行故障—安全设计　　D. 设置安全监控系统

7. 第二类危险源的控制方法有(　　)。
A. 消除危险源　　B. 设置隔离设施
C. 设置薄弱环节　　D. 增加安全系数

8. 稠密地区进行强噪声作业时，一般停止作业的时间为(　　)。
A. 晚 8:00 至次日早 8:00　　B. 晚 9:00 至次日早 7:00
C. 晚 10:00 至次日早 7:00　　D. 晚 10:00 至次日早 6:00

9. 伤害事故分类中，物体打击伤害是指落物、滚石、(　　)等造成的人身伤害。

A. 锤击、碎裂　　B. 井壁坍塌
C. 高处坠落　　D. 爆炸引起的物体打击

10. 调查组在查明事故情况后，如果对事故的分析和事故责任者的处理不能取得一致意见，(　　)有权提出结论性意见。

A. 安全行政管理部门　B. 公安部门　C. 劳动部门　D. 工会

三、多项选择题

1. 根据我国《企业伤亡事故分类标准》(GB 6441—1986)，下列伤亡事故中，属于“机械伤害”的有(　　)。

A. 高处小型机械坠落砸伤地面工作人员
B. 搅拌机械传动装置断裂甩出伤人
C. 汽车倾覆造成人员伤亡
D. 电动切割机械防护不当造成操作人员受伤
E. 起重机吊物坠落砸伤工作人员

2. 根据《企业伤亡事故分类标准》(GB 6441—1986)，下列事故中，属于与建筑业有关的职业伤害事故有(　　)。

A. 物体打击　B. 触电　C. 机械伤害　D. 辐射伤害　E. 火药爆炸

3. 大气中气体污染物的治理方法有(　　)。

A. 电离法　B. 吸附法　C. 催化法　D. 燃烧法　E. 冷凝法

4. 安全事故调查组的职责包括(　　)等。

A. 查明事故造成的经济损失　　B. 确定事故责任
C. 对事故责任者进行处罚　　D. 提出事故防范措施建议
E. 向安全生产行政主管部门报送安全事故统计报表

5.《中华人民共和国环境保护法》和《中华人民共和国环境影响评价法》对建设工程项目环境保护的基本要求有(　　)。

A. 应满足项目所在区域环境质量、相应环境功能区划和生态功能区划标准或要求
B. 对可能严重影响项目所在地居民生活环境质量的项目，保护总局必须举行听证会
C. 开发利用自然资源的项目，必须采取措施保护生态环境
D. 建设工程项目中防治污染的措施，必须与主体工程同时设计、同时施工、同时投产使用
E. 防治污染的设施必须经原审批环境影响报告书的环境保护行政管理部门验收合格后，该建设工程项目方可投入生产或使用

6. 根据《特种作业人员安全技术考核管理规则》，下列建设工程活动中，属于特种作业的有(　　)。

A. 建筑登高架设作业　　B. 钢筋焊接作业
C. 卫生洁具安装作业　　D. 起重机械操作作业
E. 建筑外墙抹灰作业

7. 为了贯彻实施安全生产管理制度，工程承包企业应结合自身实际情况建立健全本企业的安全生产规章制度，一般包括(　　)等。

A. 安全值班制度　　B. 各种安全技术操作规程
C. 安全事故预报制度　　D. 加班加点审批制度
E. 防火、防爆、防雷、防静电制度

8.《中华人民共和国安全生产法》规定，生产经营单位新建工程项目的安全措施必须与主题工程同时(　　)。

A. 设计　　B. 招标　　C. 施工　　D. 验收　　E. 使用

9. 根据我国有关规定，下列情形应当认定为或者视同工伤的有(　　)。

A. 下班途中，受到机动车事故伤害的
B. 因工作受挫，上班期间在办公室自杀的
C. 在工作时间内，突发心脏病死亡的
D. 在抢险救灾活动中受伤的
E. 下班后在现场进行收尾工作而受伤的

10. 危险源控制约束的原则有(　　)。

A. 尽可能消除有不可接受风险的危险源
B. 应考虑保护每个工作人员的措施
C. 将技术管理和程序控制结合起来
D. 尽可能使用个人防护用具
E. 应有可行、有效的应急方案

第 8 章　工程项目资源管理

【学习要点及目标】

- 了解工程项目资源的概念。
- 了解工程项目资源管理方法。
- 了解工程项目人力资源管理方法。
- 了解工程项目材料管理方法。
- 了解工程项目机械设备的管理方法。
- 了解工程施工项目技术管理。
- 了解工程项目资金的管理方法。
- 掌握各类资源计划内容及计划编制方法。

【核心概念】

施工项目资源　项目资源管理　人力资源管理　材料管理　机械管理　技术管理　资金管理　资源计划　资源配置　资源控制　资源调整

【引言】

在工程项目实施过程中，掌握人力资源、材料、机械设备的管理技术与方法，以及做好资金的组织、计划、协调和控制是实现项目管理目标的根本。本章主要介绍工程项目资源管理的有关知识。

8.1　建筑工程施工项目资源管理

8.1.1　建筑工程项目资源管理概述

1. 建筑工程项目资源管理的概念

建筑工程项目资源是指为工程项目输入的各种生产要素，即项目中使用的人力资源、材料、机械设备、技术、资金和设施的总称。

建筑工程项目资源管理是根据工程项目自身的规律及一次性的特点，按照工程施工条件，对项目实施中所需的各种资源的有效、有序的组织、计划、使用、协调、控制、检查分析和改进，以降低资源消耗的系统管理方法。

2. 建筑工程项目资源管理的意义

施工项目资源管理的根本意义在于在保证项目各项目标的前提下，节约各项资源，其具体意义如下所述。

(1) 进行资源的优化配置，即将资源进行适时、适量的优化配置，按比例配置资源并投入到施工生产中去，以满足施工需要。

(2) 进行资源的优化组合，即投入项目的各种资源在施工项目中搭配适当、协调，使之更有效地形成生产力，充分发挥其作用。

(3) 进行资源的动态管理，即在项目运行过程中，按照项目内在的规律，有效计划、组织、协调、控制各种资源，使之在施工过程中合理流动。

(4) 在施工项目运行中，合理地节约使用资源，提高资源的利用率，以降低工程成本。

3. 建筑工程项目资源管理的特点

建筑工程项目资源管理的主要特点是：工程所需要的资源种类繁多，需求量大，在工程建设过程中资源输入不均衡；资源受外界的影响大，具有复杂性和不确定性，对工程的成本影响较大。

8.1.2　建筑工程项目资源管理的内容

项目资源管理包括人力资源管理、材料管理、设备管理、技术管理和资金管理。

1. 人力资源管理

人力资源的来源包括企业内部、劳务市场、劳务分包。

人力资源管理是指为实现工程项目目标，对人力资源进行的计划、组织、指挥、调配监督和控制等一系列的管理活动。人力资源管理的关键是控制数量，提高素质，保证效率，保证工作质量。

项目部进行人力资源管理的重点是加强对劳动人员的教育培训，提高他们的综合素质，提高思想道德觉悟；明确责任，加强法律意识、安全意识、质量意识，调动职工的工作积极性。

2. 材料管理

材料管理是指为保证项目顺利完成而进行的材料的计划、采购(购置/租赁)、运输、保管、加工、使用、回收、退赔等一系列的管理活动。

工程材料包括主要材料、辅助材料和周转材料。材料费用占工程造价的比重大约在 60%以上，材料管理的重点在现场，做好材料管理工作是降低工程成本的有效保障。

3. 机械设备管理

机械设备管理是指根据项目的规模、特点、技术要求、施工条件对设备的选择，合理使用、保养、维护、改造、更新等一系列的管理活动。

机械设备管理的重点是保证设备的完好率，提高设备的机械效率。

4. 技术管理

技术管理是指运用系统的观点、理论和方法，对工程项目的技术要素与技术活动进度进行计划、指导、监督和控制的一系列管理活动。

技术要素包括技术人才、技术装备、技术文件(规程、标准、方案)、技术资料等。技术活动包括计划、技术应用、技术改造、技术创新、技术开发、技术评价等。

工程项目施工现场技术管理的关键在于技术应用，以确保工程项目的质量、安全和工期。

5. 资金管理

资金是项目的特殊资源，是获得其他资源的基础。项目资金管理是通过对资金的预测、计划、分析、对比、调整和考核，以保证收入、控制支出、防范风险和提高经济效益为目的的一系列管理活动。

8.1.3　建筑工程项目资源管理的流程

资源管理流程包括资源计划、资源配置、资源控制和资源调整。

1. 资源计划

资源计划的目的是根据合同的要求和项目的目标，对各种资源的投入总量、投入比例、投入时间、投入步骤做出分析、预测和合理的安排，以满足工程施工及管理的需要。计划是资源优化、资源组合的前提。

2. 资源配置

资源配置是指按照计划合理安排、选择、供应、投入使用各类资源，以保证项目需要的管理活动。资源配置要遵循市场经济规律，更好地发挥各类资源的能效。

3. 资源控制

资源控制是指根据每种资源的特性，进行动态配置组合，协调使用，不断纠正偏差，达到节约资源，降低成本的目的。

4. 资源调整

资源调整是指各种资源在按计划安排使用过程中，经过对产出效果分析、核算和总结，找出问题，提出修正措施，并实施整改的管理活动。

资源调整的关键有两个方面：其一是总结，为改进提供信息；其二是持续改进。

8.2 建筑工程项目人力资源管理

8.2.1 人力资源管理概述

1. 人力资源的概念

人力资源是指一定时期内组织中的人所拥有的能够被企业所用，且对价值创造起贡献作用的教育、能力、技能、经验、体力等的总称。人力资源是最关键的资源，是对企业产生重大影响的资源。

对工程项目管理而言，人力资源是指一个施工项目实施过程中所投入的人的劳动的总和。

2. 人力资源的基本特点

人力资源是一种可再生的生物性资源。它具有生成过程的时代性、组织过程的社会性、开发对象的流动性和使用过程的时效性。人力资源具有的一种其他资源所没有的特性就是主观能动性。

3. 人力资源管理

广义的人力资源管理是对人力资源规划、招聘与配置、培训与开发、绩效考核、薪酬福利、劳动关系等方面的管理。

对工程项目管理而言，人力资源管理是指对项目所需的人力资源的计划、控制与考核。

8.2.2 人力资源计划

1. 人力资源计划

工程项目人力资源计划是指根据工程的特点，从项目的管理目标出发，依据内外部的客观条件，确定项目实施所投入的人力资源的数量、质量、投入时间、各自的工作任务及其相互关系的过程。

人力资源计划可分为三个步骤。

(1) 根据项目实施规划制订人力资源的总体计划。

(2) 对现有的人力资源进行分析评价。

(3) 确定更新与组织的人力资源。

2. 人力资源需求计划

编制人力需求计划应在符合《劳动法》及相关法律、法规的前提下，结合项目的规模、特点、技术要求，以及管理目标进行。主要包括项目管理人员需求计划和主要工种及综合劳动力计划。

1) 管理人员需求计划的确定

(1) 对项目目标进行分析，依据组织机构确定人员结构，重点是确定专业范围、专业能力、工作经验、工作态度和身体健康状况。

(2) 根据工作分解结构确定管理人员的专业、数量。

(3) 确定人员的聘任方法、程序、到岗时间及任职时间。

(4) 预测招聘成本。

2) 主要工种及综合劳动力计划的确定

主要工种及综合劳动力计划的确定要重点注意以下几个方面。

(1) 数量合理。主要工种和综合劳动力计划，是根据工程量多少和合理的劳动定额，并结合施工工艺和工作面的情况确定数量，目的是保证劳动者在工作时间内达到工作效率。

(2) 结构合理。在劳动力组织中，主要工种和综合劳动力的知识结构、技术结构、工种结构、年龄结构、体能结构要与生产任务相适应，以满足工程施工的要求。

(3) 素质结构。劳动者的文化程度、技术水平、技术熟练程度、法律意识、安全意识、质量意识要与所承担的工作任务相适应，以保证质量和安全。

3) 劳动力资源计划表

劳动力资源计划表是根据单项(包括单位)工程施工组织设计制定的，内容包括专业工种、等级、数量、需要时间等。它既可以作为施工现场劳动力的调配计划，还可作为搭建生活暂设的依据。劳动力需要量计划表如表 8-1 所示。

表 8-1　劳动力需要量计划表

序　号	专业工种		数　量	需用时间									备　注
	名　称	级　别		×月			×月			×月			
				Ⅰ	Ⅱ	Ⅲ	Ⅰ	Ⅱ	Ⅲ	Ⅰ	Ⅱ	Ⅲ	

3. 人力资源配置方法

人力资源的高效使用，关键在于制订合理的人力资源使用计划，以及使用过程中的必要调整。劳动力配置的方法有如下几种。

(1) 按劳动定额定员。该方法适用于确定专业工种人数，根据劳动定额按某工艺的工作量、工作时间和作业面计算生产人数。

(2) 按劳动效率计算定员。根据生产任务和劳动生产率(经验数据)计算生产人员数量。

(3) 按设备定员。根据机械设备的数量、完好程度、班次及生产定额确定操作机手(司机)及相关作业人数。

(4) 按比例计算定员。按技术工人与普通工人的比例，生产人员与服务人员的比例计算服务人员数量。

(5) 按承包方式计算定员。如果项目有专业分包或劳务分包，则应根据分包情况确定生产定员。

(6) 按组织机构图及工作结构分解确定管理人员的专业和数量。

8.2.3 人力资源控制

人力资源控制包括人力资源的选择(劳务发包)、培训、使用、协调、保险等内容。

1. 人力资源的选择

1) 项目组织机构人员的选择

根据项目组织机构形式及工作结构分解，将所需人员的部门、职位、工作内容、责任、权限、人员基本情况(年龄性别)、要求的学历、职称、经验、职业道德、希望的技能、专业专长所需人数，以及录用标准和方式、工作期限、报酬等条件公开，采用平等竞争的原则、量才任用原则选择管理人员。

项目组织机构的人员也可以选择以往合作项目班子的成员继续合作。

2) 劳务人员的选择

劳务人员的选择有如下几种。

(1) 从企业内部自有的劳务人员中选择。

(2) 从社会劳动市场进行选择。

(3) 施工分包方及劳务分包的工程项目，分包方自行提供劳动力资源，通过分包合同相关条款对劳动力资源进行控制。

项目所使用的劳动力资源无论来自企业内部还是企业外部，均应签订劳务合同，以约束合同双方，保障双方的权益。

2. 人力资源的教育与培训

人力资源的教育与培训是工程项目管理的需要，是提高人员综合素质的重要途径，是加强法制教育、安全教育和文明施工教育，加强质量意识、提高技术水平和操作能力，以及节约消耗的有效措施。

岗位培训，是对一切从业人员，针对岗位任职要求和岗位工作能力及其综合素质的全面的培训。人力资源教育与培训要有合理的计划，注重实施，跟踪效果，层次分明。

1) 教育培训计划

教育培训计划的内容包括培训目标、培训内容、培训时间、培训地点、培训资料、培训方式、考核方式、培训经费等。人力资源培训计划有两个方面，其一是对管理机构人员进行教育培训；其二是对操作层面的工人进行培训。

2) 教育培训内容

(1) 管理人员的培训内容。管理人员培训的宗旨是提高员工本职工作能力，保证项目管理工作顺利进行。培训内容主要有如下几方面。

① 针对项目施工的“贯标”培训。

② 针对项目施工的专业技术培训(新技术、新工艺、新标准、新规范)。

③ 针对项目管理工作的交底，如职责分工、业务接口、信息处理等。

(2) 操作工人的培训内容。操作工人的来源较广，成分较复杂，文化程度及综合素质参差不齐，守法意识、安全意识、质量意识相对薄弱，培训的任务难度大，责任重大。培训的主要内容有如下几个方面。

① 全员的法制教育。

② 全员的安全教育。

③ 施工现场管理条例。

④ 安全生产规章制度及操作规程。

⑤ 对技术工人关键岗位的培训教育。

⑥ 各类技术工种的应知应会培训考评。

⑦ 特种作业人员的持证上岗培训(电工、起重工、起重机驾驶员、架子工等)。

⑧ 各专业技术交底培训。

3) 培训考评

培训工作结束前，对参与培训的人员进行综合考评，考评的结果作为任职(上岗)的依据，考评结果是管理档案的一个组成部分。

8.2.4 人力资源的考核与激励

人力资源的考核就是有组织、有目的地对项目管理组织成员在日常工作中体现出来的工作能力、工作态度、工作成绩、职业道德，进行以事实为依据的评价。其目的是让员工加深了解自己的职责和目标，通过评价体现人在组织中的相对价值或贡献程度，使员工发挥能动性，为人员任免、薪酬调整、奖励激励、批评处罚提供依据。

1. 管理人员的考核

考核应考虑的因素包括岗位重要程度、工作难易程度、相关单位认可程度、个人的诚信程度等。

考核方法有主观评价法、客观评价法和工作成果评价法。

(1) 主观评价法。该法是依据一定的标准对被考核人与其他被考核者进行比较，评出顺序或等级。该方法简单易行，但受考核者的主观影响，考核的公平性易受影响。

(2) 客观评价法。该法是按工作指标完成情况进行评价。该方法重视工作效果，常忽略被考核者的行为。

(3) 工作成果考核法。该法是对员工设定一个最低的工作成绩指标，重点考核被考核者作出的贡献。

2. 对作业人员的考核

对作业人员的考核要根据作业人员的来源进行。如果是项目部在社会上招募的作业人员，则由项目部有关部门或人员对其进行考核；如果与劳务分包合作，则以分包合同为依据，进行考核。对作业人员考核的重点是是否按组织有关规定进行施工，是否符合质量标准和技术规程。考核评价结果可为以后选择分包队伍提供依据。

3. 员工激励

员工激励是项目管理工作的重要手段，管理者必须深入了解员工个体和群体的需要，选择激励手段，制定合理的奖惩制度，采取恰当措施。员工激励有助于提高人员素质、有助于提高工作效率，有助于发挥员工的创新能力，有助于整体目标的实现。

激励方式包括提高薪酬、物质奖励、授予激励、目标激励、榜样激励与情感激励等。

8.3　工程项目材料管理

8.3.1　材料管理概述

做好工程项目材料的管理工作，保证建筑产品质量，有利于合理使用和节约材料，降低工程施工成本，提高经济效益。材料管理的主要工作有材料计划、材料控制(采购、保管、使用、回收)和材料管理评价。

1. 材料管理的概念

材料管理是为保证项目顺利完成而进行的材料的计划、采购(购置/租赁)、运输、保管、加工、使用、回收、退赔等一系列的管理活动。

2. 材料分类

可以根据工程项目中材料的性质、用途以及采购形式将材料分类。

1) 按材料的性质分类

按材料的性质可分为建筑材料、五金材料和电气材料。

2) 按材料的用途分类

按材料的用途可分为构成工程实体的主要材料(如原材料、构配件、零件、半成品)、辅助材料和非工程实体材料即周转材料(如模板、脚手架、密目网等活动暂设所需材料)。

3) 按采购的途径分类

按采购的途径可分为业主提供材料(亦称甲供材料)和承包商自购材料。

4) 按材料的管理方法分类

按材料价值在工程中所占的比重划分，可以将材料分为 A、B、C 三类。

(1) A 类材料品种数量较少，占用资金比例却很大。

(2) B 类材料数量较 A 类多，但资金占用大大减少。

(3) C 类材料品种数量繁多，占用资金比例却很小。

3. 材料管理的特点

(1) 材料占工程造价的比重在 60%以上，材料管理是成本控制的关键。

(2) 材料种类繁多，市场供应渠道多，采购工作责任重大。

(3) 材料仓储保管所占的空间较大，受现场条件制约的因素较多。

(4) 施工现场作业面大，不易监督和控制材料的使用情况。

8.3.2 材料计划

1. 材料计划

根据工程项目所需要的材料，可以将材料计划分为三类，即主要材料计划、辅材料计划和周转材料计划。主要材料计划可以进一步划分为原材料计划、构配件及成品与半成品计划。根据管理需要，材料计划需要制订总体材料计划和分阶段材料计划。

1) 材料需求总计划

材料需求总计划由工程项目管理组织中负责物资的部门(或职能人员)根据工程内容、工程量汇总所需要的材料的总量制订。该计划依据施工图预算的材料分析汇总。材料总体计划应按专业分别编制，它可以作为项目管理的依据。

2) 阶段性材料计划

从理论上来分析，阶段性的材料计划之和应与总计划相符，但在实际施工过程中，由于施工项目的工期较长、技术工序较复杂、规模较大，加工可能存在的设计变更、工程量增减、市场供应、保管、使用等方面的原因，会导致阶段性的材料计划中材料的种类、规格、型号、数量出现差异。一般项目管理中的材料计划应依据阶段性的计划进行采购、保管和使用。

3) 材料使用计划

在材料的计划管理工作中，除了编制工程项目需要的材料计划外，各专业工程应提前将下一阶段工程所用的材料使用计划提交物资管理部门，以便及时供应。

2. 材料计划的内容

无论是材料需求总计划、阶段性材料计划，还是材料使用计划，内容一定要翔实，其主要内容包括工程项目名称、材料名称、规格、型号、单位、数量、单价、生产厂家(品牌)、购入时间、抵达地点、抵达时间，供应方式、使用单位和使用部位，编制人、审批人，以及其他需说明的事项。

3. 材料计划的编制依据和方法

(1) 依据施工图预算编制材料计划。预算定额中有材料消耗量，工程造价软件中有材料分析功能，可依据材料分析分别汇总工程中所需的材料。

(2) 依据施工预算及管理经验。根据实际工程管理经验，实际材料的消耗量与理论数值可能有偏差。材料计划可根据管理经验，在理论数值的基础上进行调整。

8.3.3 材料控制

材料控制应包括材料供应商的选择、采购合同的订立、进场验收及试验、储存保管、使用管理、材料回收、不合格品处理、材料退赔等。

1) 材料供应商的选择

(1) 业主对材料供应商的选择。对于大宗材料或价值高、对工程质量影响较大的材料，业主可以通过招标的方式选择材料供应商，一般材料业主可以根据市场调查情况选择供应商。

选择供应商要对供应商的生产经营许可、生产能力、质保体系、产品质量、价格、售后服务情况、社会信誉度(合同履约情况及社会的评价)等进行考察。

(2) 承包方对材料供应商的选择。承包商采购材料时，要根据合同约定看业主是否有材料供应商的选择范围来确定供应商；如果承包商自行采购材料，则对供应商的考核同业主。除此以外，承包商可以在以往合作过的材料供应商中选择合作伙伴。

2) 材料采购合同管理

除少量、低值的辅助材料外，一般材料采购都要与供应方签订合同，合同当事人为供应方和需求方，供应方对其生产或供应产品的质量负责，需求方应根据合同的规定进行验收。

采购合同的主要内容应包括供需双方的责任和义务，违约及责任承担方式以及采购对象的规格、性能指标、数量、单价、总价、附加条件和必要的相关说明等。

3) 材料进场报验及二次复试验收

(1) 材料进场报验。承包单位拟进入施工现场的工程材料、构配件和设备的工程材料、构配件、设备需要报验，承包单位应提交报审表及上述材料的质量证明资料，报专业监理工程师审查，专业监理工程师应按有关工程质量管理文件规定的比例采用平行检验或见证取样的方式进行抽检。

(2) 材料的复试(或复验)。材料的复试、复验均是指材料进场由施工单位试验员取样、监理公司见证取样后，送到有相应资质的检验部门(试验室)进行的检验。在2001年《建筑工程施工质量验收统一标准》颁布前，一般提法为“复试”；新验收规范下发后，规范中提法均为“复验”。根据有关规定钢筋、水泥、商混凝土、外加剂、防水卷材、装饰材料等进入施工主体结构的材料和合同要求的其他材料(电气、安装材料)必须复试。

(3) 材料验收工作。材料验收工作包括质量验收和数量验收。

质量验收主要包括如下内容。

① 一般材料作外观检查，主要检查其规格、型号、色彩、表面及整体完好程度。

② 内在的质量验收，由专业技术人员负责，按比例抽样后，送专门检验部门进行物理性能、化学性能的检验。

③ 专用特殊制品的外观检验，应依据加工图纸由技术部门进行质量验收。

④ 对于经检验不合格的材料应拒收，无质量证明的材料、器材、构件一律不得进场。

数量验收主要包括如下内容。

① 大堆材料(如砂石)按换算验收，抽查率不低于10%

② 袋装材料袋重抽查率不低于10%，散装水泥卸净后，按磅单抽检。

③ 三大构件的点件、点根、点数和验尺。

④ 对于有包装的材料，除按包装数全额清点外，属于重要的、专用的、易燃易爆的、有毒有害的材料应全部清点。

⑤ 对材料的检验情况做好记录。

4) 材料储存保管

(1) 储存验收。材料供应方将材料运至指定地点后，供需双方要共同验收材料的品种、规格、数量、质量证明文件等。无须复试的材料，经验收合格后，运至材料储存地点记入库存；需二次复试的，试验合格的材料计入库存，不合格的材料及待判定的材料作相关标识，指定地点存放，不记入库存。

(2) 储存保管。项目施工现场的材料存放方式有库房存放和露天存放，无论是哪种存放方式，必须符合防火、防盗、防水、防风、防变质的要求。

① 入库的材料应按品种、规格、型号、分区堆放(摆放)，并进行编号、标识(试验状态、入库时间)。

② 有防水、防潮要求的材料，应采取相应措施，并做好标识。

③ 有防火及防爆要求的材料要有独立的空间存放，并有严格的防火、防爆措施及设施，非库管人员不得入内。

④ 易损坏的材料，应保护好包装物，防止损坏，并做好标识。

⑤ 有保质期的材料，应定期检查，防止过期，并做好标识。

(3) 材料出库。材料出库领用应采用限额领料的管理方法。限额领料的程序是材料定额员(可以由预算员、各专业技术人员根据施工图预算中的材料分析做出材料限额)根据生产计划及进度下达限额领料单，各作业班组持限额领料单办理出库手续。领料单必须由主管人员批准。

库管人员定期进行材料盘点，将材料使用情况定期向主管领导作书面汇报，为项目管理提供信息和依据。

由于施工过程中的设计变更或其他原因引起的材料超额，各有关职能部门应及时沟通，以便管理。

5) 材料使用管理

在工程项目施工过程中，要坚持物尽其用、随领随用、工完料净、工完料退、场退料清、谁用谁清的原则，合理使用材料，尽量杜绝非合理性用料。材料使用过程中主要应注意以下事项。

(1) 在施工现场需二次加工的材料在下料时，要排尺合理，注意节约。

(2) 可回收利用的材料要减少浪费。

(3) 易损的材料出库后，要注意摆放。

(4) 周转性材料使用后，应及时清理并及时返库。

(5) 材料使用中要严格监督，责任者应合理用料，严格执行领发手续，按要求保管和使用材料。检查监督要有记录，原因有分析，处理有结果。

6) 材料回收

材料回收可分为剩余材料回收、误领误发回收、可利用包装物回收、边角余料回收、废料及污染回收。

材料回收要建立账目，以便为成本核算提供依据，为未来工程管理积累经验。

7) 材料不合格处理

对于验收不合格的材料可以拒收，并及时通知有关部门与供应商协商解决，已进入施工现场的材料，发现质量问题及技术资料不全的，应原封保管，并暂停发放使用，待检验合格后方可使用，检验不合格的，立即清除现场，以防误用。

8) 材料退赔

在材料采购合同中，双方应约定剩余材料退单及不合格品的赔偿条款；在零售网点采购的材料也要达成退货的协议。

8.3.4 材料管理评价

对材料管理评价的主要指标如下所述。

(1) 材料供应情况分析。

(2) 材料库存情况分析。

(3) 材料使用情况分析。

(4) 材料消耗情况分析。

(5) 材料采、保、用各环节存在的主要问题及相关措施的分析。

对上述指标应进行综合评价，总结经验，为管理决策提供依据。

8.4 工程项目机械设备管理

8.4.1 机械设备管理概述

建筑机械设备是现代化建筑工程施工的主要生产要素。随着科学技术的发展，建筑工程施工设备得到了较大的改进和发展，设备的自动化程度高、作业精度高是当前建筑设备的特点。充分利用机械设备，发挥设备能效，保证设备安全运行，保证设备良好状态，预防事故的发生，是设备管理的主要工作。本小节主要介绍工程项目施工承包单位项目经理部对设备的管理工作。

1. 机械设备管理的概念

机械设备管理是指运用组织手段和措施，保证投入使用的机械设备正常运行并得到定期保养和维修的管理活动。

工程项目机械设备管理工作可分为两个方面：其一是对用于项目施工的建筑施工机械和其他机械及器具的管理，主要管理工作是计划、使用过程中的管理工作；其二是指构成工程实体的设备，主要管理工作在于设备的购置及现场保管和安装过程中的质量保证及安装后的成品保护。

2. 机械设备管理的工作内容

工程项目机械设备管理与工矿企业机械设备管理原理相同，但有一定的区别。工程项目机械设备管理的主要工作包括施工设备计划、现场施工设备控制，以及设备使用及管理情况的考核。

8.4.2　机械设备(包括各类机具)计划

工程项目施工机械设备的选择应依据工程项目招标文件、工程技术要求、工程特点、施工现场情况、工程量、工期和企业拥有的技术装备以及租赁市场的情况确定。最主要的决定因素是工程特点、技术要求、现场条件、工程量和工期。

机械设备计划包括需求计划、使用计划、保养与维修计划等。

1. 需求计划

需求计划应根据工程项目的特点及施工组织设计，按专业工程分别编制，内容包括工程施工所需的机械设备、主要器具、仪器、仪表等。

为避免计划的疏漏，编制需求计划一般应按各专业工程的施工顺序编制，例如，土建工程编制计划时，首先应考虑土方工程所用机械、基础工程所用机械、主体工程所用机械以及其他分部分项工程所用机械，最后进行综合汇总。

机械设备需求计划，应报请上级主管部门审批(对计划的合理性审批)，审批后方能实施。机械设备(器具)需求计划表如表 8-2 所示。

表 8-2　机械设备(器具)需求计划表

序　号	机械设备名称	规格型号	功率/kW	数量/(台/套)	使用周期	来　源	备　注

工程项目所需设备的来源主要有四个方面，其一是企业自有设备，其二是企业列入计划购置设备，其三是社会设备租赁市场租赁设备，其四是分包方自带的机械设备。

2. 使用计划

对于大型、工期较长、投入机械设备种类、数量较多的项目，因涉及设备的调遣及企业的总体计划安排，所以编制设备的使用计划十分重要。

项目经理部有关人员应根据工程施工组织设计工程进度计划编制机械设备(包括器具仪器、仪表等)使用计划，计划要详细说明所使用的设备的所有信息及使用部位和时间。

3. 机械设备保养与维修计划

机械设备在使用过程中，其机械性能、保护装置、可靠性都可能发生变化，为保证机械设备经常处于良好的状态，必须强化设备的保养和维修工作，机械设备的保养与维修应贯彻“养修并重，预防为主”的原则。

1) 保养计划

机械设备的保养目的是保持机械设备良好的运行状态，提高机械设备运行过程中的可靠性与安全性，减少部件磨损，延长使用寿命，提高经济效益。

在设备投入施工现场使用前，项目部相关管理人员应编制施工现场设备管理计划书及手册，并在开工前向操作人员进行交底。

保养计划应根据施工现场机械使用情况及设备管理手册编制。

2) 维修计划

机械设备的维修，根据设备的使用年限、损坏程度可分为小修、中修和大修。

维修计划根据机械设备投入使用的台时编制。

8.4.3 机械设备管理与控制

机械设备的管理包括设备的购置与租赁、设备进出场、设备使用与操作、设备的保养与维护以及设备的报废。

1. 设备的购置管理

设备的购置是根据企业扩大再生产计划执行的，一般情况下，特殊的设备购置与承揽的工程项目的技术要求相关，常规的机械设备在一般情况下，企业现有的装备都能满足工程的需要。设备在购置时，除履行企业的固定资产购置程序以外，还要考虑设备的先进性、可靠性、经济性和合理性。

2. 设备的租赁管理

设备租赁可分为企业内部租赁和社会租赁。

企业内部租赁。企业内部租赁是指工程项目经理部向企业主管部门上报租赁计划，由企业统筹安排，集中调配。

社会租赁。社会租赁是指当自有设备的种类、数量不能满足工程施工要求、现有资金有限不能另行购置设备，或者是大型机械设备的调遣成本很高以及企业考虑设备换代等因素，则为满足项目施工要求，应考虑在社会租赁市场中租赁设备。

租赁设备应做好如下几方面工作。

1) 企业内部的租赁计划

企业内部租赁，要提交使用租赁计划(包括种类、数量、使用时间、结算方式)，经有关部门审批后，方可将设备投入项目中。

2) 向社会租赁的合同签订

向社会租赁公司租赁设备时，首先要签订租赁合同，合同要明确租赁的设备的种类、数量、使用时间、租金、明确验收与结算方式，明确双方赔偿的责任。

3. 设备的进出场管理

1) 设备(包括工器具)进场报验

项目工程开工前，项目部应按工程施工组织设计中的机械设备的进场计划(有的工程项目招标文件中要求按招标文件中的《拟投入项目的机械设备一览表》组织进场设备)组织机械设备进入施工现场，并向工程监理单位提交进场情况报验单，监理单位负责验查，不符合要求的施工机械不得进入施工现场，不在有效期内的计量仪器、仪表不得进入施工现场。

设备进场报验单可作为竣工后、承包商撤离施工现场设备出场时的主要凭证。

2) 设备的出场

在工程项目实施过程中，根据合同要求或进度计划，部分工程可能提前竣工，在不影响工程施工的前提下，一些机械设备可能随时撤出施工现场。设备撤出施工现场之前，承包商应就需撤出施工现场的设备情况向监理工程师申报，并经监理工程师同意后方能撤出，并办理相关手续。

4. 设备使用与操作管理

设备使用管理工作主要包括制度建立、操作人员管理和设备操作使用管理。

1) 建立机械设备管理制度

在机械设备使用过程中，为保证机械设备合理使用并充分发挥机械设备的技术性能和效率，应建立并遵循以下制度。

(1) 建立机械设备使用责任制。包括定人、定机、定岗制度。操作人员必须遵守操作规程、保养规程，机械设备的完好程度，以及机械效率与个人经济利益“挂钩”。

(2) 实行操作持证制度。设备操作人员除了国家规定的特种机械操作证外，项目部可根据管理需要确定持证上岗制度。机械操作人员进行培训、考试、交底，确认合格后发操作证，并持操作证上岗。

(3) 严格执行技术规程，凡进入施工现场的设备，投入使用前必须测定其技术性能和安全性能，经确认合格后方能投入使用。在磨合期的设备，应遵守磨合期的使用规定，以延长设备的修理周期，以及设备的使用寿命。

(4) 实行单机或单组核算，确定单机机械效率，消耗费用和保养维修费用。

(5) 提高设备管理人员及操作人员的技术业务能力和操作保养维护技术。

(6) 建立机械设备管理档案，包括设备的原始资料、设备运行记录、设备事故分析及处理记录、设备改造记录和设备保养及维修记录。

2) 机械设备操作人员管理

(1) 机械设备操作人员必须持证上岗。

(2) 操作人员必须明确岗位责任制。

(3) 严禁机械设备及操作人员带病工作。

(4) 建立考核制度，定期考核，奖罚到位。

3) 设备使用操作管理规定

(1) 设备操作规定。在施工现场机械设备操作使用过程中，要遵守设备操作五项纪律。

① 实行定人、定机使用设备，遵守安全操作规程。

② 经常保持设备清洁，按规定加油，换油。

③ 遵守交接班制度。

④ 管好设备不得损坏。

⑤ 发现异常，自己不能处理的问题，应及时通知有关人员检查处理。

(2) 设备维护规定。设备使用维护过程中，主要有如下四个方面的要求。

① 整齐：零部件及安全防护设施齐全，设备线路管路完整。

② 清洁：各部件不漏油，不漏水，不漏气、不溢料。

③ 润滑：及时加油，换油。

④ 安全：实行定人、定机和交班制度，熟悉设备结构，遵守操作规程，维护规程，合理使用设备，精心维护，加强监测，不出事故。

(3) 设备操作人员的“三懂”。

① 懂性能：通过培训了解机械设备的性能、技术参数及常见的故障。

② 懂结构：通过培训及以往经验的积累，熟悉机械设备的结构。

③ 懂原理：通过培训了解机械设备的机械原理及控制原理，做到出现异常及时采取措施。

(4) 设备操作人员的“四会”。

① 会使用：通过培训应能安全熟练操作机械设备，熟悉设备性能、结构、工作原理，学习和掌握设备操作维护规程；配合检修人员检修，并参加试车。

② 会保养：学习和执行设备的维护、润滑要求，按规定进行清扫、擦洗，保持设备及周围环境的清洁，操作者应对所操作的设备做到例行保养和定期保养。

③ 会检查：操作者应能在操作前对设备例行检查，在设备运行过程中，对设备出现的异常现象能够检查；熟悉设备结构、性能，了解工艺标准和检查项目，根据点检的要求，对设备各部位技术情况进行检查判断，以及鉴别出设备的异常现象和发生部位，找出原因，能按设备完好的标准判断设备的技术状况。

④ 会修理及排除故障：操作者应能对设备出现的一般故障作出判断和检查修理，熟悉所用设备的特点，懂得鉴别设备的正常与异常，能完成一般性的调整和简单的故障排除。设备出现故障，能采取紧急措施防止故障扩大，自己不能处理的问题及时上报，并协助维修人员进行排除。

(5) 设备操作人员的“三好”。

① 管好设备：操作者应负责管好自己操作的设备，未经批准不得让他人操作。

② 用好设备：严格遵守设备操作规程，正确使用不超负荷，做好交接班记录，认真填写规定的记录表。

③ 修好设备：严格执行维护规程，弄懂设备性能及操作原理，及时排除故障，配合检修人员检修，并参加试车验收工作。

5. 设备的保养与维修

为保证机械设备处于良好的状态，必须强化机械设备的保养与维修工作，贯彻“养修并重，预防为主”的原则，做到定期保养、定期维护。

1) 设备保养

设备保养可分为例行保养和定期保养两种类型。

(1) 例行保养。例行保养是指不占用设备运行时间，由操作者在设备间歇时间进行。其主要内容是保持设备的清洁、润滑，补充燃油、冷却水，防止设备腐蚀，检查设备转向、制动系统的灵活性，检查仪表指示、有无异常声响等。

(2) 定期保养。设备的定期保养是指间隔一定周期，需要占用设备正常的运转时间而停工进行的保养。保养应根据机械设备磨损规律、作业条件、维护水平，以及经济性四个主要因素确定。定期保养可分为一级保养、二级保养、三级保养和四级保养，保养级数越高，占用的时间越长。

2) 设备维修

设备维修是对机械设备的自然损坏进行修复，排除机械运行故障，对损坏的零部件进行更换、修复以保证机械设备的使用效率。设备的维修可分为小修、中修和大修。

(1) 小修。是指临时安排的修理，更换个别零部件，目的是消除操作人员无力排除的故障、损坏和一般事故性的损坏，一般情况下和保养相结合；而大、中修要列入修理计划，并按计划检修制度执行。

(2) 中修。是指更换设备的主要零部件和数量较多的其他磨损件，并校正机械设备的精准度，恢复设备的精度、性能和效率，以延长设备的大修间隔。一般情况下，生产线上的设备三年一次中修，建筑机械设备根据设备的使用台时，确定中修周期。

(3) 大修。是指对机械设备进行全面的解体检查，保证各零部件质量和配合要求，使其达到良好的技术状态，恢复可靠性和精度等性能，以延长机械的使用寿命。

通常情况下三次中修后设备需要大修，但如果设备出现故障或事故除外。

机械设备在使用过程中无论是否发生故障，应严格按机械设备的检修计划进行检查修理。

8.4.4　机械设备的管理考核

机械设备的管理考核重点是对机械设备完好率及利用率的考核，对项目机械设备管理使用经验做出总结，对项目所投入的机械设备的运行、保养、维护、故障处理、折旧等做出经济分析，对设备运行实际成本与定额指标的对比和评价，为考核项目部的管理工作指标提供依据。

8.4.5　机械设备管理中易出现的问题及防范措施

1. 机械设备管理中存在的问题

在工程项目施工管理中，企业内部协调机械设备的配置可能会存在下列问题。

(1) 由于项目的一次性特点，项目部很难对设备寿命周期进行管理。

(2) 由于项目的一次性特点，项目经理部很难按设备的管理规定做到对设备的养护，部分设备出现带病工作的现象。

(3) 工程任务接续不上时，有时会忽略对设备的管理与维修工作。

(4) 企业设备分散在项目上，项目部很难备齐设备的零部件。

(5) 有时会忽略对超期服役设备的风险评估，存在侥幸心理。

2. 防范措施

机械设备管理应制定下述防范措施。

(1) 在企业内部及项目部强化管理意识、质量意识、安全意识。

(2) 企业派专人负责检查保养及维修情况，或派专人负责维修保养，并将日常保养与维修费用直接从工程结算中扣除。

(3) 在企业内部建立诚信档案。

(4) 企业内部的设备调配向社会租赁形式转化。

8.5 建筑工程项目技术管理

8.5.1 工程项目技术管理概述

工程项目技术管理是指以系统的观点对构成施工技术各项要素和施工企业的各项技术活动，用科学的方法进行计划和决策，组织与指挥。

施工技术活动是多种多样的，这里所谓的技术活动是指熟悉与会审图纸、编制施工组织设计、施工过程中洽商管理、质量检查以及工程竣工全过程的技术工作。

工程项目技术管理工作包括技术管理基础工作、施工过程技术管理工作和技术开发工作。

工程项目技术管理的目的是保证生产的正常进行，推动企业的技术进步，提高技术的经济效益。

8.5.2 工程项目技术管理的基础工作

工程项目技术管理的基础工作主要是建立体系、建立制度，以及确定技术管理工作流程。

1. 建立项目技术管理体系

工程项目技术管理体系是项目管理质量保证体系的重要组成部分，是在工程项目质量保证体系中的最高管理者的领导下，与工程技术管理工作相关的部门或职能岗位(或者人员)的职责分工(如图8-1所示)。

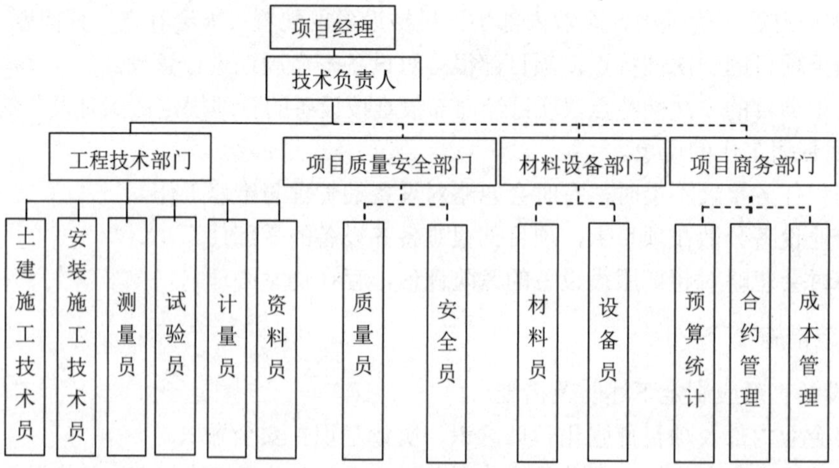

图8-1 项目技术管理体系

2. 建立技术管理制度

工程项目技术管理制度包括技术管理工作制度和技术管理人员岗位责任制度。

1) 技术管理工作制度

技术管理工作制度有图纸会审制度、技术交底制度、技术复核制度、技术核定和设计变更制度，以及技术(文件)标准管理制度。

(1) 图纸会审制度。图纸会审制度是指通过图纸会审达到了解设计意图、明确质量要求、将图纸上存在的问题和错误、专业之间的矛盾等尽最大可能解决在开工之前。图纸会审制度是技术业务检查的重点内容之一，重点检查图纸会审记录内容的完整性和会审记录的发放情况。图纸会审分“专业会审”和“综合会审”，无论是“专业会审”还是“综合会审”，在会审之前，应先由设计单位交底，交代设计意图、重要及关键部位，采用的新技术、新结构、新材料、新工艺和新设备等的做法、要求、达到的质量标准，然后由各单位提出问题进行会审。

(2) 技术交底制度。技术交底制度是指在工程正式施工前，通过技术交底使参与施工的技术人员和工人，熟悉和了解所承担工程任务的特点、技术要求、施工工艺、工程难点、施工操作要点，以及工程质量标准，做到心中有数。

项目技术交底分三级：设计单位向项目部交底；项目技术负责人向项目工程技术及管理人员进行施工组织设计交底(必要时扩大到班组长)并做好记录；工长向班组进行分部分项工程技术交底。

(3) 技术复核制度。技术复核制度是指在施工过程中，对重要的和影响全面的技术工作，必须在分部分项工程正式施工前进行复核，以免发生重大差错，影响工程质量和使用。当复核发现差错时应及时纠正，然后方可施工。

技术复核的主要内容如下所述。

① 建筑物的位置和高程：四角定位轴线桩的坐标位置；测量定位的标准轴线桩位置及其间距；水准点、轴线、标高等。

② 地基与基础工程设备基础：基坑(槽)底的土质；基础中心线的位置；基础底标高、基础各部尺寸。

③ 混凝土及钢筋混凝土工程：模板的位置、标高及各部分尺寸、预埋件、预留孔的位置、标高、型号和牢固程度；现浇砼的配合比、组成材料的质量状况、钢筋搭接长度、焊缝长度；预制构件安装位置及标高、接头情况、构件强度等。

④ 砖石工程：墙身中心线、皮数件、砂浆配合比等。

⑤ 屋面工程：防水材料的配合比，材料的质量等。

⑥ 钢筋砼柱、屋架、吊车梁以及特殊屋面的形状、尺寸等。

⑦ 管道工程：各种管道的标高及其坡度；化粪池、检查井底标高及各部尺寸。

⑧ 电气工程：变、配电位置；高低压进出口方向；电缆沟的位置和方向；送电方向。

⑨ 工业设备、仪器仪表的完好程度、数量及规格，以及根据工程需要指定的复核项目。

(4) 技术核定和设计变更制度

① 凡在图纸会审时遗留或遗漏的问题以及新出现的问题，属于设计产生的，由设计单

位以《变更设计通知单》的形式通知有关单位(施工单位、建设单位、监理单位)；属建设单位原因产生的，由建设单位通知设计单位出具工程变更通知单，通知有关单位。

② 在施工过程中，由于施工条件、材料规格、品种和质量不能满足设计要求以及合理化建议等原因，需要进行施工图纸修改时，由施工单位提出技术核定单。

③ 经过签证认可后的“技术核定单”交项目资料员登记并发放施工员、预算员、质检员；分公司技术部门、经营预算部门，以及质量部门。

(5) 项目技术资料管理制度。

① 项目技术资料收集要与项目施工进度同步，从工程施工准备工作开始，即应进行文件材料的积累、整理、审查工作，项目竣工验收时，完成文件资料的归档和验收工作。

② 建设项目由施工单位实行总承包的，各分包单位负责收集、整理分包范围的施工技术资料，总包单位负责汇总整理，竣工时由总包单位向建设单位提交完整、准确的工程施工技术资料。

③ 建设项目由建设单位分别向几个单位发包各承包单位负责所承包工程的技术资料，交建设单位或建设单位委托的承包单位汇总、整理。

④ 技术资料的填写要求必须做到内容真实可靠、数字准确、字迹清晰，必须废除非法定计量单位或符号。

(6) 技术标准管理制度。

① 项目必须切实做好技术标准管理工作，项目技术标准管理工作在项目技术负责人领导下，由项目内业技术员负责。

② 在工程正式开工前，项目必须配备齐全工程施工所需的各种规范、标准、规程、规定，并要求项目建立所有技术人员传阅学习(必要时组织统一学习)并记录。项目必须建立所有技术人员的学习记录。

③ 当有标准失效或作废时，项目作业技术员应及时通知有关人员，并负责及时撤出失效或作废的标准，并在技术标准清单目录上进行画改，撤出的失效或作废的标准应加盖“作废”标识，防止失效或作废标准继续使用。

2) 技术管理人员岗位工作制度

(1) 项目经理技术职责。

① 建立项目技术管理体系，明确项目部岗位技术职责分工。

② 组织编制项目管理实施规划及施工组织设计。

③ 对以项目技术负责人为主的项目技术管理要素进行优化配置和动态管理。

④ 组织解决项目重大技术问题。

(2) 项目总工程师/技术负责人主要技术职责。

① 负责施工组织设计和专项工程施工方案的编制工作。

② 负责组织学习、审核施工图纸，组织技术交底会议，负责向项目部、分包单位有关人员进行技术交底工作。

③ 负责施工组织设计、施工方案、规范、规程执行过程情况的检查。

④ 检查单位工程的定位、放线、抄平工作及负责技术复核工作。

⑤ 参加隐蔽工程验收和预检工作。

⑥ 负责技术信息、技术资料和结算资料的搜集、整理和上报工作。

⑦ 组织项目部有关人员的技术学习和技术培训。

⑧ 负责工程的技术总结工作，及时编制论文、工法和总结成果。

(3) 施工技术员技术职责。

① 参与施工方案的编制。

② 熟悉并掌握设计图纸、施工规范、规程、质量标准和施工工艺，向班组工人进行技术交底。

③ 按施工方案、技术要求和施工程序组织施工。

④ 按时、全面、准确地提供工作范围内的各项技术资料。

⑤ 协助技术负责人的技术管理工作。

(4) 预算员技术职责。

① 在技术负责人的指导下及时熟悉了解工程的特殊工艺、特殊材料和新的施工方法。

② 按设计文件、施工组织设计、施工方案等技术文件的要求合理编制施工预算。

③ 参与同业主磋商签证、设计变更等事项。

(5) 质检员技术职责。

① 熟悉掌握施工方案、技术交底，以及施工工艺要求。

② 协助技术负责人的技术管理工作。

③ 按时、全面、准确地提供质量评定方面的各项技术资料。

(6) 安全员技术职责。

① 熟悉掌握施工方案、安全技术交底和施工工艺要求。

② 协助技术负责人的技术管理工作，参与安全技术方案的编制。

(7) 材料员技术职责。

① 掌握工程材料在技术方面的各种要求，按技术要求采购。

② 对进场材料的规格、质量、技术参数等进行把关验收。

③ 收集工作范围内技术资料的原始记录，及时、全面、准确地提供各项相关技术资料。

(8) 资料员技术职责。

① 全面负责项目部各种技术文件资料的收集整理工作，根据工程进度对有关文件资料及时进行收集、整理和存档。

② 对技术文件资料的整理做到分类合理、标识清楚、存放整齐、查找方便、保管安全。

③ 负责技术档案的移交工作。

(9) 试验员技术职责。

① 负责工程试验和原材料、半成品、成品的试验、检验工作。

② 负责提供取样记录及各种试验资料。

(10) 测量员技术职责。

① 熟悉图纸，按确定的设计文件进行施工放线，测试并形成书面文件报签。

② 对工程项目的标高和轴线定位放线工作，负有直接技术责任。

③ 保管好测量仪器及工具。

④ 保护测量控制点，做好抄测记录。

(11) 计量员技术职责。

① 编制项目年度计量器具校准计划，负责建立项目部计量器具台账。

② 负责项目部计量器具的保管、使用、校准和计量检查工作。

3. 工程项目技术管理工作流程

工程项目技术管理流程如图 8-2 所示。

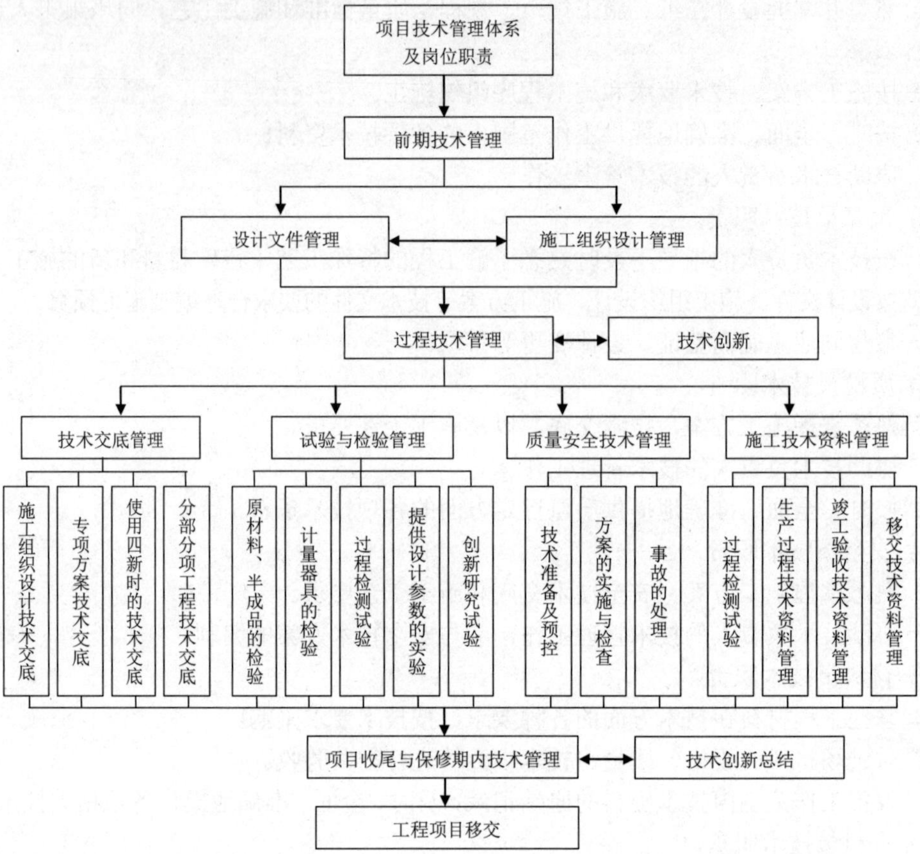

图 8-2　工程项目技术管理流程

8.5.3　工程项目施工过程技术管理工作

施工过程技术管理工作包括施工工艺管理、材料试验管理、计量工具与设备的技术核定、质量检查与验收和技术处理。

1. 施工工艺管理

加强工艺管理，严格工艺纪律，提高工艺技术水平，进一步提高工艺管理工作水平，有助于企业产品质量的提高和工艺技术的进步。工艺管理制度如下所述。

1) 设计文件工艺性审查和会签制

设计文件审核和现场核对是一项极其重要、严肃认真的工作，其目的在于熟悉设计内容，了解设计意图，明确技术标准和施工工艺，同时对图纸中存在的差、漏、错、碰及设计不明确的问题和现场不符之处，及时与设计单位协商修正，使其更加完善合理，以便更好地组织施工。

2) 文件交底制度

技术交底的目的是使施工人员进一步了解施工设计意图、设计技术标准、质量、安全、环保要求及施工工艺，确保工程优质、高效、按期建成。

(1) 设计单位对施工单位技术交底。项目部收到设计文件后，总工程师应积极与业主、设计单位联系，了解对施工单位进行设计交底的组织、时间等事项；组织参建单位有关人员参加设计单位组织的技术交底。项目工程部门应对交底中的有关问题及处理意见进行详细记录，并形成会议纪要，以便实施，或待相关问题形成文件后下发执行。技术交底文件或会议纪要应妥善保管备查，并作为竣工文件资料列入工程档案。对复杂技术及高、新、难、尖工程，在施工前或施工过程中，还应请有关专业设计人员到现场进行专题技术交底，以保证顺利施工和满足设计标准的要求。

(2) 项目内部技术交底。内部交底分综合技术交底、工序技术交底和“四新”交底。

① 综合技术交底。由项目总工程师组织，向施工队进行交底。工程部门负责形成综合技术交底书面材料，下发执行。交底内容：工程概况；安全、质量、环保要求、设计标准及工期安排；施工方法、重点工程施工方案、各项技术工作要求及措施；物资供应、设备保障及开工前的各项施工准备等。

② 工序技术交底。由项目总工程师根据项目指挥部技术交底情况和施工计划安排分阶段编制技术交底书或作业指导书，分别对施工队和班组进行技术交底，必要时应进行专业技术培训。工程部门应适时检查作业指导书和技术交底落实情况，发现问题及时纠正，并将检查情况记入检查记录和工程日志。交底内容：现场测量放样，埋设施工桩橛，绘制施工桩橛布置图；根据施工设计图纸和定型图绘制施工图；以技术交底书形式向班组进行技术标准、工艺标准、质量标准和安全、环保注意事项的交底。经施工队技术主管复核后，交接双方办理签字手续，各留一份备查。技术交底是一项严肃认真的工作，关系到工程能否按程序、标准实施。没有进行技术交底的工程，不准施工。交底工作不论采用何种形式，均要建立技术交底复核和交接签收制。

3) 工艺检查考核办法

(1) 检查考核内容。技术文件、技术标准、设计图样和工艺文件齐全，按工艺规程进行生产。工艺条件，施工用模板、混凝土搅拌合符合工艺要求。

工艺设备、仪器、仪表、通用及标准工具和工装应符合工艺规程。使用及操作方法应正确，并定期鉴定、维护、保养。质检：坚持三检(自检，互检，专检)制度。

(2) 检查考核方法。工艺责任检查：职能部门的责任是为贯彻工艺创造必要的工艺条件。对各职能部门的工艺责任检查和考核，由质检工程师执行。

工艺纪律监督：生产操作的日常工艺监督，由工序质检人员执行。质检人员对违反工艺纪律生产的产品，有权拒绝验收并通过管理渠道向上反馈信息。

工艺纪律抽查：由工艺部门组织检查组，定期或不定期地对生产过程中工艺纪律执行情况进行抽查。抽查方法包括下述两种。

① 直接到生产现场，对正在加工中的半成品进行抽查。

② 由施工现场技术负责人组织不定期工艺纪律抽查，各施工队管理部门也可根据需要组织不定期抽查。

2. 材料试验管理

材料的质量决定工程质量，材料检验试验是保证项目管理目标的重要环节，材料的检验试验内容包括原材料半成品的检验试验、计量器具检验、过程的检测试验、提供设计参数的试验、创新研究试验。

1) 试验与检验分工

现场试验由项目试验员组织，各专业施工技术员配合，按规范规定频率方法进行取样送检、抽检或现场试验检测，由监理工程师全过程见证。

2) 检测机构

所取试样按规定送至具有相应检测资质的检测部门检测，送样前或现场工程检测前对检测部门资质进行审核后才能进行相应的检测工作。按规定抽检试件(或试样)送经质监站认定的试验室。

3) 原材料、半成品的检验

(1) 试验检测工作流程(如图8-3所示)。

(2) 检测的主要内容和要求。

① 水泥、钢材、电焊条等重要材料，供料商应按批量提供出厂质量证件，随材料一起到达工地；工地验收材料后，应按相应的批量进行见证取样复验，复验合格后方可使用。

② 对砖、砂、石、油毡、沥青、水、电、暖卫等材料应按规范要求提供合格证或复验报告。

③ 门窗、混凝土构件等半成品进场时应出具合格证明，塑钢门窗等半成品还需进行现场抽检。

④ 不合格材料不准使用，如供料确有困难需降级使用或代用时，由项目部总工程师审核，提出使用(代用)措施，报分公司总工程师批准，并且要征得业主、监理单位、设计单位的认可，出具书面材料后再使用。

⑤ 混凝土、砂浆要先进行试配后再施工。施工浇筑过程中要按规范标准要求，留足试块，并按规范标准进行养护，按时试压。

4) 复验、抽检的批次、数量及取样规定

复验、抽检的批次、数量及取样规定执行相应的规范和有关地方或行业企业的管理标准。试验、检测方法参见《建筑施工手册》(中国建筑工业出版社，第四版)。

5) 计量器具检验

(1) 建筑施工常用的计量器具如表8-3所示。

(2) 计量器具的检验由项目部计量员负责，主要工作包括建立计量器具台账、对计量器具初次校准、周期校准、使用及控制、偏离校准状态的处理。计量器具检验的工作程序、方法可按企业标准化管理规定进行。

6) 过程检测试验

(1) 过程检测试验是指各分部分项工程在施工过程中及成型后，为保证质量所进行的各种检测和试验。过程检测试验由项目总工程师负责，施工技术员、试验员具体组织实施，资料员汇总形成记录报监理公司审批。对由业主直接分包的分项工程，项目部应参加其过程检测试验项目，并及时收集其试验报告。

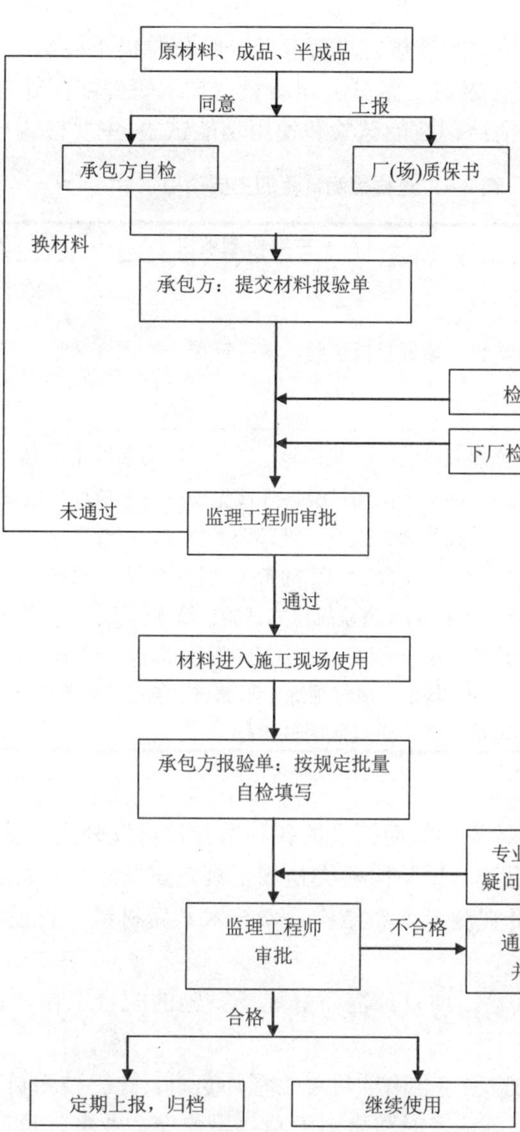

图 8-3　原材料、成品、半成品验收工作流程

表 8-3　建筑施工常用计量器具

类　别	器具名称	类　别	器具名称
强检类计量器具	经纬仪	非强检类计量器具	5m 以内(含 5m)钢卷尺
	水准仪		游标卡尺
	全站仪		钢直尺
	激光铅垂仪		水平仪
	5m 以上钢卷尺		温度计
	绝缘电阻测量仪		电流表
	接地电阻测量仪		坍落度筒
	磅秤		混凝土及砂浆试模

(2) 对存在质量问题的部位，须按规定进行复验。经复验仍不能满足要求的，应按集团股份公司质量管理办法的规定，及时上报分公司质量、技术管理部门处理。

(3) 过程检测试验项目包括结构性能试验和使用功能试验，主要检测项目如表8-4所示。

表 8-4 过程检测试验的主要项目

试验类别		主要检测项目
结构性能试验	地基与基础阶段	土壤试验、强夯试验、锚杆拉拔试验、地基钎探
	主体阶段	混凝土试验，钢筋焊接试验，砂浆试验，现场预应力混凝土试验，结构抽检验收当中的回弹、取芯试验，钢结构探伤试验，焊接无损检测，植筋拉拔试验
使用功能检验	安装装饰阶段	墙体裂缝情况检验，抽气道、烟道、吸排烟道检验，屋面蓄水试验；地漏安装、卫生间、阳台地面坡向检验；浴间、卫生间蓄水试验；顶棚、楼地面裂缝情况检验；管内穿线质量检验；给水(采暖)管道系统压力试验；给水(采暖)管道系统清洗试验；管道通球检验；散热器组装后压力试验；(排水)管道灌水(雨水)静压试验；卫生器具盛水试验；普通电气设备安装动态检验；电气绝缘电阻测试；防雷及电气设备接地电阻测试验收；漏电保护开关动态检查表；电气照明试运行

7) 提供设计参数的试验

(1) 设计为了获取正确的计算参数而提出的各种试验，可以分为试验检验类和新结构、新技术、新材料、新设备应用类。试验检验类是规范规定试验项目，如：地基处理试验，试验桩，试验锚杆，地基沉降观测等。新结构、新技术、新材料、新设备应用类是首次应用，在工程所做的试验。

(2) 由业主直接委托的试验，项目部需做好现场试验的配合工作，并收集、保存试验报告。

(3) 属于合同范围内的试验项目，由项目总工程师负责，施工技术员和试验员共同参加组织实施。试验完成后，项目部应及时将资料汇总并报监理、业主、设计单位。

8) 创新研究试验

(1) 按照公司年度科研计划和施工组织设计中的技术创新计划，在工程项目实施过程中进行科研、编制工法所进行的试验。

(2) 由公司技术中心或分公司技术部门直接委托的试验，项目部应做好现场的配合工作，项目部课题组成员还应参加试验和数据的整理工作。

(3) 项目经理负责由项目部直接安排的试验，项目总工程师和课题组成员具体组织实施。

8.5.4 工程项目技术资料管理

工程项目技术资料管理包括工程前期准备、生产过程、竣工验收与移交整个过程中的技术资料管理。

1. 施工技术资料管理内容

(1) 工程前期资料。
(2) 工程技术管理资料。
(3) 施工检测资料。
(4) 施工试验资料。
(5) 施工记录资料。
(6) 隐蔽工程检查验收资料。
(7) 基础、主体结构验收资料。
(8) 工程质量检查验收资料。
(9) 专业分包施工技术文件。
(10) 建筑给水、排水及采暖。
(11) 建筑电气。
(12) 通风与空调。
(13) 智能建筑工程。
(14) 电梯工程。
(15) 竣工图。
(16) 竣工验收资料(竣工前申报)及竣工备案资料。
(17) 声像、缩微、电子档案。
(18) 归档组卷、验收与移交。

2. 施工技术资料管理要求

施工技术资料管理由项目总工程师负责，资料员收集并分门别类整理、贮存、保护和移交。公司职能部门负责检查、督促、指导工作。

施工技术资料质量要求：资料一般为原件；资料的内容及其深度必须符合国家有关工程勘察、设计、施工、监理等方面的技术规范、标准和规程；资料的内容必须真实、准确、与工程实际吻合；资料采用耐久性强的书写材料；字迹清楚，图样清晰，图表整洁，签字盖章手续完备。

3. 工程资料

1) 开工前期资料

开工前资料是项目业主工程管理文件，但对于全过程承包商或项目管理公司而言，该部分文件属于承包方的管理文件。

(1) 立项文件。包括：项目建议书，项目建议书审批意见及前期工作通知书，可行性研究报告及附件，可行性研究报告审批意见，计划任务书及批复等。

(2) 建设用地、征地、拆迁文件。包括建设用地规划许可证及其附件，国有土地使用证等。

(3) 勘察、测绘、设计文件。包括工程地质勘查报告，水文地质勘查报告，有关行政主管部门(人防、环保、消防、卫生等)批准文件或取得的有关协议，政府有关部门(规划、环保、消防、市政、排水等)对施工图设计文件的审批意见，规划定点文件(建筑红线图和道路红线图)等。

(4) 招投标、中标及合同文件。包括施工招投标文件，中标通知书，施工承包合同。

(5) 开工审批文件。包括建设工程规划许可证，建设工程施工许可证，建设工程质量监督书等。

2) 施工技术管理资料

(1) 该管理资料由施工现场质量管理检查记录资料员填写，项目经理签认，由总监理工程师填写结论意见。

(2) 工程概况表。由项目总工程师填写，附建筑总平面图、建筑立面图、建筑剖面图。

(3) 工程项目施工管理人员名单。由资料员填写和办理。

(4) 图纸会审记录。由项目总工程师具体负责整理并形成会审记录。

(5) 设计变更(洽商)记录。项目总工程师签认后，由资料员下发相关专业人员。

(6) 施工组织设计、施工方案。施工前编制完成必须履行审批手续，发生变更应有变更手续并进行交底。

(7) 开工报告。项目经理填写开工报告，建设单位项目总工程师和监理工程师填写审查意见，建设单位项目负责人和监理总工程师填写审批结论。

(8) 技术交底。应有设计交底、施工组织设计交底、专项施工方案技术交底、分项施工技术交底、“四新”技术交底、设计变更技术交底。各项交底应有文字记录，交接手续齐备。

(9) 施工日志。应从工程开始施工至工程竣工止，记载的内容必须连续和完整。由项目部各专业施工员分别负责记载。

3) 施工检测资料

(1) 钢筋。按类别、品种、规格型号分别整理。

(2) 焊条(剂)。应有合格证。

(3) 水泥。质量证明书应有3、7天的合格证和28天的强度补报单。

(4) 砖(砌块、墙板)。

(5) 防水材料。应有防伪认证标志。

(6) 构件。

(7) 骨料。

(8) 外加剂。必须有防伪认证标志。

(9) 装饰装修材料(内外墙面、吊顶、室内装饰用品及配套设施、建筑门窗、绝热材料及其制品等)。

(10) 其他资料。

其中抽检材料应按工程所在地主管部门的有关要求执行。

所有的材料质量证明书和试验报告不允许涂改、伪造、随意抽撤或损毁。

项目部材料员收集合格证，工程物资进场报验表，材料、构配件进场验收记录；试验员分类做好各种材料的汇总表和委托试验工作。合格证、见证取样委托单、试验报告应一一对应。

4) 施工试验资料

主要内容包括土壤试验、砂浆试验、混凝土试验、钢筋焊接试验、预应力工程试验、钢筋机械连接试验等。

试验员负责组织试验。所有的复试项目应符合国家规范、标准规定，复试报告应当有试验编号、见证取样章和公章，结论明确。见证取样委托单和试验报告应一一对应。

5) 施工记录资料

(1) 施工测量记录。包括建筑红线图(规划部门批准的建设用地地形图)，工程定位放线验收(测量)记录，基槽放线(验线)记录，楼层测量记录。

(2) 地基钎探记录。包括钎探点平面布置图和钎探记录。

(3) 地基处理记录。包括地基处理方案(设计勘察部门编制，应交质量监督部门核查、签认备案)，地基处理的施工试验记录，地基处理检查记录。

(4) 混凝土工程施工记录。承重结构混凝土、防水混凝土和有特殊要求的混凝土应有开盘鉴定和浇筑申请单。施工记录应逐日记载，内容连续完整。

(5) 混凝土施工测温记录。包括冬期测温记录，混凝土试块同条件养护测温记录，大体积混凝土施工测温记录、裂缝检查记录。

(6) 结构吊装记录。

(7) 现场预应力张拉施工记录。应附技术部门签字、盖章齐全的张拉设备检定记录。

(8) 沉降观测记录。应委托有资质的测量单位进行。

(9) 烟道、通风道、垃圾道畅通记录。

(10) 防水工程试水检查记录、楼地面坡度检查记录。

(11) 建筑物垂直度、标高、全高测量记录。

(12) 施工检查记录(基坑支护变形监测记录、构件吊装记录、样板间检查记录、新材料新工艺施工记录、幕墙淋水检查记录、工程质量事故处理记录等)。

(13) 工序交接检查记录。

项目部施工员填写施工记录。

6) 隐蔽工程检查验收资料

主要内容包括土方工程、地基验槽、砌体工程、钢筋混凝土工程、地下防水工程、木结构工程、屋面工程、地面工程、装饰装修工程等，按规范规定进行隐检项目，由施工员填写隐蔽工程检查验收记录，应当有针对性、内容简练，数据准确可靠、图示清晰，签字手续齐备，结论性意见明确。

7) 基础、主体结构验收资料

主要内容包括抽样见证、检测资料，实体工程结构检验资料(混凝土结构实体、结构实体钢筋保护层厚度、砌体工程结构实体)，基础、主体结构验收记录。项目总工程师负责办理相关手续。

8) 工程质量检查验收资料

(1) 检验批质量验收记录。施工员、班组长签字，质检员做检查评定，专业监理工程师填写验收结论。

(2) 分项工程质量验收记录。项目专业总工程师填写检查结论，监理工程师填写验收结论。

(3) 分部(子分部)工程质量验收记录。分包、施工、勘察、设计、监理单位共同验收，总监理工程师填写验收意见。

检验批、分项、分部(子分部)的验收资料由质检员负责，按《建筑工程施工质量验收统一标准》(GB 50300—2001)划分。

9) 专业分包施工技术文件

桩基、钢结构、幕墙等工程，除了按施工技术管理资料的基本规定执行外，应按各专业设计、施工质量验收规范、规程、标准提供施工技术资料。由项目经理负责，资料员具体办理。

10) 建筑给水、排水及采暖

(1) 施工现场质量管理检查记录。

(2) 图纸会审。

(3) 设计变更。

(4) 施工组织设计。

(5) 开工报告。

(6) 技术交底。

(7) 施工日志。

(8) 设备、产品质量检查(组装)记录。工程中所使用的设备、材料必须有产品质量合格证，按规范规定进行复验，保温、防腐、绝热的材料应有产品质量合格证和材质检验报告。所有材料进场应进行外观质量检查验收，形成记录。

(9) 隐蔽工程检查验收记录。应按系统、工序进行。直埋于地下或结构中，暗敷设于沟槽、管井、不进入吊顶内的给水、排水、雨水、采暖、消防管道和相关设备，以及有防水要求的套管；有保温隔热、防腐要求的给水、排水、采暖、消防、喷淋管道和相关设备，埋地的采暖、热水管道等。

(10) 施工试验记录。包括承压管道、设备、阀门、成组散热器等应有强度试验记录；灌水(室内污水管道、暗装雨水管、开式水箱)试验记录，给水管道冲洗试验记录，卫生洁具盛水、通水试验记录，排水管道通球试验记录等。

(11) 施工记录。包括各种管道支架制作安装记录，管道安装记录，各种设备、器具等安装记录，管道、设备及配件等防腐、保温、保冷、油漆等施工记录，给水、排水、卫生、暖气工程施工记录。

(12) 工程质量检查验收记录。

11) 建筑电气

(1) 施工现场质量管理检查记录。

(2) 图纸会审。

(3) 设计变更。

(4) 施工组织设计。

(5) 开工报告。

(6) 技术交底。

(7) 施工日志。

(8) 主要设备、材料、成品、半成品进场验收。应有设备明细表，设备必须开箱检验和试验。工程中所使用的钢管、扁钢、电线、电缆、各类电气元件等必须有产品质量合格证，按规范规定进行见证试验，所有材料进场应进行外观质量检查验收，形成记录。

(9) 隐蔽工程检查验收记录。应分系统、分层办理验收记录。内容包括直埋电缆，暗配管路，不进入吊顶内的电线导管、线槽，大型灯具预埋件，利用结构钢筋做的避雷引下线，外金属门窗、幕墙与避雷引下线的连接，接地体的埋设与焊接，桥架、电缆沟内部的防火处理等。

(10) 施工试验记录。包括绝缘电阻测试，接地电阻测试，电气照明、动力等系统调试、试运行记录等。

(11) 施工记录。包括电缆铺设记录，电气设备试验调整记录，电动机检查试运转记录，大型灯具牢固性施工试验记录，电气照明器具通电安全检查记录，电气设备安装记录等。

(12) 工程质量检查验收记录。

12) 通风与空调

(1) 施工现场质量管理检查记录。

(2) 图纸会审。

(3) 设计变更。

(4) 施工组织设计。

(5) 开工报告。

(6) 技术交底。

(7) 施工日志。

(8) 主要设备、材料、成品、半成品进场验收。应有设备明细表，设备必须开箱检验和试验。工程中所使用的各种材料、产品和设备必须有产品质量合格证，按规范规定进行复验。所有材料进场应进行外观质量检查验收，形成记录。

(9) 隐蔽工程检查验收记录。凡敷设于暗井道，地沟及不通行吊顶内或被其他工程(如设备外砌墙、管道及部件外保温隔热等)所掩盖的项目需进行隐蔽工程检查验收记录。

(10) 施工试验记录。包括制冷、空调水管道强度试验、严密性试验记录，制冷系统的工作性能试验，通风、空调系统调试记录(通风、空调系统无负荷联合试运转，风量、温度测试记录；洁净室洁净度测试记录)等。

(11) 施工记录。包括设备基础检查验收记录，通、排风管道制作、安装施工记录，风管、风口、管架、风机、水泵、除尘器、制冷管道安装记录，设备、管道防腐、保温、保冷、涂漆施工记录等。

(12) 工程质量检查验收记录。

13) 智能建筑

(1) 施工现场质量管理检查记录。

(2) 图纸会审。

(3) 设计变更。

(4) 施工组织设计。

(5) 开工报告。

(6) 技术交底。

(7) 施工日志。

(8) 材料、设备出厂合格证、技术文件及进场试(检)验。应有材料、设备明细表，合格证，设备装箱单记录，设备单体试运行记录，系统技术操作和维护手册。所有材料进场应进行外观质量检查验收，形成记录。

(9) 隐蔽工程检查验收记录。

(10) 施工试验记录。包括系统电源绝缘电阻、接地电阻测试；系统功能测定及设备调试记录；系统试运行检测报告等。

(11) 施工记录。

(12) 工程质量检查验收记录。

14) 电梯工程

(1) 施工现场质量管理检查记录。

(2) 图纸会审。

(3) 设计变更。

(4) 施工组织设计。

(5) 开工报告。

(6) 技术交底。

(7) 施工日志。

(8) 电梯设备随机文件和进场检查验收记录。应有土建布置图，产品出厂合格证，门锁装置、限速器、安全钳及缓冲器的形式试验合格证书，装箱单，安装、使用维护说明书，动力电路和安全电路的电气原理图等。

(9) 隐蔽工程检查验收记录。

(10) 施工试验记录。

(11) 施工记录。

(12) 工程质量检查验收记录。

15) 竣工图

竣工图绘制应符合城建档案馆要求。由项目经理负责，项目总工程师负责协调、指导、绘制。各专业施工负责人绘制并签字，项目总工程师审核签字，由资料员汇总送公司总工程师签字后，送监理单位现场监理、总监理工程师签字。

16) 竣工验收资料(竣工前申报)及竣工备案资料

该部分资料包括工程竣工前检查申报表，工程竣工验收申请，工程质量竣工报告(施工单位)，工程质量评估报告(监理单位)，地基与基础工程质量验收备案报告，主体结构工程质量验收备案报告。工程质量保修书，工程使用说明书。

(1) 单位(子单位)工程质量竣工验收记录(详见 9.1 节中的内容)。

(2) 竣工验收证明书。

① 勘察、设计、施工单位的工程质量竣工报告和监理单位的质量评估报告。

② 规划、节能、消防、环保、卫生防疫、人防、市政排水、气象等部门出具的工程认可文件(竣工验收证明书)。

(3) 竣工验收报告。

① 建设工程竣工验收报告。

② 建设工程竣工验收汇签表。

竣工备案资料按照城市建设工程验收备案表规定的内容整理。

由项目经理负责组织，项目质检员填写、编制和办理。

17) 声像、缩微、电子档案

建立声像档案管理实施细则。项目部质检员负责过程中图片、声像资料的形成、收集与整理，竣工时移交资料员归档。

纸质载体的工程档案经城建档案馆验收合格后，按城建档案馆的要求进行报送、标注。

电子档案按城建档案馆要求执行。项目部资料员负责按要求具体办理。

18) 归档组卷、验收与移交

(1) 组卷。一个建设项目由多个单位工程组成时，应按单位工程整理。单位工程以建筑与结构工程，建筑给水、排水及采暖工程，建筑电气工程，通风与空调工程，智能建筑工程，电梯工程分别组卷。应符合接收部门验收要求。

(2) 验收与移交。资料员负责按合同规定时间，完成竣工档案的份数和移交工作。

交城建档案馆的档案，由城建档案管理部门验收，项目部配合建设单位向城建档案管理部门移交，并办理《工程竣工档案验收意见书》。

交建设单位的档案，由集团分公司技术部门验收档案内容工作，审核人签字。档案管理部门负责牵头协助项目部向建设单位移交，办理文字移交证明手续。

交公司的档案，由公司技术部门验收档案内容工作，审核人签字，档案管理部门验收档案立卷工作，项目部负责向档案管理部门移交。

资料员负责组卷、验收与移交。

8.5.5　工程项目技术总结

1. 技术总结的目的

在工程项目管理过程中，定期进行技术总结能够及时准确地了解项目的进度、质量情况，为项目管理决策提供依据，为技术研发创新提供基础资料。

2. 技术总结的内容

(1) 工程概况。

(2) 工程中应用的新材料、新技术、新工艺、新设备。

(3) 工程中复杂技术难点的实施。

(4) 施工部署及实施情况。

(5) 施工进度控制情况。

(6) 施工现场总平面控制情况。

3. 工作程序与方法

技术总结由项目负责人(项目总工)组织各专业负责人编写分阶段的技术总结，分阶段的技术总结主要包括三个阶段：地基及基础阶段(含地下室结构)、主体结构阶段、安装及装饰装修阶段。项目部应在每个阶段完成一定时间(一般 30 天为宜)内将分阶段的技术总结提交所属单位技术管理部门备案。

8.6 建筑工程项目资金管理

8.6.1 建筑工程项目资金管理概述

1. 建筑工程项目资金管理的概念

建筑施工项目资金是指用于完成合同约定的工程范围、质量标准、工期并承担其质量缺陷责任所需要的资源总和的货币表现。

建筑工程项目资金管理是指施工项目经理部根据工程项目施工过程中资金运动的规律，进行资金收支预测、编制资金计划、筹集资金、资金使用(支出)、资金核算与分析等一系列的资金管理活动。它是项目资源管理的重要内容，是实现项目管理目标的重要保障。

2. 建筑工程项目资金管理的目的

建筑工程项目资金管理的目的是保证工程项目收入，节约控制支出，防范风险和保证经济效益。

8.6.2 建筑工程项目资金管理计划

1. 项目资金流动计划

项目资金流动是指项目资金的收入与支出。项目资金流动计划包括资金支出计划、工程款收入计划和现金流量计划。

项目经理主持此项工作，由有关部门分别编制，财务部分汇总。

1) 资金支出计划

承包商工程项目的支出计划包括人工费支付计划、材料费支付计划、机械工器具费支付计划、分包工程款支付计划、其他直接费和间接费的支付、自有资金投入后利息的损失或投入有偿资金后利息的支付等。

2) 工程款收入计划

承包商工程款收入与两个因素相关联。其一是工程进度，其二是合同确定的付款方式。

工程款收入一般包括工程预付款、工程进度款、工程竣工结算款以及各种奖金(提前工期奖、优化方案奖、创优奖等)。

(1) 工程预付款收入计划。工程预付款(备料款、准备金)是合同中约定的业主预先支付一笔款项，让承包商做施工准备。这笔款在开工后工程进度款中按比例扣回。预付款收入计划应按合同相关条款确定。

(2) 工程进度款收入计划。根据施工组织设计中的进度计划，结合投标报价或施工图预算确定每个结算期应收的工程款项。

(3) 工程竣工结算款收入计划。一般情况下，合同中规定当总的进度款达到工程价款70%～80%时，待竣工验收后，预留质量保证金，其余一次结清。竣工结算款收入计划应依据进度款收入计划确定。

(4) 各种奖金收入计划。如果工程项目在招标文件中明示有奖项(如提前工期奖、优化方案奖、创优奖等)，中标后在合同专用条款中要约定奖金的额度及支付方式，方能确定奖金收入计划。

3) 现金流量计划

在工程款支付计划和收入计划的基础上，可以得到工程的现金流量。将每月累计支付和收入绘成如图 8-4 所示的现金流量分析图，两条曲线所围成的区域即为项目施工的资金缺口，其最大纵距就是所需筹集资金的最高额。现金流量计划依据现金流量曲线确定。

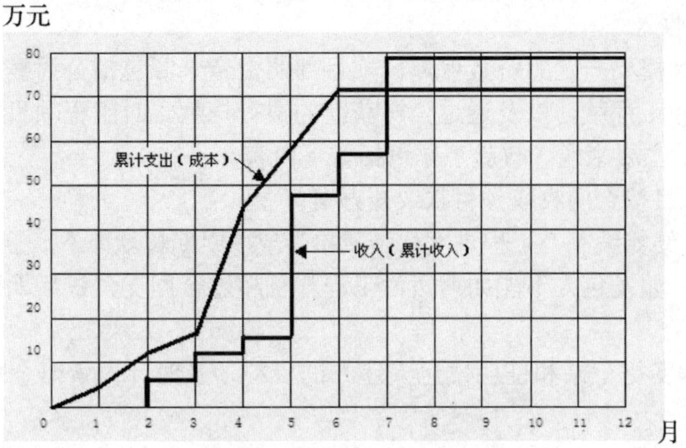

图 8-4　现金流量分析

2. 财务用款计划

项目管理中的财务用款计划由项目管理组织各部门提出，其内容包括支出内容、计划金额、审批金额。例如某公司项目部门用款计划表，如表 8-5 所示。

表 8-5　财务用款计划表

用款部门：　　　　　　　　　　　　　　　　　　单位：元

支出内容	计划金额	审批金额	备　注
合计			

项目经理签字：　　　　　　　　　　　　　　　　用款部门负责人签字：

3. 年、季、月度资金管理计划

项目经理部应编制年、季、月度资金收支计划，如与外商合作则要编制周、日的资金收支计划，并上报主管部门审批。

(1) 年度的收支计划编制，要根据施工合同工程款支付的条件和年度生产计划安排，预测年内可能获得的资金收入，要根据施工方案，安排人、材、机等资金的阶段性的投入。编制年度资金计划，主要是预测工程款到位的可能情况，测算筹集资金的额度，安排资金分期支付，平衡资金，确定年度资金管理工作总体安排。

(2) 季、月度资金收支计划的编制是年度收支计划的落实与调整，要结合生产计划的变化，安排好季、月度资金收支。特别是月度资金收支计划，要以收定支，量入为出。由项目经理主持召开计划平衡会，根据现金流量，确定每个部门(或以项目为单位)的用款数，确定资金收支计划，由公司审批后，项目经理作为执行依据，组织实施。

8.6.3 建筑工程项目资金使用管理

1. 收入与支出管理

1) 保证资金收入

生产正常进行需要一定的资金保障，项目部的资金来源包括公司拨付的资金、向发包人收取的预付款和工程款，以及通过公司获得的银行贷款。对工程项目而言，收取预付款和工程款是资金的主要来源。收款工作包括如下内容。

(1) 新开工项目按合同收取预付款或开办费。

(2) 根据月度结算编制“工程进度款结算单”或“中期付款单”，于规定日期报送监理工程师审批结算。如发包人不能如期拨付工程款且超过合同支付最后期限，应根据合同条款进行计息索赔。

(3) 根据工程变更记录和证明发包人违约的资料，及时计算索赔金额，并列入工程结算中。

(4) 原合同中由发包人采购材料和设备的工程项目，如发包人委托承包人采购，则承包人应收取订货的采购及保管费用。

(5) 在招标时如果材料与设备实行暂估价格时，施工时实际发生的材料与设备的价差应按合同约定计算，并与工程款一起收取。

(6) 工期奖、质量奖、技术措施费、不可预见费及索赔款，应根据合同规定，与工程进度款同时收取。

(7) 工程尾款应根据发包人确认的工程结算金额，于保修期结束后，及时回收。

2) 控制资金支出

施工生产直接或间接的生产费用投入需消耗大量的资金。应加强资金支出的计划控制，各种工、料、机投入要按消耗量定额，管理费用开支要有标准。精心计划、开源节流，组织好工程款的回收，控制好生产费用支出，才能保证生产继续进行。

2. 资金使用的管理

建立、健全项目资金管理责任制，明确项目资金的使用管理由项目经理负责，项目经理部财务人员负责协调日常组织工作，做到归口管理、业务交接对口，明确项目预算员、计划统计员、核算员、材料员等职能人员的资金管理职责。

1) 资金使用的原则

项目资金使用原则应本着“促进生产、节约投入、量入为出”的原则，本着国家、企业、个人三者利益兼顾的原则，优先考虑国家的税金和上缴的各项管理费。按照《劳动法》的规定，保证工人(特别是农民工)工资按时发放；按照劳务分包合同，保证外包劳务费按合同规定结算和支付；按分包合同支付分包工程款；按材料采购合同支付货款。

2) 节约资金的办法

在施工计划安排、施工组织设计、施工方案选择方面，要采用先进的施工技术提高效率、保证质量、降低消耗，努力做到减少资金投入创造较大经济效益。

3) 资金管理的方法

项目经理部要核定人力、材料、机械机具资金占用额，材料费占用资金比例较大，对主要材料、周转性材料要核定其资金占用额。

根据生产进度，随时做好分部分项工程和整个工程的预算结算，及时回收工程款，减少应收账款占用。抓好月度报量及结算，减少未完工程占用资金。

4) 项目资金的使用

项目经理按资金的使用计划控制使用资金；各项支出的有关发票和结算验收单据，由用款部门领导签字，并经审批人签字后，方可向财务报账。

按会计制度建立财务台账和项目经理部财务台账，记录资金支出情况。项目经理部财务台账，作为会计核算的补充记录，应按债权债务的类别，定期与项目经理部台账核对，做到账账相符，要与仓库保管员的收、发、存实物账相符及其他业务结算账核对，做到账实相符。

加强财务核算，及时盘点盈亏。项目部要随着工程进展定期进行资产和债务的清查，以考查以前报告期结转利润的正确性和目前项目经理部利润的后劲。由于单位工程只有到竣工决算时，才能确定该工程的盈利准确数字，在施工过程中的报告期的财务结算只是相对准确，所以在施工过程中，要根据工程完工情况，适时进行财产清查，对项目经理部所有资产方和所有负债方及时盘点，通过资产和负债加上级拨付资金平衡关系比较测定盈亏趋向。

3. 资金风险管理

项目经理部应注意发包方资金到位情况，合同签约前，对合同付款方式、材料供应方式等条款进行详细约定，在发包方资金不足的情况下，应尽量要求发包方供应部分材料，以减少承包方资金占用额。同时注意发包方的资金动态，在已经发生垫资的情况下，要适时掌握施工进度，如果发生垫资超过原计划控制幅度的情况，要考虑调整施工方案，压缩规模，甚至暂缓施工，并积极与发包方协调，保证回收资金。

8.7　工程项目信息管理

8.7.1　工程项目信息管理概述

1. 工程项目信息管理的概念

工程项目信息是指项目经理部以项目管理为目标，以工程项目信息为管理对象，所进行的有计划地收集、整理、处理、储存、传递和应用各专业信息等一系列工作的总称。

项目经理部为实现管理目标，提高管理水平，应建立信息管理系统，通过动态、高速度、高质量地处理大量施工及相关信息和有组织的信息流通，使决策者能及时、准确地获得相应的信息，以便工程管理决策。

2. 工程项目信息管理工作的原则

工程项目信息管理工作应遵循如下原则。

1) 标准化原则

要求对施工信息分类进行统一，对信息流程进行规范，力求做到信息的格式化和标准化。

2) 有效性原则

项目管理人员所提供的信息根据不同层次管理者的要求进行适当加工，根据不同管理层提供不同要求和浓缩程度的信息。例如：对于项目的高层管理者而言，提供的决策信息应力求精练、直观，尽量采用形象图表来表达。

3) 定量化原则

工程项目信息不是项目实施过程中产生数据的简单记录，而是通过信息处理人员比较分析的结果。

4) 时效性原则

工程项目信息都有一定的生产周期，如月报表、季度报表、年度报表，这都是为了保证信息产品能够及时服务于决策。

5) 高效处理原则

通过高效能的信息处理工具(建设工程信息管理系统)，尽量缩短信息在处理过程中的延时。

6) 可预见原则

建设工程项目信息作为项目实施的历史数据，可以用于预测未来的发展趋势。因此，项目管理者应通过先进的方法和工具，为决策者制定未来目标和行动规划提供必要的信息。

8.7.2 工程项目信息结构

工程项目信息结构如图 8-5 所示。

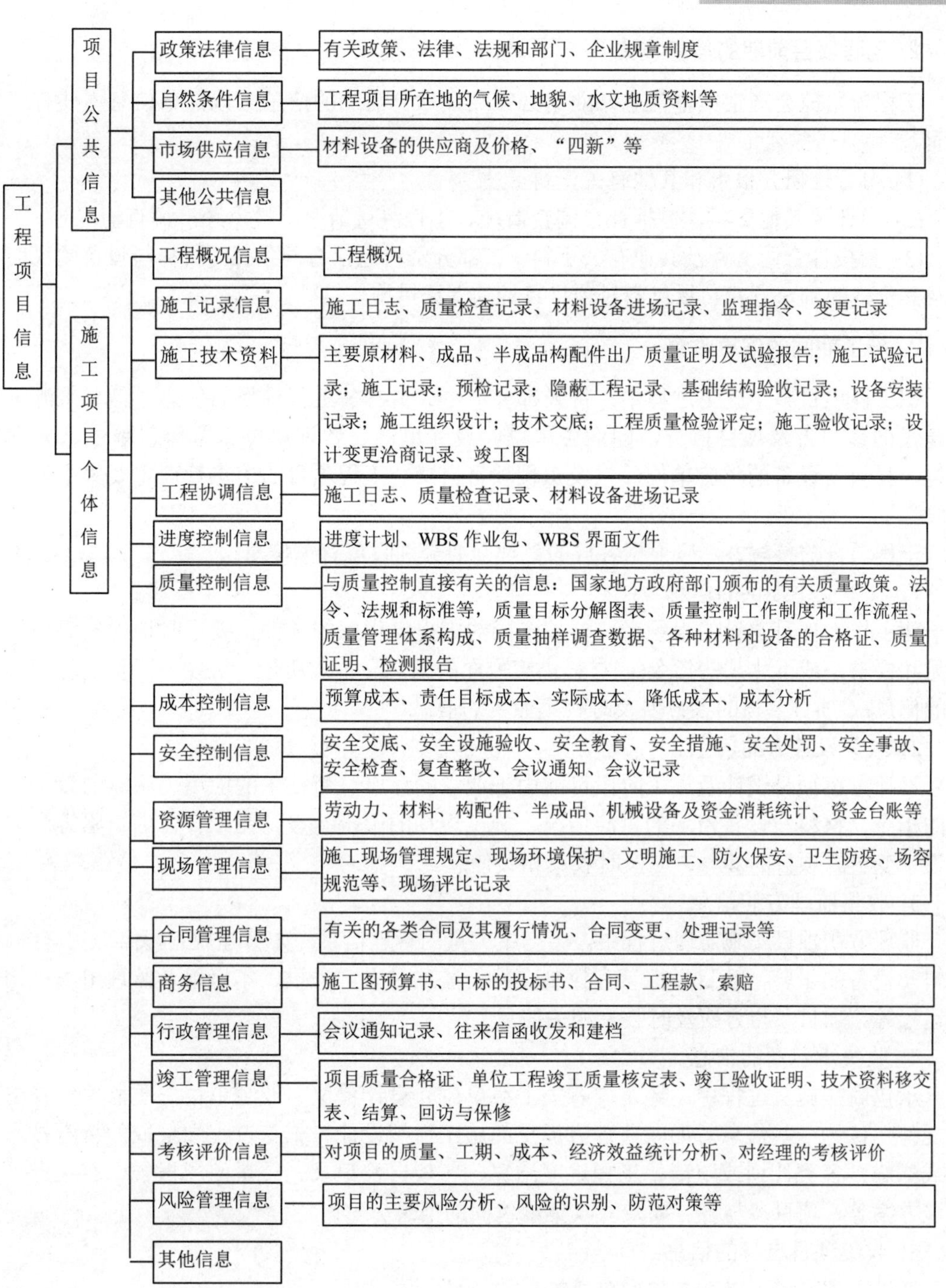

图 8-5 工程项目信息结构

8.7.3 工程项目信息收集

工程项目信息收集包括工程项目前期的信息收集、施工期间的信息收集、竣工阶段的信息收集。

1. 工程项目前期的信息收集

工程开始前会产生大量信息，业主必须收集项目前期的信息。该部分信息主要有三个方面。

(1) 可行性研究报告和其他有关资料。

(2) 设计及其他资料。包括社会调查情况、工程测量情况、技术经济调查情况等。

(3) 招投标合同文件及其他有关资料。该部分资料包括合同条件、材料与设备的供应方式及其价格的确定方式、承包商对项目目标的保证措施等。

2. 施工期间的信息收集

在工程项目整个施工过程中，每天都会产生大量有关工程项目的信息，信息来源于项目建设的参与方及项目自身，即业主单位、设计单位、咨询单位、总承包单位、分承包单位、材料及设备的供应单位，以及工程项目自身。工程项目的信息管理主要集中在这个阶段。

工程项目的参与方，应根据各自的管理需要分别收集有关信息：

1) 收集业主提供的信息

业主作为项目建设的组织者，要按合同约定提供相应的条件，要不时地提出对项目的意见和要求，或下达某些指令(如材料供应方面的信息、工程质量、进度、投资、合同等方面的信息)。项目参与的各方要及时收集业主的信息。

2) 收集设计方的信息

设计方在项目设计及施工阶段可能由于业主的意愿、新技术的应用、国家的政策、政府的指令、材料与设备市场的供应情况、施工现场的限制、设计图纸存在的缺陷等原因进行设计变更。项目的参与方应及时收集相关信息。

3) 收集监理方的信息

监理方在项目实施监理过程中，会产生大量的管理信息，如管理规划，监理实施细则、材料及设备的报验，项目目标管理控制文件，监理月报、季报、年报以及监理组织机构调整运行等。项目参与方应及时收集相关信息。

4) 收集承包商的信息

承包商在施工过程中，经常向有关上级单位、设计单位、业主单位、质监单位发出某些文件，传达一些信息。如向监理方提交的施工组织设计、施工过程中采取的特殊技术方案或措施、各类计划或申请、工程进度结算、各项自检记录、质量问题报告、有关意见、建议方案等。项目参与各方要及时收集承包商的信息。

5) 收集项目自身的信息

通过下列渠道可以获得项目自身的有关信息。

(1) 现场管理人员的日报。包括天气、施工内容、参加人员、机械运转情况、材料供应与使用情况、质量情况、突发事件的处理情况等。

(2) 驻施工现场管理负责人的日报。包括当天作出的重大决定、对各单位发出的指令、与相关单位达成的协议(口头/书面)。

(3) 补充图纸或技术联系单。

(4) 工地质量记录。包括检验结果及样本记录。

(5) 例会记录。工地会议是项目管理的一种重要方法，会议中包含大量的信息，各类会议都有的会议制度包括会议的主题、主持人、参加人、时间、地点，会议要有专人做会议记录，会后要形成会议纪要。例会记录有首次会议记录和经常性的会议记录。

提示：1. 首次会议

首次会议由业主主持，主要内容介绍业主、工程师(业主驻工地代表、监理机构)、承包商项目管理机构；检查业主对合同的履行情况(资金、场地、图纸等)；检查承包商的准备工作情况(履约保证金、进度计划、保险、材料及设备的进场情况、暂设情况)；检查为监理单位提供设备及设施的情况(住宿、试验、通信、交通工具、水电等条件)；检查各方的准备情况；明确工程管理程序。

2. 监理例会

会议由监理主持，业主及承包商、分包商、有必要的材料及设备供应商参加会议。主要内容是总结并向业主汇报上一期工程的质量、进度、投资、安全与文明施工、环保等方面的工作情况，提出被监理方存在的问题，分析责任方，下达整改通知；提出下一期工作计划；与会各方可就工程项目管理存在的问题展开讨论并作出处理方案。监理例会一般为一周一次。

3. 承包商例会

会议由承包商主持。必要时可以邀请业主、监理单位参加。会议内容包括上次工地例会布置的任务完成情况，进度总结、进度预测、技术事宜、变更事项、财务事宜、管理事宜、索赔事宜，总结安全生产与文明施工情况。

4. 特殊会议

当发生突发事件或紧急事件时，三方都可以召开紧急会议，并要求项目参与方参加，传达或制定应急预案。

上述会议都应由会议的主持单位做会议记录，必要时整理会议纪要并下发所有与会单位或相关单位。

3. 工程竣工阶段的信息收集

工程竣工验收时，需要大量与竣工验收有关的各种信息。一些信息是在整个项目施工过程中长期积累的(如各种施工记录、检验记录等)，一部分是竣工验收期间，根据积累的信息整理分析形成的(如竣工图纸、竣工结算书等)。

8.7.4 工程项目信息分类

1. 工程项目信息的主要分类

工程项目信息的主要分类如表 8-6 所示。

2. 工程项目信息的表现形式

工程项目信息的表现形式如表 8-7 所示。

表 8-6　工程项目信息主要分类

属　性	信息分类	主要内容
管理目标	成本控制信息	与成本控制直接有关的信息，如施工成本计划、施工任务单、限额领料单、施工定额、成本统计报表、对外分包经济合同、原材料价格、机械设备台班、人工费、运杂费等
	质量控制信息	与质量控制直接有关的信息，如国家地方政府部门颁布的有关质量政策，法令、法规和标准等，质量目标分解图表、质量控制工作制度和工作流程、质量管理体系构成、质量抽样调查数据、各种材料和设备的合格证、质量证明、检测报告等
	进度控制信息	与进度控制直接有关的信息，如施工进度计划、施工定额、进度目标分解图表、进度控制工作流程和工作制度、材料和设备到货计划、分部分项工程进度计划、进度记录等
	安全控制信息	与质量控制直接有关的信息，施工安全目标、安全控制体系、安全控制组织技术措施、安全教育制度、安全检查制度、伤亡事故统计、伤亡事故调查与分析处理等
生产要素	劳动力管理信息	劳动和用量计划，劳动力流动、调配等
	材料管理信息	材料供应计划、材料库存、储备与消耗、材料定额、材料领发及回收台账等
	机械设备管理信息	机械设备需求计划、机械设备合理使用情况、保养与维修情况等
	技术管理信息	各项技术组织管理体系、制度和技术交底、技术复核、已完工程检查验收记录等
	资金管理信息	资金收入与支出及其对比分析、资金来源渠道与筹措方式等
管理工作流程	计划信息	各项计划指标、工程施工预测指标
	执行信息	项目施工过程中下达的各项计划、指标、命令等
	检查信息	工程的实际进度、成本、质量的实施情况
	反馈信息	各项调整措施、意见、改进的办法和方案
信息来源	内部信息	来自工程项目的信息，如工程概况、项目成本目标、质量目标、进度目标、施工方案、施工进度、完成的各项技术经济指标、项目经理部组织、管理制度等
	外部信息	来自外部环境的信息，如监理通知、设计变更、国家有关政策和法规、国内外市场的有关材料价格信息、竞争对手信息等
信息稳定程度	固定信息	在较长时间内相对稳定，变化不大，可以查询到的信息，各种定额、规划、标准、条例、制度等，如施工定额、材料消耗量定额、机械台班定额、施工质量验收统一标准、施工质量验收规范、施工现场管理制度、政府颁布的技术标准、不变价格等

续表

属　性	信息分类	主要内容
信息稳定程度	流动信息	随施工生产和管理活动不断变化的信息，如工程项目的质量、成本、进度和统计信息，计划完成情况，原材料消耗量，库存量，人工工日数，机械台班数等
信息性质	生产信息	有关施工生产的信息、如施工进度计划、材料消耗量等
	技术信息	技术部门提供的信息、如技术规范、施工方案、技术交底等
	经济信息	如项目成本计划、成本统计报表、资金耗用等
	资源信息	各项资源供应及来源等
信息层次	战略信息	提供给上级领导的重大决策信息
	策略信息	提供给中层领导的部门的管理信息
	业务信息	基层部门例行工作产生的或需用的日常信息

表 8-7　工程项目信息表现形式

表现形式	示　例
书面形式	• 设计图纸、说明书、任务书、施工组织设计、合同文本、概预算书，会计、统计各类报表、工作条例、规章、制度等 • 会议纪要、谈判记录、技术交底记录、工作研讨记录等 • 个别谈话记录：如监理工程师口头提出、电话提出的工程变更的要求，在事后及时追补的工程变更文件记录、电话记录等
技术形式	由电报、录像、录音、磁带、光盘、图片、照片等记载储存的信息
电子形式	电子邮件、Web 网页

8.7.5　工程项目信息整理的一般方法

1. 信息流动形式

信息流动形式如表 8-8 所示。

表 8-8　工程项目信息流动形式

流动形式	内　容
自上而下流动	• 信息源在上，接收信息者为其下属 • 信息流一般为逐级向下，即决策层—管理层—作业层或项目经理部(人员)—施工队—班组 • 信息内容：主要包括项目控制目标、指令、工作条例、办法、规章制度、业务指导意见、通知、奖励和处罚
自下而上流动	• 信息源在下，接收信息者在其上一层 • 信息流一般为逐级向上，即作业层—管理层—决策层或施工班组—项目各管理部门(人员)—项目经理部 • 信息内容主要包括项目施工过程中，完成的工程量、进度、质量、成本、资金、安全、消耗、效率等原始信息或报表，工作人员情况，下级为上级需要提供的资料、情报以及提出的合理化建议

续表

流动形式	内 容
横向流动	•信息源与接收信息者在同一层次；在项目管理过程中，各管理部门因分工不同形成了各专业信息源，同时彼此之间根据需要相互接收信息 •信息在同一层次横向流动，沟通信息、互相补充 •信息内容根据需要互通有无，如财会部门成本核算需要其他部门提供施工进度、人工材料机械使用、消耗、能源利用等信息
内外交流	•信息源：项目经理部与外部环境单位互为信息源和信息接收者，主要的外部环境单位有公司领导及有关职能部门、建设单位，该项目的监理单位、设计单位、物资供应单位，银行、保险公司、质量监督部门、有关国家管理部门、业务部门、城市规划部门，城市交通、消防、环保部门、供水、供电、通信部门、公安部门、工地所在居民委员会、新闻单位等 •信息流：项目经理部与外部环境部门之间进行内外交流 •信息内容：满足本项目管理需要的信息；满足环境单位协作要求的信息；按国家规定要求相互提供的信息；项目经理部为宣传自己、提高信誉、竞争力、向外界主动发布的信息
信息中心辐射流动	•基于上述施工项目信息多，信息流动线路交错复杂、通过环节多，在项目经理部应设立信息管理中心 •信息中心行使收集、汇总、加工、分析信息，提供分发信息的集散中心职能及管理信息职能 •信息中心既是项目部内部、外部所有信息源发出信息的接收者，同时又是负责向各信息需求者提供信息的信息源 •信息中心以辐射状流动线路集散信息沟通信息 •信息中心可以将一种信息向多位需求者提供，使其起多种作用，还可以为一项决策提供多渠道来源的各种信息，减少信息传递障碍，提高信息流速，实现信息共享，综合运用

2. 信息管理的基本要求

(1) 项目经理部应建立信息管理系统，对项目实施全方位、全过程信息化管理。

(2) 项目经理部中，可以在各部门中设立信息管理人员，也可以单设信息管理人员或信息管理部门。信息管理人员必须经有资质的单位培训后，才能承担项目信息管理工作。

(3) 项目经理部应负责收集、整理、管理本范围的信息。实行总分包的项目，分包人负责分包范围的信息收集、整理、管理，承包人负责汇总、整理发包人的信息。

(4) 项目经理部应及时收集信息，并将信息准确、完整、及时地传递给使用单位和人员。

(5) 项目信息收集应随工程进展进行，保证真实、准确、具有时效性。经有关负责人签字，及时存入计算机中，纳入项目管理信息系统。

思考题与习题

一、简答题

1. 什么是项目资源管理？资源管理的内容有几个方面？

2. 资源管理的方法有哪些？
3. 如何编制人力资源管理计划？
4. 为什么进行人力资源的考核与激励？
5. 材料的管理工作主要有几个方面？
6. 如何编制材料计划？编制材料计划应考虑哪些因素？
7. 简述机械设备的管理方法。
8. 简述技术管理工作的主要内容。
9. 如何制定项目资源管理制度？
10. 如何进行项目资金管理？
11. 信息管理系统的概念，功能要求是什么？
12. 工程项目信息有几类？
13. 简述工程项目信息的流向。

二、单项选择题

1. 下列不属于工程项目资源管理全过程的环节是(　　)。
A. 资源计划　B. 资源配置　C. 资源控制　D. 资源生产

2. (　　)是运用系统的观点、理论和方法对工程项目的技术要素和技术活动进度的计划、指导、监督和控制的一系列的管理活动。
A. 技术管理　B. 资金管理　C. 材料管理　D. 机械设备管理

3. 人力资源的来源不包括(　　)
A. 企业内部　B. 劳务输出　C. 劳务市场　D. 劳务分包

4. 人力资源管理工作的主要内容不包括(　　)。
A. 人力资源管理计划　B. 人力资源控制
C. 人力资源分布　D. 人力资源考核

5. 人力资源的考核方法不包括(　　)。
A. 主观评价法　B. 客观评价法　C. 头脑风暴法　D. 工作成果考核法

6. 根据工程项目所需要的材料，材料计划可分为三类，其中不包括(　　)。
A. 主要材料计划　B. 临时材料计划　C. 辅材料计划　D. 周转材料计划

7. 机械设备的保养与维修应贯彻(　　)的原则。
A. 养修并重，预防为主　B. 预防为主，定期维护
C. 平时养护，定期维修　D. 养修并重，多养少修

三、多项选择题

1. 管理人员绩效考核的内容包括(　　)。
A. 工作成绩　B. 工作态度　C. 工作成果　D. 工作方法

2. 技术管理计划的内容是(　　)。
A. 技术开发计划　B. 设计技术计划　C. 工艺技术计划　D. 技术实施计划

3. 项目资金收入与支出管理包括(　　)。
A. 节约资金的方法　B. 保证资金收入　C. 控制资金支出　D. 资金的管理方式

4. 项目工程信息管理的工作原则包括(　　)。

A. 定量化原则　B. 可预见原则　C. 有效性原则　D. 标准化原则

5. 对项目信息进行编码的基本原则是(　　)。

A. 唯一性　B. 实用性　C. 规范性　D. 可行性

6. 工程项目报告要求内容(　　)。

A. 与目标一致　B. 符合特定要求　C. 规范化、系统化　D. 报告要有侧重点

7. 管理人员绩效考核的内容包括(　　)。

A. 工作成绩　B. 工作态度　C. 工作成果　D. 工作方法

第 9 章　建筑工程项目收尾管理

【学习要点及目标】

- 了解工程项目竣工验收的概念。
- 了解工程项目竣工的标准和条件。
- 了解工程项目竣工验收的程序。
- 了解工程项目竣工验收资料的内容。
- 掌握工程竣工结算的方法。
- 了解工程项目考核评价的指标。
- 了解工程项目保修范围、保修期及保修责任。
- 了解工程项目的质量回访。

【核心概念】

竣工验收　竣工资料　竣工结算　回访保修

【引导案例】

某市经济创新研发中心项目，建筑规模 9.62 万平方米，工程造价约为 5.2 亿元，工程内容有土建工程、暖卫工程、通风与空调工程、建筑电气工程、建筑智能工程、高级装饰工程等。工程竣工收尾工作有承包方对工程预验收、业主方会同主管部门、质量监督部门、勘察设计单位、监理单位、施工单位进行工程项目竣工验收，监理单位与施工单位编辑整理竣工资料，施工单位编制审核竣工结算、办理工程移交手续。本章主要介绍项目收尾的工程竣工验收、竣工资料汇编、工程竣工结算、签质量保修书、移交工程等内容。

9.1 建筑工程项目竣工验收

竣工验收阶段是工程项目建设全过程的终结阶段，当工程项目按照工程施工合同及设计文件规定的内容全部施工完毕、质量达到约定标准时，便可组织验收。通过竣工验收移交工程产品，对项目成果进行总结、评价、交接工程档案，进行工程竣工结算终止合同，结束工程项目施工活动，完成工程项目管理的全部工作任务。

9.1.1 工程项目竣工验收的概念

1. 项目竣工

工程项目竣工是指工程项目经过承建单位的准备和实施活动，已完成了项目承包合同中规定的全部内容和质量标准，并符合发包人意图，达到使用要求。它标志着工程项目建设任务的全面完成。

2. 竣工验收

施工项目竣工验收是承包人按照施工合同的约定，完成设计文件和施工图纸规定的工程内容，经发包人组织竣工验收及工程移交的过程(我国《建筑工程项目管理规范》(GB/T 50326—2006)中的解释)。竣工验收是工程项目建设的最后一个环节，是检验工程项目是否符合合同、设计文件、质量标准的重要环节，也是检验工程承包合同执行情况，促进项目交付使用的必然途径。它是建设投资成果转入生产或使用的标志。

3. 工程项目竣工验收组织

(1) 大型项目、重点工程、技术复杂的工程，应根据需要组建验收委员会，一般工程项目组成验收小组即可。竣工验收由发包人组织，主要参加人员有发包方、勘察、设计、监理、总承包、分包单位的负责人，发包单位的现场代表，建设主管部门、备案部门的代表等。

(2) 竣工验收委员会或小组的职责如下所述。

① 审查项目建设各环节，听取各单位汇报情况。

② 审阅工程竣工资料。

③ 实地考察建筑工程、安装工程情况。

④ 全面评价工程的勘察、设计、施工和设备质量以及监理情况，对工程质量进行综合评定。

⑤ 对遗留问题做出处理决定。

⑥ 形成工程竣工验收纪要。

⑦ 签署工程竣工验收报告

小贴士 竣工验收的范围

凡列入固定资产计划的建设项目或单项工程，按照批准的设计文件(初步设计、技术设计或扩大初步设计)所规定的内容和施工图纸的要求全部建成，具备投产和使用条件，不论新建、改建、扩建和迁建性质，都要经建设单位及时组织验收，并办理固定资产交付使用的转账手续。

有些建设项目(工程)基本符合竣工验收标准，只是零星土建工程和少数非主要设备未按设计规定的内容全部建成，但不影响正常生产，亦应办理竣工验收手续。对剩余工程，应按设计留足投资，限期完成。有的项目投产初期一时不能达到设计能力所规定的产量，不能因此而拖延办理验收和移交固定资产的手续。

有些建设项目或单项工程，已形成部分生产能力或实际上生产方面已经使用，近期不能按原设计规模续建的，应从实际情况出发，缩小规模，报主管部门(公司)批准后，对已完的工程和设备，尽快组织验收，移交固定资产。

9.1.2　工程项目竣工验收的方式

在工程项目管理实践中，一个工程项目可能由一个承包商承建，或者由若干个承包商承建。各承包商在完成了合同规定的工程内容后或按合同约定承包项目可分步移交工程的，均可申请交工验收。工程竣工验收方式有三种，分别如下所述。

1. 单位工程(或专业工程)验收

单位工程验收又称中间验收，是指承包人以单位工程或某一专业工程内容为对象，独立签订建设工程施工合同，达到竣工条件后，承包人可以单独进行交工，发包人根据竣工验收的依据和标准，按合同约定内容组织竣工验收。

2. 单项工程竣工验收

单项工程竣工验收又称竣工验收，是指发包人按照约定的程序(详见本节验收程序)依据国家颁布的有关标准和施工承包合同，组织有关单位和部门对工程进行竣工验收。验收合格的单项工程，在全部工程验收时，不再办理验收手续。

3. 全部工程竣工验收

全部工程竣工验收又称动用验收，是指建设项目按设计全部建成，达到竣工验收条件，由发包人组织勘察、设计、施工、监理等单位和档案部门进行全部工程的竣工验收。

9.1.3　工程项目竣工验收的条件和标准

1. 竣工验收的条件

(1) 设计文件和合同规定的各项施工内容已经施工完毕，并达到质量标准。
(2) 有完整经核定的竣工资料，并符合验收规定。
(3) 有勘察、设计、施工和监理等单位签署确认的工程质量合格文件。
(4) 有工程所使用的主要材料、构配件和设备的进场证明及试验报告。
(5) 有施工单位签署的质量保修书。

2. 竣工验收标准

竣工验收标准应按合同约定的标准。合同约定的质量标准具有强制性，承包人必须确保工程质量达到双方约定的质量标准，质量标准的评定以国家或行业或地方质量检验评定标准为依据，不合格不得验收和交付使用。

由于建设工程项目门类很多，一般有土建工程、安装工程、人防工程、管道工程、桥梁工程、电气工程及铁路建筑安装工程等验收标准。

(1) 民用建筑工程完工后，承包人按照施工及验收规范和质量检验标准进行自检，不合格品必须返修或整改，并达到质量标准。水、暖、电、智能化、消防、电梯经过试验符合质量要求和使用要求。

(2) 生产性工程、辅助设施及生活设施，按合同约定全部施工完毕，室内及室外工程全部施工完成，建筑物、构筑物周围2m以内的场地平整及障碍物已清理，给水、动力、照明、通信畅通，达到竣工标准。

(3) 工业项目的各种设备、管道、电气、仪表、通信、供热、供水、空调、通风专业工程施工内容已全部安装完毕，工艺、燃料、热力等各种管道已做完清洁、吹扫、防腐、油漆、保温等工作，经过单位试车、空载试车、联动试车、负荷试车等试验全部符合工业设备及管道安装施工及验收规范和质量标准的要求。

(4) 凡有人防工程或结合建设的人防工程的竣工验收必须符合人防工程的有关规定，并要求按工程等级安装好防护密闭门；室外通道在人防密闭门外的部位增设防护门进、排风等孔口，设备安装完毕。目前没有设备的，做好基础和预埋件，具备设备以后即能安装的条件。应做到内部粉饰完工，内部照明设备安装完毕并可通电，工程无漏水，回填土结束，通道畅通等。

(5) 大型管道工程验收标准。大型管道工程(包括铸铁管和钢管)按照设计内容、设计要求、施工规格、验收规范全部(或分段)按质量敷设施工完毕和竣工，泵验必须符合规定要求达到合格，管道内部垃圾要清除，输油管道、自来水管道还要经过清洗和消毒，输气管道还要经过通气换气。在施工前，对管道材质用防腐层(内壁及外壁)要根据规定标准进行验收，钢管要注意焊接质量，并加以评定和验收。对设计中选定的闸阀产品质量要慎重检验。地下管道施工后，对敷地要求分层夯实，确保道路质量。

(6) 更新改造项目和大修理项目，可以参照国家标准或有关标准，根据工程性质，结合当时当地的实际情况，由业主与承包商共同商定提出适用的竣工验收的具体标准。

(7) 其他专业工程按照工程合同的规定和施工图规定的内容全部施工完毕，已达到相关专业技术标准，质量检验合格，达到交工条件。

工程项目有下列情况之一者，施工企业不能报请监理工程师进行竣工验收。

(1) 生产、科研性建设项目，因工艺或科研设备、工艺管道尚未安装，地面和主要装修未完成。

(2) 生产、科研性建设项目的主体工程已经完成，但附属配套工程未完成影响投产使用。如主厂房已经完成，但生活间、控制室、操作间尚未完成；车间、锅炉房工程已经完成，但烟囱尚未完成等。

(3) 非生产性建设项目的房屋建筑已经竣工，但由本施工企业承担的室外管线没有完成，锅炉房、变电室、冷冻机房等配套工程的设备安装尚未完成，不具备使用条件。

(4) 各类工程的最后一道喷浆、表面油漆活未做。

(5) 房屋建筑工程已基本完成，但被施工企业临时占用，尚未完全腾出。

(6) 房屋建筑工程已完成，但其周围的环境未清扫，仍有建筑垃圾。

9.1.4　工程项目竣工程序

1. 竣工验收的准备工作

在项目竣工验收之前，施工单位应配合监理工程师做好下列竣工验收的准备工作。

1) 完成收尾工程

收尾工程的特点是零星、分散、工程量小，但分布面广，如果不及时完成，将会直接影响项目的竣工验收及投产使用。

做好收尾工程，必须摸清收尾工程项目，通过竣工前的预检，进行一次彻底的清查，按设计图纸和合同要求，逐一对照，找出遗漏项目和修补工作，制订作业计划，相互穿插施工。

2) 竣工验收资料的准备

竣工验收资料和文件是工程项目竣工验收的重要依据，从施工开始就应完整地积累和保管，竣工验收时应当编目建档。

3) 竣工验收的预验收

竣工验收的预验收，是初步鉴定工程质量，避免竣工进程拖延，保证项目顺利投产使用不可缺少的工作。通过预验收，可及时发现遗留问题，事先予以返修、补修。

2. 竣工验收的依据

竣工验收的依据主要有上级主管部门批准的设计纲要、设计文件、施工图纸和说明书，设备技术说明书，招标投标文件和工程合同，图纸会审记录、设计修改签证和技术核定单，现行的施工技术验收标准及规范，协作配合协议，以及施工单位提供的有关质量保证文件和技术资料等。工程项目的规模、工艺流程、工艺管线、生产设备、土地使用、建筑结构、建筑面积、内外装修、质量标准等，必须与上述文件、合同所规定的内容保持一致。

3. 竣工验收的程序

竣工验收应由监理工程师牵头，项目经理配合进行。

1) 施工单位做竣工预验

施工单位竣工预验是指工程项目完工后，要求监理工程师验收前由施工单位自行组织的内部模拟验收。内部预验是顺利通过正式验收的可靠保证，为了验收工作顺利进行，预验工作应请监理工程师参加。

预验工作一般可视工程重要程度及工程情况，分层次进行。通常有下述三个层次。

(1) 基层施工单位自验。基层施工单位由施工队长组织施工队有关职能人员，对拟报竣工工程，根据施工图要求、合同规定和验收标准，进行检查验收。主要包括竣工项目是否符合有关规定，工程质量是否符合质量检验评定标准，工程资料是否齐全，工程完成情况是否符合施工图及使用要求等。若有不足之处，应及时组织力量，限期修理完成。

(2) 项目经理组织自验。项目经理部根据施工队的报告，由项目经理组织生产、技术、质量、预算等部门进行自检，自检内容及要求参照前条。经严格检验并确认符合施工图设计要求，达到竣工标准后，方可填报竣工验收通知单。

(3) 公司级预验。根据项目经理部的申请，可依照竣工工程的重要程度和性质，由公司组织检查验收，也可分部门(生产、技术、质量)检查预验，并进行评价。对不符合要求的项目，应制定修补措施，由施工队定期完成，再进行检查，以决定是否提请正式验收。

2) 施工单位提交验收申请报告

施工单位决定正式提请验收后，应向监理单位送交验收申请报告；监理工程师收到验收申请报告后，应参照工程合同的要求、验收标准等进行仔细的审查。

3) 根据申请报告作现场初验

监理工程师审查完验收申请报告后，若认为可以进行验收，则应由监理人员组成验收班子对竣工的工程项目进行初验，在初验中发现的质量问题，应及时以书面通知或以备忘录的形式告诉施工单位，并令其按有关的质量要求进行修理甚至返工。

4) 正式验收

由监理工程师牵头，组织业主、设计单位、施工单位等参加正式验收。

在监理工程师初验合格的基础上，可由监理工程师牵头，组织业主、设计单位、施工单位等参加，在规定时间内进行正式验收。

5) 竣工验收的步骤

竣工验收一般可分为两个阶段进行。

(1) 单项工程验收。单项工程验收是指在一个总体建设项目中，一个单项工程或一个车间已按设计要求建设完成，能满足生产要求或具备使用条件，且施工单位已预验，监理工程师已初验通过，在此条件下进行的正式验收。

由几个建筑安装企业负责施工的单项工程，当其中某一个企业所负责的部分已按设计完成时，也可组织正式验收，办理交工手续，交工时应请总包施工单位参加，以免相互耽误时间。

对于建成的住宅可分幢进行正式验收。例如一个住宅基地一部分住宅已按设计要求内容全部建成，另一部分还未建成，可将建成具备居住条件的住宅进行正式验收，以便及早交付使用，提高投资效益。

(2) 全部验收。全部验收是指整个建设项目已按设计要求全部建设完成，并已符合竣工验收标准，施工单位预验通过，监理工程师初验认可，由监理工程师组织的以建设单位为主，有设计、施工等单位参加的正式验收。在整个项目进行全部验收时，对已验收过的单项工程，可以不再进行正式验收和办理验收手续，但应将单项工程验收单作为全部工程验收的附件而加以说明。验收步骤如下所述。

① 项目经理介绍工程施工情况、自检情况以及竣工情况，出示竣工资料(竣工图和各项原始资料及记录)。

② 监理工程师通报工程监理中的主要内容，发表竣工验收的意见。

③ 业主根据在竣工项目目测中发现的问题，按照合同规定对施工单位提出限期处理的意见。

④ 暂时休会，由质检部门会同业主及监理工程师讨论工程正式验收是否合格。

⑤ 复会，由监理工程师宣布验收结果，质监站人员宣布工程项目质量等级。

⑥ 办理竣工验收签证书。

竣工验收签证书必须有三方的签字方能生效。

9.1.5 工程项目竣工资料

1. 工程竣工资料的概念

工程竣工资料是承包人按竣工档案管理及竣工验收条件有关规定，在施工过程中按时收集、整理、组卷，竣工后移交发包人汇总归档的技术管理文件，是记录和反映工程实施过程中的工程技术和管理活动的档案。

工程竣工资料是工程项目建设过程中复查的重要依据；是工程投资审计的重要依据；是在工程使用过程中，建设单位进行维护、加固、改造、扩建的重要依据。承包商应设专门的资料员收集整理和管理工程档案资料，不得丢失和损坏，竣工后承包单位必须正式移交工程档案。

2. 竣工资料的内容

竣工资料必须真实地反映项目管理过程的实际。我国《建设工程项目管理规范》(GB/T 50326—2006)规定，工程竣工资料的内容包括工程施工技术资料、工程质量保证资料、工程评定资料、竣工图和其他应交的资料。

1) 工程施工技术资料

工程施工技术资料是建设工程施工全部的真实记录，是施工过程的各环节客观产生的工程施工技术文件。主要内容有工程开工报告(包括复工报告)、项目组织机构名单、施工组织设计(包括安全施工组织设计)、图纸会审记录、技术交底记录、设计变更通知单、技术核定单、地质勘查报告、工程定位测量资料及复核记录、基槽开挖测量记录、地基钎探记录、钎探平面布置图、验槽记录、地基处理记录、桩基施工记录、试桩记录和补桩记录、沉降观测记录、防水工程抗渗试验记录、混凝土浇灌令、商品混凝土供应记录、工程复核抄测记录、工程质量事故报告、工程质量事故处理报告、施工日志、建设工程施工合同、补充协议、工程竣工报告、工程竣工验收报告、工程质量保修书、工程预(结)算书、竣工项目一览表、施工项目总结等。

2) 工程质量保证资料

工程质量保证资料是建设工程施工全过程全面反映质量控制和质量保证的依据性证明文件。各专业工程的质量保证资料如下所述。

(1) 土建工程。

① 钢材出厂合格证和试验报告。

② 水泥出厂合格证或试验报告。

③ 砌体材料出厂合格证或试验报告。

④ 防水材料出厂合格证或试验报告。

⑤ 构件合格证。

⑥ 混凝土试块试验报告。

⑦ 砂浆试块试验报告。

⑧ 土壤试验、打(试)桩记录。
⑨ 地基验槽记录。
⑩ 结构吊装、结构验收记录。
⑪ 焊接试(检)验报告、焊条合格证。
⑫ 隐蔽工程验收记录。
⑬ 中间交接验收记录。
(2) 建筑采暖卫生与煤气工程。
① 材料设备出厂合格证。
② 管道、焊口、设备严密性检查、试验报告。
③ 系统清洗记录。
④ 排水管道灌水、通水、通球记录。
⑤ 卫生洁具盛水试验记录。
⑥ 锅炉烘炉、煮炉、设备试运转记录。
(3) 通风与空调工程。
① 主要材料、设备出厂合格证和进场试验报告。
② 空调试验报告。
③ 制冷系统检验试验报告。
④ 隐蔽工程验收记录。
(4) 建筑电气安装。
① 主要材料、设备出厂合格证和进场试验报告。
② 电气设备调整试验记录。
③ 绝缘电阻和接地电阻试验记录。
④ 隐蔽工程验收记录。
⑤ 空载、负载运行记录。
⑥ 建筑照明通电试验记录。
⑦ 工序交接等施工安装记录。
(5) 电梯安装工程。
① 电梯及附件、材料合格证。
② 绝缘、接地电阻测试记录。
③ 空、满、超载试验记录。
④ 调整试验报告。
(6) 建筑智能工程。
① 主要材料、设备出厂合格证和进场试验报告。
② 隐蔽工程验收记录。
③ 系统功能与设备调试记录。
3) 工程检验评定资料

工程检验评定资料是建设工程全过程中按照国家现行的质量标准(或行业或地方标准)，对工程项目进行单位工程、单项工程、分部工程、分项工程的划分，再逐级对质量作出综合评定的资料。其主要内容如下所述。

(1) 施工现场质量管理检查记录。

(2) 检验批量验收记录。

(3) 分项质量验收记录。

(4) 分部(子分部)工程质量验收记录。

(5) 单位(子单位)工程质量竣工验收记录。

(6) 单位(子单位)工程质量控制资料核查记录。

(7) 单位(子单位)工程安全和功能检验资料核查及主要功能抽查记录。

(8) 单位(子单位)工程观感质量检查记录。

4) 竣工图

竣工图是真实地反映建设工程竣工后实际成果的重要技术文件，是工程进行竣工验收的备案文件，是建设单位使用、维护、改建、扩建的重要依据。

工程竣工后，有关单位应及时编制竣工图。竣工图应逐张加盖“竣工图”章，“竣工图”章的主要内容包括：发包人、承包人、监理人等单位名称以及图纸编号、编制人、审核人、负责人、编制时间等。

竣工图的编制原则如下所述。

(1) 如果工程没有设计变更，可由承包人(包括总承包人和分包人)在原施工图上加盖“竣工图章”。并在图章内签写有关信息。

(2) 在施工过程中，有一般的设计变更，但能在原施工图加以修改和补充作为竣工图的，可不再重新绘制，由承包人在原施工图(新的蓝图)上划改并注明修改部分，并附设计变更通知单和施工说明，加盖“竣工图”章，并在图章内签写有关信息。

(3) 工程项目结构形式改变、工艺改变、平面布置改变、项目改变及其他重大改变，不宜在原图上修改补充的，由责任单位按变更后的工程现实重新绘制竣工图。承包人负责在新图上加盖“竣工图”章。变更责任人如果是设计单位，则由设计单位负责重新绘制；责任单位如果是发包人，则由发包人绘制或委托设计单位绘制；责任单位如果是承包人，则由承包人重新绘制。

5) 规定的其他应交资料

(1) 施工合同约定的其他应交资料。

(2) 地方行政法规、技术标准规定的应交资料。

3. 工程竣工资料的整理

1) 工程竣工资料整理的依据

(1) 国家有关法律、法规、规范对工程档案和竣工资料的规定。

(2) 现行的建设工程施工及验收规范和质量评定标准对资料内容的要求。

(3) 国家、行业、地方档案管理部门和竣工备案部门对工程竣工资料移交的规定。

2) 工程竣工资料整理的要求

竣工资料整理流程如图 9-1 所示。

(1) 工程竣工资料必须真实反映工程项目建设全过程，资料的形成必须具有完整性、真实性，数据真实准确、签字手续齐全。

(2) 工程竣工资料的整理应根据专业分工的原则，实行定向移交，归口管理，资料不得缺失。

(3) 工程竣工资料应与工程进度同步完成，工程发现问题及时整改。

3) 竣工资料的分类组卷

(1) 一般单位工程，文件资料不多时，可将文字资料和图纸组成六部分，即立项文件卷、设计文件卷、施工文件卷、竣工文件卷、声像文件卷和竣工图卷。

(2) 综合性大型工程项目，文件较多时，则应按各部分组卷。

(3) 文件材料和图纸原则上不能混在一个装具内。如果文件较少，文件材料单独装订，图纸按规格折叠。

(4) 卷内的材料要排列有序，一般顺序为封面、目录、文件材料部分、备考表、封底。

(5) 填写目录与卷内材料相符，编写页码以独立卷为单位。

(6) 图纸折叠方式采用图面朝里，图签外露的国标技术制图复制折叠方法。

(7) 案卷采用国家标准，装具一律用国标的硬壳卷夹或卷盒，外装尺寸为：高度×宽度=300mm×220mm，卷盒厚度分别为60mm、50mm、40mm、30mm、20mm。

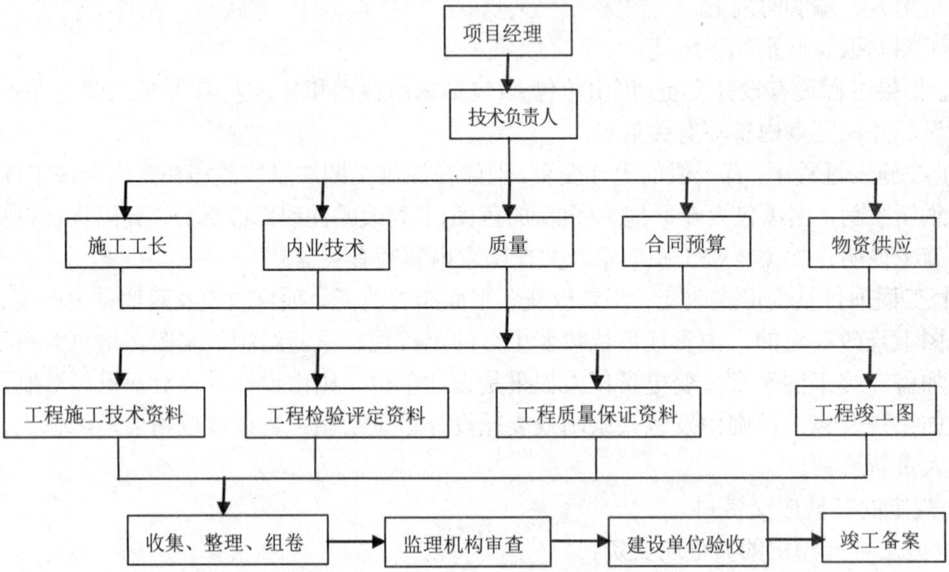

图 9-1 竣工资料整理流程

4. 工程竣工资料的移交验收

1) 竣工资料的有关规定

竣工资料的归档范围应符合《建设工程文件归档整理规范》(GB 50328—2001)中的规定。承包人必须按规定将自己责任范围内的竣工资料按分类组卷的要求交给发包人，发包人对竣工资料验收合格后，将工程资料整理汇总，向档案主管部门移交备案。

2) 竣工资料的交接要求

总承包人必须对竣工资料质量负全面责任，对竣工资料达到一次交验合格。总承包人应根据合同约定对分包人的竣工资料进行阶段性检查和竣工预检，在建设工程竣工验收后按规定的时间将全部移交的竣工资料交给发包人，并应符合城建档案的管理要求。

3) 竣工资料的移交验收

竣工资料移交验收是工程项目竣工交付验收的重要内容。发包人接到竣工资料后，应根据竣工资料的移交办法和国家或地方的有关规定，组织有关项目的负责人、技术负责人检查工程竣工资料的质量是否合格，验证手续是否完备，所有资料项目是否齐全。所有资料符合要求后，承包方双方按竣工资料移交清单签字、盖章，按归档要求双方交接，竣工资料交接完成。

9.1.6 工程移交

工程通过竣工验收，承包人应在发包人对竣工验收报告签认后的规定时间内，向发包人接交竣工结算和完整的竣工资料，根据合同有关结算条款进行工程结算。承包人收到竣工结算款后，应在规定的时间内向发包人办理工程移交手续。具体内容如下所述。

(1) 按竣工工程项目一览表在现场移交工程实体。室内工程达到窗明、地净、灯亮、水通、排污通畅、动力系统可用。

(2) 按竣工资料目录交接工程竣工资料，办理交接签章手续。

(3) 签署工程质量保修书。

(4) 承包人在规定时间内撤离施工现场，解除施工现场全部管理责任。

(5) 工程交接的其他事宜。

9.2 建筑工程项目竣工结算

9.2.1 工程项目竣工结算的概念

工程项目竣工结算是指一个建设项目或单项工程、单位工程全部竣工，发承包双方根据现场施工记录、设计变更通知书、现场变更鉴定、定额或清单计价规范、工程预算书等资料，进行合同价款的增减或调整计算，经建设单位审查或经工程造价咨询部门认定，作为施工单位向建设单位办理工程价款清算的技术经济文件。竣工结算应按照合同有关条款和价款结算办法的有关规定进行。

9.2.2 工程项目竣工结算的作用

(1) 竣工结算是施工单位与建设单位结算工程价款的依据。

(2) 竣工结算是施工单位考核实际工程成本的依据。

(3) 竣工结算是建设单位编制竣工决算的依据。

(4) 竣工结算是建设单位、设计单位及施工单位进行技术经济分析及总结工作的依据。

(5) 竣工结算工作完成后，标志着施工单位和建设单位的权利和义务的结束，即双方合同关系解除。

9.2.3 工程项目竣工结算的依据

(1) 建设工程施工合同或协议。
(2) 投标中标价格或经审查的施工图预算。
(3) 施工图纸及设计变更通知单(或竣工图)、现场工程变更记录、技术经济签证(洽商文件)。
(4) 有关工程技术资料。
(5) 现行的地方工程结算文件(或投标文件及合同条款约定的结算条款)。
(6) 工程竣工报告及工程竣工验收单。
(7) 工程质量保修书。
(8) 其他有关资料。

9.2.4 工程项目竣工结算报告的编制原则

(1) 具备结算条件的项目，才能编制竣工结算，结算的工程必须是已完成的并经验收合格的工程项目，验收不合格的工程项目不得结算。

(2) 实事求是进行工程结算，施工中发生的并经有关人员签认的变更才能计算变更费用，如有漏算、多算或计算误差时应及时作出调整。

(3) 多个单位工程构成的施工项目，应由各个单位工程竣工结算书汇总，编制单项工程竣工综合结算书。多个单项工程构成的建设项目，应将各单项工程综合结算书汇总编制建设项目总结算书，并撰写编制说明。

9.2.5 工程项目竣工结算的有关规定

《建设工程施工合同(示范文本)》通用条款中，对工程结算的相关规定如下所述。

(1) 工程竣工验收报告经发包人认可后 28 天内，承包人向发包人递交竣工结算报告及完整的竣工结算资料，双方按协议书约定的合同价款及专用条款约定的合同价款调整内容，进行竣工结算。

(2) 发包人收到承包人递交的竣工结算报告及竣工结算资料后，28 天内进行核实，予以承认或提出修改意见。发包人确认竣工结算报告后，通知经办银行向承包人支付工程竣工结算价款。承包人收到竣工结算价款后 14 天将竣工工程交付发包人。

(3) 发包人收到承包人递交的竣工结算报告及竣工结算资料后，28 天内无正常理由不支付工程竣工结算价款的，从第 29 天起按承包人同期向银行贷款利率支付拖欠价款的利息，并承担违约责任。

(4) 发包人收到竣工结算报告及竣工结算资料后，28 天内不支付工程竣工结算价款的，承包人可以催告发包人支付工程价款。发包人收到竣工结算报告及竣工结算资料后 56 天内仍不支付的，承包人可以与发包人协议将该工程折价，也可以由承包人申请人民法院将该工程依法拍卖，承包人就该工程折价或拍卖的价款优先受偿。

(5) 工程竣工验收报告经发包人认可后 28 天内，承包人未能向发包人递交竣工结算报告及完整的竣工结算资料，造成工程竣工结算不能正常进行或工程价款不能及时支付，发包人要求交付工程的，承包人应当交付；发包人不要求交付的，承包人承担保管责任。

(6) 发包人、承包人对工程竣工结算款发生争议的，按合同约定的争议处理条款执行。

(7) 办理完竣工结算手续后，承包人和发包人应按国家或当地建设行政主管部门的规定，将竣工结算报告及结算资料纳入竣工资料汇总，作为发包人工程竣工决算的依据，并按规定向有关部门移交进行竣工备案。

9.2.6　工程项目竣工结算报告的编制与审查

1. 竣工结算编制的内容

1) 单位工程竣工结算书

如果合同约定的工程项目是单位工程，则单位工程结算书要求的内容即为工程竣工结算编制的内容。一般包括以下几项。

(1) 封面。内容包括工程名称、建设单位、建筑面积、结构类型、层数、结算造价、施工单位、编制时间，以及编制人、审核人的签字盖章。

(2) 编制说明。内容包括工程概况(包括开竣工时间)、编制依据、结算范围、变更内容、双方协商处理的事项及其他说明。

(3) 工程结算计算表。内容包括分部分项工程费用。

(4) 工程费用计算表。内容包括直接费(包括直接工程费用、措施费)、间接费(包括规费和企业管理费)、利润和税金。

(5) 材料价差计算表。内容包括增加或减少的材料名称、数量和价差。

(6) 工程量增减计算表。内容包括增加或减少的工程量及其他变更事项。

2) 单项工程竣工结算书

见 9.2.4(3)小节中的有关说明。

3) 项目总结算书

见 9.2.4(3)小节中的有关说明。

4) 竣工结算说明书

(1) 编制说明。编制说明包括下述两项。

① 工程概况。

② 编制依据。编制依据又可以细分为下述各点。

a. 合同文件及补充文件。

b. 工程竣工报告与工程竣工验收单。

c. 经业主确认的施工图纸(或竣工图纸)、设计变更、洽商记录、现场签证和相应的结算书。

d. 经双方认可的工程预算书(或投标报价) 。

e. 有关结算内容的专题会议纪要。

f. 合同中约定采用的预算定额、材料预算价格、费用定额及有关规定。

g. 经工地现场业主代表及监理工程师签字确认的施工签证和相应的预算书以及隐蔽工

程技术资料。

h. 经业主及监理工程师审批的施工组织设计和施工技术方案。

i. 按相关合同规定或合同中有关条款规定持凭证进行结算的原始凭证。

j. 甲供材料及设备、限价材料及设备的通知书。

k. 由现场工程师提供的符合扣款规定的相关证明。

l. 不可抗力记录及其他与结算相关的经业主与承包商共同签署的协议、备忘录文件。

③ 其他说明事项。

编制考虑因素、包括不限于图纸的不确定因素、特殊工程量计算方法、计价内容和方法、地理气候环境条件影响的计算处理方法、工程所在地政策因素的调整计算办法。

(2) 工程结算汇总表。

(3) 证明文件。证明文件的具体内容如下所述。

① 施工图与招标图纸差异调整。

② 设计变更。

③ 现场签证。

④ 主要材料价格调整。

⑤ 暂定单价项目调整。

⑥ 暂定数量项目调整。

⑦ 暂定金额项目调整。

⑧ 索赔资料。

⑨ 已付工程款凭证。

2. 竣工结算书的编制方法

竣工结算书应按承发包双方合同约定的方法编制。如发包范围内的结算方式、发包范围外的结算方式应在合同专用条款中约定。一般按如下办法进行结算编制。

$$工程竣工结算金额=工程预算或中标价 \pm 工程变更及签证调整数 \tag{9-1}$$

3. 竣工结算审查

1) 承包商自行审查

工程竣工结算编制完成后，项目经理应组织熟悉工程项目技术人员和预结算人员进行仔细检查核对，以确保结算的全面性、合理性和准确性。重点要检查如下内容。

(1) 设计变更和现场洽商内容是否齐全。

(2) 结算书中的项目设置是否合理，有无缺漏或重复列项。

(3) 工程量计算是否准确，有无少算或多算。

(4) 定额套用或综合单价构成是否合理。

(5) 材料费用是否按合同约定计算价差。

(6) 计算程序是否有错误。

(7) 就工程竣工结算发承包双方是否签署补充协议。

2) 监理工程师审查

承包商将工程竣工结算书报监理工程师后，监理工程师按合同规定及规定的时间内对工程竣工结算书进行审查。

(1) 审查竣工结算书的符合性。主要审查竣工结算书中的“项、量、价、费”是否符合投标文件报价或施工图预算；审查计价及计费方式是否符合合同条款中约定的方法；审查其结算的内容是否与实体工程相符。

(2) 审查竣工结算书的真实性。主要审查结算书的内容及提供的依据是否真实有效，有无虚假内容。

(3) 审查竣工结算书的合理性。主要审查其主要材料价格、设备价格是否合理；如果是清单计价要审查其综合单价构成的合理性。

3) 工程造价咨询机构的审查

对于国有投资项目对工程竣工结算书要经具有相应资质的工程造价咨询机构进行审核。

(1) 制定审核方案。包括确定审核人员、制定审核程序、确定审核方法等。

(2) 确定审核方式。审查方式有重点审核和对比审核、全面审核。目前多数工程项目采用全面审核方式，以保证审核的准确性。

(3) 研究送审资料。送审资料包括招投标文件、合同文件(包括补充协议)、洽商文件或记录、竣工资料、图纸，以及竣工结算书。

(4) 现场考察。现场考察是工程竣工结算审核不可或缺的环节。

(5) 审核计算。对竣工结算构成(直接费、间接费等)进行核算。

(6) 意见交流。对初步形成的审核结论与施工方进行交流。

(7) 审核定论，出具审核报告。

小贴士　工程结算审核报告范文

致××××(项目业主)

×××工程造价咨询公司受贵方委托，对××项目进行了审核，目前审核工作已完成，现将审核结果报告如下：

一、基本情况

1. 项目概况。(工程名称、地点、规模、工期、建设单位、设计单位、监理单位、施工单位)

2. 工程概况。(工程位置、工程内容、已完内容、未完内容)

二、审核依据、审核程序和方法

三、审核结论。说明送审额、审定额、审减/审增额，按专业工程列表说明

四、工程结算审减/审增原因说明

附件：审核计算书

××造价咨询公司

×年 ×月 ×日

9.2.7　工程价款的结算方式

工程价款结算方式根据合同约定，主要有以下几种。

(1) 按月结算。根据合同约定，每月按时报工程形象进度结算，监理工程师审核后，按合同约定支付工程进度款。

(2) 分阶段结算。对于工期较长或当年不能竣工的大型工程项目可实行分期结算，除每月进行工程结算外，每半年或一年进行工程阶段性的结算。

(3) 竣工后一次性结算。工程款实行每月预支，待工程竣工后，一次结清。

9.3 建筑工程项目回访保修

9.3.1 建筑工程项目回访保修概述

1. 回访保修的概念

建筑工程的回访保修是建筑工程在竣工验收交付使用后，在一定时间内由承包人主动对发包人和使用人进行的工程回访，对工程发生的由施工原因造成的建筑使用功能不良或无法使用的问题，由承包人负责修理，直到达到正常使用标准。

2. 回访保修的意义

(1) 有利于项目部及企业重视项目管理，提高工程质量，增强项目管理层和作业层的责任心。

(2) 有利于承包方及时听取用户意见，履行保修承诺。发现质量缺陷及时采取措施，保证工程使用功能正常发挥。

(3) 有利于施工单位与建设单位和用户的联系与沟通，有利于改进服务方式，树立为用户服务的企业形象。增加用户对承包人的信任感，提高施工企业的社会信誉。

3. 保修范围和内容

1) 质量保修范围

各类建筑工程及建筑工程的各个部位都应实行保修。由于承包人未按国家标准、规范和设计要求施工造成质量缺陷的，应由承包人负责修理并承担经济责任。

建筑工程保修范围应当包括地基基础工程、主体结构工程、屋面防水工程、有防水要求的卫生间、房间和外墙面的防渗、供热与供冷系统、电气配管、给排水管道、设备安装和装修工程，以及双方约定的其他项目。

因使用不当或第三方造成的质量缺陷、不可抗力造成的质量缺陷不属于保修范围。

2) 质量保修内容

(1) 屋面、地下室、外墙、阳台、厕所、浴室以及厨房等处渗水漏水。

(2) 各种通水管道(上水、下水、热水、中水、污水、雨水等)漏水，各种气体管道漏气以及风道、烟道、垃圾道不通者。

(3) 水泥砂浆地面较大面积起砂、裂缝、空鼓。

(4) 内墙较大面积的裂缝、空鼓、脱落或面层起碱脱皮，外墙粉刷自动脱落等。

(5) 供暖管线安装不良，局部不热，管线接口处及卫生器具接口处不严造成漏水。

(6) 其他由于施工不当而造成的无法使用或使用功能不能正常发挥的工程部位。

9.3.2 建筑工程项目保修期

房屋建筑工程保修期从工程竣工验收后合格之日起计算。在正常情况下，房屋建筑工程的最低保修期如下所述。

(1) 地基基础工程和主体结构工程为设计文件规定的使用年限。

(2) 屋面防水工程、有防水要求的卫生间、房间和外墙面的防渗漏为 5 年。

(3) 供热与供冷系统为 2 年的采暖期与供冷期。

(4) 电气配管、给水排水管道、设备安装为 2 年。

(5) 装修工程为 2 年。

其他项目的保修期限由建设单位和施工单位约定。

9.3.3 建筑工程项目保修责任

(1) 房屋建筑工程在质量保修期内出现质量缺陷，建设单位或房屋建筑所有人应当向施工单位发出保修通知。施工单位接到保修通知后，应当到现场调查情况，在保修书约定的时间内予以保修。

(2) 发生涉及结构安全或者严重影响使用功能的紧急抢修事故，施工单位接到保修通知后，应当立即到达现场抢修。

(3) 发生涉及结构安全的质量缺陷，建设单位或房屋所有人应当向当地建设行政主管部门报告，采取安全防范措施；由原设计单位或者具有相应资质的设计单位提出保修方案，施工单位实施保修，原工程质量监督机构负责监督。

(4) 保修完成后，由房屋建设单位或房屋所有人组织验收。涉及结构安全的，应当报当地建设行政主管部门备案。

(5) 施工单位不按质量保修书约定保修的，建设单位可以另行委托其他单位保修，由原施工单位承担相应责任。

(6) 保修费用由质量缺陷的责任方承担。

(7) 在保修期间内，因房屋建筑工程质量缺陷造成房屋所有人、使用人或第三方人身、财产损害的，房屋所有人、使用人或第三方可以向建设单位提出赔偿要求。建设单位向造成房屋建筑工程质量缺陷的责任方追偿。

(8) 因保修不及时，造成新的人身、财产损害，由造成拖延的责任方承担赔偿责任。

9.3.4 建筑工程项目质量保修金及返还

质量保修金是指建设单位与施工单位在建设工程承包合同中约定的或施工单位在质量保修书中承诺，在工程竣工交付使用后，从应付的建设工程款中预留的有建筑工程在保修期限和保修范围内出现的质量缺陷的资金。一般工程质量保修金为工程结算总额的 5%，具体比例还要由承发包双方在施工合同和质量保修书中约定。

发包人在质量保修期满后 14 天内，应将剩余保修金和利息返还承包人。

9.3.5 建筑工程项目回访保修计划编制

1. 回访计划

工程移交后，承包商应将回访工作纳入日常工作中，有组织、有计划、有步骤地进行回访工作，收集反馈信息，及时处理保修问题。

回访工作计划可按表 9-1 所示制订。

表 9-1 回访工作计划表

序 号	建设单位	工程名称	保修期限	回访时间安排	参加回访部门	执行单位

2. 回访程序和内容

(1) 听取用户的建议和意见。

(2) 查看现场因施工原因或其他(设备或使用)原因造成的质量问题。

(3) 进行原因分析和确认。

(4) 商讨进行保修的事项。

(5) 填写回访工作记录表(如表 9-2 所示)。

表 9-2 回访工作记录表

建设单位		使用单位	
工程名称		建筑面积	
施工单位		保修期限	
项目组织		回访日期	
回访工作情况		用户意见	
		处理结果	
回访负责人		记录人	

3. 回访方式

(1) 例行回访。已交付使用的工程项目，在保修期内无论工程是否需要维修，每半年或一年回访一次，也可进行电话回访或到现场回访。

(2) 季节性回访。有些工程质量问题只有在使用中才能发现，如夏季屋面、墙体渗水，空调系统未达到设计参数，冬季的采暖系统存在问题等。

(3) 技术性回访。该方式主要是了解工程使用的新材料、新技术、新工艺、新设备的技术性能和效果，发现问题及时处理，有利于总结经验。

(4) 特殊回访。主要是针对特殊工程、重点工程进行专访。

9.4　施工项目总结及考核评价

9.4.1　施工项目总结

施工项目完成后，必须进行总结分析，对施工项目管理进行全面系统的技术分析和经济分析，以总结经验，汲取教训，不断提高施工单位的技术和管理水平。

施工项目总结包括技术总结和经济总结两个方面。

1. 技术总结

技术总结的内容是在施工中采用了哪些新工艺、新材料、新技术、新设备，遇到了哪些新老问题，采用了哪些技术措施，通过总结制定“工法”。

2. 经济总结

经济总结主要是从纵向和横向两个方面比较经济指标提高或下降的情况。纵向是指企业自身的历史经验数据；横向指同类企业、同类项目的经济数据。

3. 总结得出结论

通过项目总结，应当得出以下结论。

(1) 合同完成情况。即是否完成了工程承包合同及内部承包责任的承担情况。

(2) 施工组织设计和管理目标实现情况。

(3) 工程项目的质量情况。

(4) 工期对比情况及工期缩短所产生的效益。

(5) 该项目的节约状况。

(6) 工程项目提供的经验教训。

9.4.2　施工项目考核评价

项目考核工作是项目管理活动的重要环节，是对项目的管理行为、项目管理效果以及项目管理目标实现程度的检验和评定。通过考核评价工作可使施工项目管理人员能够正确认识自己的工作水平和业绩，并进一步总结经验，汲取教训，从而提高企业管理水平和管理人员的素质。

1. 考核评价指标

施工项目管理考核主要通过定量指标和定性指标两个方面来进行。

1) 项目考核定量指标

(1) 工程质量等级。工程质量等级是项目管理考核的主要指标。国家、各省(市)、地区建设行政主管部门都应开展质量评优活动，如国家级的“鲁班奖”。

(2) 安全考核指标。工程项目安全实施是工程项目管理的重中之重。按照《建筑施工安全检查标准》，项目安全标准可分为“优良”“合格”“不合格”三个等级。安全等级一般以定量评分计算的方式确定，通常应考虑安全生产责任制、安全目标制定、安全组织措施、安全教育、安全检查、安全事故、文明施工、脚手架防护、施工用具、起重提升和施工机具等方面的因素。

(3) 工程成本指标。在工程项目施工过程中，通过采取制度强化管理、严格控制作业成本、规范管理行为以及提高技术水平等措施，可以保证在其他目标不受影响的前提下降低施工成本。工程成本降低指标有两项。

$$\text{成本降低额} = \text{工程预算成本} - \text{工程实际成本} \tag{9-2}$$

$$\text{成本降低率}(\%) = \frac{\text{工程预算成本} - \text{工程实际成本}}{\text{工程预算成本}} \times 100\% \tag{9-3}$$

考核工程成本管理效果通常采用成本降低率的方法，因为它能直观地反映成本管理水平和幅度。

(4) 工期指标。工程实际工期长短是一个工程项目的管理水平、施工生产能力、协调能力、技术装备、人员综合素质等方面的综合反映。工期是项目考核的一个重要指标，在进行工期指标考核时，通常应把实际工期与计划工期进行对比，用工期提前率考核。

(5) 劳动生产率。

$$\text{劳动生产率} = \frac{\text{工程承包价格}}{\text{工程实际耗用工日数}} \times 100\% \tag{9-4}$$

(6) 劳动消耗指标。包括单方用工、劳动效率及节约工日。

$$\text{单方用工} = \frac{\text{实际用工(工日)}}{\text{建筑面积}(m^2)} \tag{9-5}$$

$$\text{劳动效率} = \frac{\text{预算用工(工日)}}{\text{实际用工(工日)}} \times 100\% \tag{9-6}$$

$$\text{节约工日} = \text{预算用工} - \text{实际用工} \tag{9-7}$$

(7) 材料消耗指标。包括主要材料节约量和材料成本降低率。

$$\text{主要材料节约量} = \text{预算用量} - \text{实际用量} \tag{9-8}$$

$$\text{主要材料节约量} = \text{预算用量} - \text{实际用量} \tag{9-9}$$

$$\text{材料成本降低率} = \frac{\text{承包价中的材料成本} - \text{实际材料成本}}{\text{承包价中的材料成本}} \times 100\%$$

(8) 机械消耗指标。包括主要机械利用率和机械成本降低率。

$$\text{某种机械利用率} = \frac{\text{预算台班数}}{\text{实际台班数}} \times 100\% \tag{9-10}$$

$$\text{机械成本降低率} = \frac{\text{预算机械成本} - \text{实际机械成本}}{\text{预算机械成本}} \times 100\% \tag{9-11}$$

2) 考核的定性指标

(1) 执行国家、企业政策各项制度情况。

(2) 建设单位及用户的评价。

(3) 项目是否应用“四新”或技术创新。

(4) 项目是否创新或采用现代化管理手段。

(5) 项目获得的地方建设行政部门的综合评价情况。

2. 项目管理考核评价程序

(1) 制定考核评价方案，报请企业法定代表人审批。内容包括考核评价时间、具体要求、工作方法及结果处理。

(2) 听取项目经理汇报。主要汇报项目目标的实现情况，并介绍所提供的资料。

(3) 查看项目经理部的有关资料。对项目部提供的各种资料进行仔细审阅，分析其经验及问题。

(4) 对项目管理层和作业层进行调查。

(5) 考察已完工程。主要考察工程质量和现场管理，进度与计划是否相符，阶段性目标是否实现。

(6) 对项目的实际运作水平进行评价。根据评分标准，依据调查情况，对定量指标进行评分，对定性指标确定评价结果。

(7) 提出考核评价报告。

3. 项目考核资料

资料是考核评价的直接依据，为使考核工作客观、公正、高效地进行，参与项目考核的双方要积极配合，互相支持，及时主动地向对方提供工作资料。

(1) 项目经理部向项目考核评价委员会提供的资料。

① “项目实施规划”、各种计划、方案实施情况。

② 项目实施过程中的全部往来函件、签证、记录、证明、鉴定。

③ 各项技术指标完成情况及分析资料。

④ 项目管理的总结报告。包括技术、质量、安全、分配、物资、设备、合同履行情况及项目管理总结。

(2) 项目考核评价委员会向项目经理部提供的资料。

① 考核方案和程序。

② 考核评价标准。

③ 考核评价依据。

④ 考核评价结果。

其中①②③项是考核评价前考核评价委员会向项目经理部提供的资料，第④项是考核评价结束后向项目经理部提供的资料。

思考题与习题

一、简答题

1. 简述项目收尾管理的重要性。
2. 简述验收的条件、标准和竣工验收的程序。
3. 简述竣工资料的组成。
4. 简述竣工结算编制的依据。
5. 施工项目可以从哪几个方面进行单项评价？

6. 简述竣工结算编制的方法。
7. 简述建筑工程保修范围和保修期限。
8. 工程项目考核的评价指标有哪些?
9. 在项目考核评价过程中，项目经理需提供哪些资料?
10. 施工单位进行回访保修有什么意义?
11. 回访保修计划包括哪些内容?
12. 简述哪些质量问题不属于保修范围。
13. 回访的工作方式有几种?
14. 简述项目保修经济责任。

二、单项选择题

1. 工程项目建设环节最后一道程序，全面检验工程项目是否符合设计要求和工程质量检验标准的最重要环节是(　　)。
A. 项目竣工　B. 竣工验收　C. 竣工结算　D. 竣工准备
2. 竣工验收准备不包括(　　)。
A. 建立竣工收尾班　B. 制订、落实项目竣工收尾计划
C. 竣工收尾计划检查　D. 竣工质量安全检查
3. 竣工资料的内容不包括(　　)。
A. 工程施工技术资料　B. 工程安全保证资料
C. 工程质量保证资料　D. 工程检验评定资料
4. 真实地反映建设工程完成后实际成果的重要技术资料是(　　)。
A. 施工设计图纸　B. 工程概况图　C. 竣工图　D. 工程验收资料
5. 下列不属于竣工验收方式的是(　　)。
A. 单位工程竣工验收　B. 单项工程竣工验收
C. 分部工程竣工验收　D. 全部工程竣工验收
6. 对施工图纸的修改和补充包括(　　)。
A. 设计变更通知书　B. 施工设计图
C. 工程设计文件　D. 设备技术说明书
7. 建设工程施工全过程的真实记录资料是(　　)。
A. 工程质量保证资料　B. 工程施工技术资料
C. 工程检验评定资料　D. 竣工图

三、多项选择题

1. 工程价款结算方式为(　　)。
A. 按月结算　B. 竣工后一次结算
C. 分段结算　D. 按天结算
2. 工程项目管理单项分析包括(　　)。
A. 工程质量分析　B. 工期分析　C. 工程成本分析　D. 安全分析
3. 工程管理考核评价的定量指标有(　　)。
A. 安全指标　B. 工期指标　C. 工程质量指标　D. 工程环境指标

4. 回访的工作方式包括(　　)。
   A. 例行性回访　　B. 季节性回访　　C. 技术性回访　　D. 特殊性回访
5. 项目工程保修的程序一般包括(　　)。
   A. 发送保修书　　B. 填写“工程质量修理通知书”
   C. 实施保修服务　　D. 竣工验收
6. 项目管理考核评价程序包括(　　)。
   A. 考察已完工程　　B. 提出考核评价报告
   C. 工程成本分析　　D. 工程质量安全检查
7. 工程竣工结算的编制依据包括(　　)。
   A. 工程质量保修书　　B. 有关施工技术资料
   C. 经审查的施工图预算或中标价格　　D. 建设工程施工合同或协议书

第 10 章　建筑工程风险与沟通管理

【学习要点及目标】

- 了解风险的概念。
- 了解风险的分类与识别。
- 懂得风险评价。
- 了解风险对策与控制方法。
- 了解沟通的作用。
- 了解项目管理中主要的沟通工作。
- 了解项目沟通方式。

【核心概念】

风险　风险管理　风险评价　风险识别　风险控制　沟通管理

【引言】

我国某公司在承包伊朗项目时，风险管理比较到位，成功地完成了项目，并取得了较好的经济和社会效益。在风险管理的各方面都取得成效。

合同管理：该公司深知合同的签订、管理的重要性，专门成立了合同管理部，负责合同的签订和管理。在合同签订前，该公司认真研究并吃透了合同，针对原合同中的不合理条款据理力争，获得了有利的修改方案；在履行合同过程中，则坚决按照合同办事。因此，项目进行得非常顺利，这也为后来的成功索赔奠定了基础。

融资方案：为了避免利率波动带来的风险，该公司委托国内的专业银行做保值处理，避免由于利率波动带来的风险。因为是出口信贷工程承包项目，该公司要求业主出资部分资金，还款均以美元支付，这既为我国创造了外汇收入，又有效地避免了汇率风险。

工程保险：在工程实施过程中，对一些不可预见的风险，该公司通过在保险公司投保工程一切险种，有效避免了工程实施过程中的不可预见风险，并且在投标报价中考虑了合同额的 6%作为不可预见费。

进度管理：在项目实施的过程中，影响工程进度的主要是人、财、物三方面因素。对于物的管理，首先选择最合理的配置，从而提高了设备的效率；其次对设备采用强制性的保养、维修措施，从而使整个项目的设备完好率超过了 90%，保证了工程进度。由于项目承包单位是成建制的单位，不存在内耗，因此人的管理难度相对较小；最后，项目部建立了完善的管理制度，对员工特别是当地员工都进行了严格的培训。

沟通管理：为加强对项目的统一领导和监管，协调好合作单位之间的利益关系，该公司成立了项目领导小组，由总公司、海外部、分包商和设计单位的领导组成，这也大大增强了该公司内部的沟通与交流。而对于当地雇员，则是先对其进行培训，使其能很快融入到项目之中；同时也尊重对方，尊重对方的风俗习惯，以实现中伊双方人员之间的和谐共处。本章主要介绍风险的分类、风险的识别、风险的管理，以及在工程项目管理过程中管理各方的沟通方式。

10.1 建筑工程项目风险管理

10.1.1 风险管理概述

1. 工程项目风险的概念

《建设工程项目管理规范》中对项目风险的解释是：“在企业经营和项目施工过程中存在大量的风险因素，如自然风险、政治风险、经济风险、技术风险、社会风险、国际风险、内部决策与管理风险等。风险具有客观存在性、不确定性、可预测性、结果双重性等特征。”

风险是项目系统中的不确定因素。风险在任何工程项目中都存在。风险会造成工程项目实施的失控现象，如工期延长、成本增加、计划修改等，最终导致工程项目经济效益降低，甚至失败。工程承包活动是一项风险活动，承包人和项目经理要面临一系列的风险，必须在风险面前作出决策。决策正确与否，与承包人对风险的判断和分析能力密切相关。

2. 工程项目风险的特点

根据对现代工程项目的案例分析，工程项目风险具有如下特点。

(1) 风险的不确定性。风险事件的发生及其后果都具有不确定性。人们通过长期观察发现，风险事件具有随机性，主要表现在风险事件是否发生，何时发生，发生之后会造成什么样的后果等均是不确定的。

(2) 风险的多样性。即在一个项目中有许多种类的风险存在，如政治风险、经济风险、法律风险、自然风险、合同风险、合作者风险等。这些风险之间有复杂的内在联系。

(3) 风险的全程性。风险不仅存在于项目实施阶段，而且存在于整个项目生命期中。例如目标构思中可能存在构思错误的风险；可行性研究中可能有方案的失误、调查不完全、市场分析错误等风险；技术设计中存在专业不协调、地质不确定、图纸和规范错误等风险；施工中存在物价上涨、实施方案不完备、资金缺乏、气候条件变化等风险；运行中存在市场变化、产品不受欢迎、运行达不到设计标准、操作失误等风险。

(4) 风险影响的全局性。例如反常的气候条件造成工程的停滞，则会影响整个后期计划，影响后期所有参加者的工作。它不仅会造成工期的延长，而且还会造成费用的增加，以及对工程质量的危害。即使局部的风险，其影响也会随着项目的发展逐渐扩大。例如，一个活动受到风险干扰，可能影响与它相关的许多活动，所以在项目中风险影响随着时间推移有扩大的趋势。

(5) 风险有一定的规律性。工程项目的环境变化、项目的实施有一定的规律性，所以风险的发生和影响也有一定的规律性，是可以进行预测的。重要的是人们要有风险意识，重视风险，对风险进行全面的控制。

10.1.2 风险的分类

风险可以按下述几种形式划分。

1. 按风险表现形式划分

按照项目在各个阶段的表现形式，可以将风险划分为以下几种基本类型。

(1) 信用风险。项目融资时有时依赖于信用保证机构，而组成信用保证机构的各个项目参与者是否有能力或愿意执行其职责，就构成了项目融资的信用风险。信用风险有时贯穿于项目的各个阶段。

(2) 完工风险。项目的完工风险存在于项目建设阶段和试生产阶段，其主要表现形式为项目建设延期、项目建设成本超支、项目迟迟达不到设计规定的技术经济指标等。

(3) 生产风险。项目的生产风险是在项目试生产阶段和生产运行阶段存在的技术、资源储量、能源和原材料供应、生产经营、劳动力状况等风险因素的总称。其主要表现形式包括以下内容。

① 技术风险。技术风险是指项目运行过程中所使用的技术带来的风险。

② 资源风险。对于依赖某种自然资源的生产型项目，在项目的生产阶段若没有足够的资源保证，则具有很大的风险。能源和原材料的供应是否及时即是该风险的影响因素。

③ 经营管理风险。管理风险主要来源于从事项目管理人员的经营管理能力，这种能力是决定项目质量控制、成本控制和生产效率的一个重要因素。有很多的项目组织形式非常复杂，由于项目相关各方参与项目的动机和目标不一致，因而在项目进行过程中常常会出现一些不愉快的事情，从而影响合作者之间的关系、项目进展和项目目标的实现。这类风险通常还包括管理者内部的不同部门由于对项目的理解、态度和行动不一致所产生的风险。

④ 市场风险。项目完成后是否适合市场的需要，即构成市场风险，主要包括价格和销售量两个因素。

⑤ 金融风险。主要表现在利率风险和汇率风险两个方面。

⑥ 政治风险。是指由于政局变化、政权更迭、罢工、战争等引起社会动荡而造成财产损失和损害以及人员伤亡的风险。

⑦ 环境保护风险。随着人们生活水平的提高，世界普遍都非常关注工程项目对自然环境、人类健康和生活所造成的负面影响。对于项目从事人员来说，对由于环境保护所造成的项目成本的增加要预先有很好的估计。

2. 按风险后果划分

按照风险后果的不同可划分为纯粹风险和投机风险两类。

(1) 纯粹风险。这类风险只会造成损失，而不会带来机会或收益。纯粹风险造成的损失是绝对的损失。同时也可细分为可保或不可保风险。

(2) 投机风险。这类风险是指既可能带来机会、获得利益，又隐含威胁、造成损失的风险，即投机风险。投机风险有三种可能的后果，即造成损失、不造成损失和获得利益。还可进一步细分为市场风险、经营风险、投资风险等。

3. 按风险来源划分

(1) 自然风险。由于自然力的作用，造成财产毁损或人员伤亡的风险属于自然风险。

(2) 人为风险。由个人的活动而带来的风险是人为风险。人为风险又可以分为行为风险、经济风险、技术风险、政治风险和组织风险等。

4. 按事件主体的承受能力划分

(1) 可承受风险，一般指法人或自然人在分析自身承受能力、财产状况的基础上，确认能够承受最大损失的限度，低于这一限度的风险称为可承受风险。

(2) 不可承受风险，一般指法人或自然人在分析自身承受能力、财务状况的基础上，确认已超过或大大超过所能承受的最大损失额，这种风险就称为不可承受风险。

5. 按风险的对象划分

(1) 财产风险。指财产所遭受的损害、破坏或贬值的风险。比如设备、正在建设中的工程等，因自然灾害而遭到的损失。

(2) 人身风险。这里指由于疾病、伤残、死亡所引起的风险。

(3) 责任风险。指由于法人或自然人的行为违反了法律、合同或道义上的有关规定，给他人造成财产损失或人身伤害的风险。

6. 按风险对工程项目目标的影响划分

(1) 工期风险。即造成工程的局部(分部工程、分项工程)或整个工程的工期延长，不能按计划正常移交后续施工工程或按时交付使用的风险。

(2) 费用风险。一般包括财务风险、成本超支风险、投资追加风险、报价风险、投资回收期延长或无法回收风险等。

(3) 质量风险。一般包括材料、工艺、工程不能通过验收的风险工程试生产不合格的风险，工程质量经过评价未达到标准的风险等。

小贴士　建筑工程承包商面临的风险有下述几种。

(1) 决策错误风险。包括信息取舍失误或信息失真风险、买标与保标风险及报价失误风险。

(2) 缔约和履约风险。包括合同条款、工程管理、合同管理、物资管理、财务管理等方面的风险。

(3) 责任风险。职业责任(工程技术和质量)、法律责任、他人的归咎责任(代理责任)、人事责任(关键人员损失)等方面的风险。

10.1.3 风险管理

《建设工程项目管理规范》中对风险管理的定义是：风险管理是企业项目管理的一项重要管理过程，它包括对风险的预测、辨识、分析、判断、评估及采取相应的对策，如风险回避、控制、分散、转移、自留及利用等活动。这些活动对项目的成功运作至关重要，甚至会决定项目的成败。风险管理水平是衡量企业素质的重要标准，风险控制能力则是判断项目管理者生命力的重要依据。因此，项目管理者必须建立风险管理制度和方法体系。

风险管理是整个项目管理的一部分，其目的是保证项目总目标的实现。风险管理与项目管理存在如下所述各种关系。

(1) 从项目的时间、质量和成本目标来看，风险管理与项目管理的目标是一致的。即通过风险管理降低项目进度、质量和成本方面的风险，实现项目管理目标。

(2) 从项目范围管理来看，项目范围管理的主要内容包括界定项目范围和对项目范围变动的控制。通过界定项目范围，可以明确项目的范围，将项目的任务细分为更具体、更便于管理的部分，避免遗漏而产生风险。在项目进行过程中，各种变更是不可避免的，变更会带来某些新的不确定性，风险管理可以通过对风险的识别、分析来评价这些不确定性，从而向项目范围管理提出任务。

(3) 从项目计划的职能来看，风险管理为项目计划的制订提供了依据。项目计划考虑的是未来，而未来必然存在着不确定因素。风险管理的职能之一是减少项目整个过程中的不确定性，这有利于计划的准确执行。

(4) 从项目沟通控制的职能来看，项目沟通控制主要是对沟通体系进行监控，特别要注意经常出现误解和矛盾的职能和组织间的接口，这些可为风险管理提供信息。反过来，风险管理中的信息又可通过沟通体系传输给相应的部门和人员。

(5) 从项目实施过程来看，不少风险都是在项目实施过程中由潜在变为现实。风险管理就是在风险分析的基础上，拟定出具体的应对措施，以消除、缓和、转移风险，利用有利机会避免产生新的风险。

10.1.4　风险识别

风险识别是建设工程项目风险管理的第一步，也是最重要的一个步骤，它是整个风险管理工作的基础。只有正确、及时地识别风险、分析风险，才能更好地制定相应的风险管理措施。但风险具有隐蔽性，其识别绝不是一件容易的事。这就要求风险管理人员必须全面认真地搜集资料，恰当有效地运用各种工具和方法对可能的、潜在的不确定性加以确认，以识别出真正对当前建设工程项目有影响的风险。

在建筑工程项目风险管理过程中，风险识别是一项基础性的工作，其完成的效果直接影响到后续的风险管理成效。所以，进行风险识别时应力求识别出尽可能多的风险，要做好这一工作，可以借助一些技术和工具。

1) 德尔菲法

德尔菲法的操作要点如下所述。

(1) 由项目风险管理人员选定相关领域的专家(一般不超过 20 人)，并与他们建立直接的函询关系。

(2) 请专家阅读有关背景资料，并明确所要分析的问题及有关要求。

(3) 请专家根据资料回答与风险识别有关的问题，并填写调查表。

(4) 专家们必须“背靠背”，不发生任何形式的联系，各位专家独立地、匿名地进行归纳、编辑。

(5) 管理人员收集问卷，并对问卷进行整理、归纳，进一步征询他们的意见。

(6) 对专家意见再次综合整理后反馈给他们，得到一致意见，作为最后风险识别的依据。如此反复，直至专家们的意见基本趋于一致。

2) 头脑风暴法

头脑风暴法的操作要点如下所述。

(1) 参加头脑风暴会议的人员由项目风险研究领域的专家或在风险管理方面有经验的项目组成员组成。

(2) 所选择的会议主持人需善于引导启发、反应灵敏，有较强的判断、归纳、综合能力。

(3) 会议期间，主持人鼓励与会人员尽可能多地发表意见并忠实记录。与会人员相互之间不打断发言，不必因为担心别人会对自己的见解提出异议。与会人员可以对别人发表过的意见加以改进，提出更新的、进一步的想法。

(4) 对发言数量的重视高于对质量的重视，以鼓励与会人员能畅所欲言。

(5) 发言终止后，共同评价每一条意见，由主持人总结出结论。

当然，头脑风暴法实施的成本(时间、费用等)是很高的。另外，头脑风暴法要求参与者有较好的素质。这些因素是否满足会影响头脑风暴法实施的效果。

3) 现场调查法

现场调查法的操作要点如下所述。

(1) 调查前的准备工作。

① 要确定调查的时间，即确定何时调查最合适，需耗费多少时间。

② 考虑调查对象本身，需要注意的是，每个调查对象都其有潜在的风险。应尽可能避免忽略某些重要事项，这里可采用一种方法，即在巡视时对所见到的每项事物填写表格。

(2) 现场调查和访问，根据调查前对潜在风险事项的罗列和调查计划，组织相关人员，通过询问进行调查或对现场情况实际勘察。

(3) 汇总与反馈，将调查得到的信息进行汇总，并将调查时发现的情况通知有关方面。

4) 财务报表法

财务报表能综合反映一个经济单位的财务状况。在应用中应当在拥有财务信息的基础上同时搜集其他信息资料以及辅之以其他手段、方法来进行风险识别，而不是只局限于独立使用财务报表法。另外，利用此方法时必须保证财务数据的可靠性。

5) 核对表法

运用核对表法进行风险识别时，可以通过搜集历史上类似项目的资料及访问相关人员，弄清以往类似项目中曾有的风险，并将它们列在表上。识别人员根据这些信息结合目前情况，预测其中有哪些风险可能会在当前项目中出现。核对表法是一种依赖于过去历史经验的风险识别方法。

6) 流程图法

将一个建设工程项目的经营活动按步骤或阶段顺序以若干个模块形式组成一张流程图。每个模块中都标出各种潜在的风险或利弊因素，从而给决策者一个清晰具体的印象。一般来说，对流程图中各步骤或阶段的划分比较容易，关键在于找出各步骤或阶段不同的风险因素或风险事件。运用流程图分析，项目人员可以明确地发现项目所面临的风险。但此方法仅着重于流程本身，而无法显示发生问题的阶段其损失或损失发生的概率。

10.1.5　风险评价与分析

1. 风险评价

风险评价是对风险的规律性进行研究和量化分析。罗列出每一个风险自身的规律和特点、影响范围和影响力。然后，对罗列出来的每一个风险，进行如下分析和评价。

1) 风险存在和发生的时间分析

时间分析具体表现为分析风险可能在项目的哪个阶段、哪个环节上发生。许多风险有明显的阶段性，有的风险是直接与具体的工程活动(工作包)相联系的。时间分析对风险的预警有很大的作用。

2) 风险的影响和损失分析

风险的影响是个非常复杂的问题，有的风险影响面很大，可能引起整个工程的中断或报废。而风险之间常常是有联系的，如某个工程活动受到干扰而拖延，则可能影响它后面的许多活动。经济形势的恶化不但会造成物价上涨，而且还可能会引起业主支付能力的变化；通货膨胀引起物价上涨，会影响后期的采购、人工工资及各种费用支出，进而影响整个后期的工程费用。由于设计图纸提供不及时，不仅会造成工期拖延，而且会造成费用提高(如人工和设备闲置、管理费开支)，还可能在原来本可以避开的冬雨季施工，造成更大的拖延和费用增加。

有的风险的影响可以相互抵消。例如反常的气候条件，设计图纸拖延，承包人设备拖延等如果在同一时间段发生，则它们之间对总工期的影响可能是有重叠的。由于风险对目标的干扰常常首先表现在对工程实施过程的干扰上，所以风险的影响分析，一般应通过以下分析过程加以分析。

(1) 考虑正常状况下(没有发生该风险)的工期、费用、收益。

(2) 将风险加入这种状态，分析实施过程、劳动效率、消耗、各个活动有什么变化。

(3) 两者的差异则为风险的影响。所以这实质上是一个新的计划、新的估价的过程。

3) 风险发生的可能性分析

风险的可能性分析是研究风险自身的规律性。通常可用概率表示。既然被视为风险，则它必然在必然事件和不可能事件之间。它的发生有一定的规律性，但也有不确定性。人们可以通过各种方法研究风险发生的概率。

4) 风险级别分析

风险因素非常多，涉及各个方面，但人们并不是对所有的风险都予以十分重视。否则将大大提高管理费用，而且谨小慎微，会干扰正常的决策过程。

5) 风险的起因和可控制性分析

风险的可控性，是指人对风险影响和控制的可能性。对风险起因的研究是为风险预测、对策研究、责任分析服务的。如有的风险是人(业主、项目管理者或承包商)可以控制的，而有的却不可以控制。可以控制的风险包括承包商对招标文件的理解风险、实施方案的安全性和效率风险、报价风险等；不可控制的风险包括物价风险、反常的气候风险等。

2. 风险分析

风险分析通常凭经验、靠预测进行。基本分析方法如下所述。

1) 列举法

列举法是指通过对同类已完工程项目的环境、实施过程进行调查分析、研究，以建立该类项目的基本的风险结构体系，进而可以建立该类项目的风险知识库(经验库)。它包括该类项目常见的风险因素。列举法可以在对新项目决策，或在用专家经验法进行风险分析时给出提示，列出所有可能的风险因素，以引起人们的重视，或作为进一步分析的引导。

2) 专家经验法

专家经验法不仅可用于风险因素的罗列，而且可用于对风险影响和发生可能性的分析，一般应采用专家会议的方法。

(1) 组建专家小组，一般 4～8 人最好，专家应有实践经验和代表性。

(2) 通过专家会议，对风险进行界定、量化。召集人应让专家尽可能多地了解项目目标、项目结构、环境及工程状况，详细地调查并提供信息，有可能时应带领专家进行实地考察，并对项目的实施、措施的构想作出说明，使大家对项目有一个共识，否则容易增加评价的离散程度。

(3) 召集人有目标地与专家合作，一起定义风险因素及结构、可能的成本范围，作为讨论的基础和引导，引导讨论各个风险的原因、风险对实施过程的影响、风险的影响范围(如技术、工期、费用等)，将影响统一到对成本的影响上，估计影响力。

(4) 风险评价。各个专家对风险的影响程度(影响力)和出现的可能性，给出评价意见。在这个过程中，如果有不同的意见，可以提出讨论，但不能提出批评。

10.1.6 风险分配

1. 风险的分配

一个工程项目总的风险有一定的范围和规律性，这些风险必须在项目参加者(包括投资者、业主、项目管理者、各承包商及供应商等)之间进行分配，每个参加者都必须承担一定责任。

风险分配通常应在任务书、责任证书、合同、招标文件等中定义，在起草这些文件的时候都应对风险作出预计、定义和分配。只有合理地分配风险，才能调动各方面的积极性，才能有项目的高效益。正确对待风险有如下好处。

(1) 可以最大限度地发挥各方风险控制的积极性。任何一方如果不承担风险，就没有管理的积极性和创造性，项目就不可能优化。

(2) 减少工程中的不确定性。风险分配合理，就可以比较准确地计划和安排工作。

(3) 业主可以得到一个合理的报价。承包商报价中的不可预见风险费较少。对项目风险的分配，业主起主导作用。因为业主作为买方，起草招标文件、合同条件，确定合同类型，确定管理规范，而承包商、供应商等处于从属的地位。但业主不能随心所欲，不能不顾主客观条件把风险全部推给对方，而对自己免责。

2. 风险分配原则

1) 从工程整体效益的角度出发，最大限度地发挥各方的积极性

项目参加者如果不承担任何风险，则其就没有任何责任，就没有控制风险的积极性，就不可能做好工作。例如对承包商采用成本加酬金合同，承包商没有任何风险责任，则承包商会千方百计提高成本以争取工程利润；而如果让承包商承担全部风险责任也不行，他会提高报价中的不可预见风险费。如果风险不发生，业主多支付了费用；如果发生了风险，这笔不可预见风险费不足以弥补承包商的损失。承包商如果没有合理利润或亏本，则他履约的积极性不高，或想方设法降低成本，偷工减料，拖延工期，要求业主多支付，想方设法索赔。而业主因不承担任何风险，会随便决策，随便干预，不积极地对项目进行战略控制，风险发生时也不积极地提供帮助，则同样也会损害项目整体效益。从工程的整体效益的角度来分配风险的准则是：谁能有效地防止和控制风险或将风险转移给其他方面，则谁应承担相应的风险责任；由此人控制相关风险是经济的、有效的、方便的、可行的，只有通过此人的努力才能减少风险的影响；通过风险分配，加强责任，能更好地制订计划，发挥管理的和技术革新的积极性等。

2) 体现公平合理，责权利平衡

(1) 风险的责任和权力应是平衡的。风险的承担是一种责任，即进行风险控制以及承担风险产生的损失，但同时要给承担者以控制、处理的权力。例如银行为项目提供贷款，由政府作担保，则银行风险很小，它只能取得利息；而如果银行参加 BOT 项目的融资，它就必须承担很大的项目风险，因此它有权力参加运营管理及重大的决策，并参与利润的分配；承包商承担施工方案的风险，则它就有权选择更为经济、合理、安全的施工方案。同样有一项权力，就应该承担相应的风险责任。例如业主起草招标文件，就应对它的正确性负责；业主指定工程师，指定分包商，则应承担相应的风险。又如采用成本加酬金合同，业主承担全部风险，则他就有权选择施工方案，干预施工过程；而采用固定总价合同，承包商承担全部风险，则承包商就应有相应的权力，业主不应过多干预施工过程。

(2) 风险与机会对等。即风险承担者应享受风险控制获得的收益和机会收益。例如承包商承担物价上涨的风险，则物价下跌带来的收益也应归承包商所有。若承担工期风险，拖延要支付误期违约金，则工期提前就应奖励。

(3) 承担的可能性和合理性。即给风险承担者以预测、计划、控制的条件和可能性，也提供迅速采取控制风险措施的时间、信息等。例如，要承担对招标文件的理解、环境调查、实施方案和报价的风险，则必须给投标人一个合理的解释，业主应向投标人提供现场调查的机会，提供详细且正确的招标文件，特别是设计文件，并及时地回答承包商做标中发现的问题，这样投标人才能理性地承担风险。

3) 符合工程惯例，符合通常的处理方法

一方面，惯例一般比较公平合理，能够较好地反映要求；另一方面，合同双方对惯例都很熟悉，工程更容易顺利实施。

10.1.7　建设工程项目风险的应对策略

建设工程项目风险的应对策略包括风险回避、风险自留、风险控制和风险转移。

1. 风险回避

风险回避是指在完成项目分析与评价后，如果发现项目风险发生的概率很高，而且可能导致的损失也很大，又没有其他有效的对策来降低风险时，应采取放弃项目、放弃原有计划或改变目标等方法，使风险不发生或不再发展，从而避免可能产生的潜在损失。回避风险是对所有可能发生的风险尽可能地规避，这样可以直接消除风险损失。如放弃或终止某项活动(放弃某项不成熟工艺)，改变某项活动的性质等。回避风险具有简单、易行、全面、彻底的优点，能将风险的概率保持为零。

通常，当遇到下列情形时，应考虑风险回避的策略。

(1) 风险事件发生的概率很大且损失也很大的项目。

(2) 发生损失的概率并不大，但当风险事件发生后产生的损失是灾难性的、无法弥补的。

在回避风险时应遵循以下原则。

① 回避不必要承担的风险。

② 回避那些远远超过企业承受能力，可能对企业造成致命打击的风险。

③ 回避那些不可控性、不可转移性、不可分散性较强的风险。

④ 在主观风险和客观风险并存的情况下，以回避客观风险为主。

⑤ 在存在技术风险、生产风险和市场风险时，一般以回避市场风险为主。

2. 风险自留

风险自留又称承担风险，是一种由项目组织自己承担风险事故所致损失的措施。

风险自留是指项目风险保留在风险管理主体内部，通过采取内部控制措施等来化解风险或者对这些保留下来的项目风险不采取任何措施。风险自留与其他对策的根本区别在于，它不改变项目风险的客观性质，即既不改变项目风险的发生概率，也不改变项目风险潜在损失的严重性。

风险自留可分为计划性风险自留和非计划性风险自留两种。

(1) 计划性风险自留。计划性风险自留是主动的、有意识的、有计划的选择，是风险管理人员在经过正确的风险识别和风险评价后制定的风险应对策略。风险自留绝不可能单独运用，而应与其他风险对策结合使用。

(2) 非计划性风险自留。由于风险管理人员没有意识到项目某些风险的存在，或者不曾有意识地采取有效措施，以致风险发生后只好保留在风险管理主体内部。这样的风险自留就是非计划性的和被动的。导致非计划性风险自留的主要原因有缺乏风险意识、风险识别失误、风险分析与评价失误、风险决策实施延误等。

3. 风险控制

风险控制是一种主动、积极的风险对策。风险控制工作可分为预防损失和减少损失两个方面。预防损失措施的主要作用在于降低或消除(通常只能做到降低)损失发生的概率，而减少损失措施的作用在于降低损失的严重性或遏制损失的进一步发展，使损失最小化。一般来说，风险控制方案都应当是预防损失措施和减少损失措施的有机结合。

4. 风险转移

当有些风险无法回避、必须直接面对，而以自身的承受能力又无法有效地承担时，风险转移就是一种十分有效的选择。适当、合理的风险转移是合法的、正当的，是一种高水平管理能力的体现。风险转移主要包括非保险转移和保险转移两大类。

(1) 非保险转移。这种风险转移一般是通过签订合同的方式将项目风险转移责任和将风险转移给对方当事人，例如承包商进行项目分包；第三方担保，如业主付款担保，承包商履约、预付款担保，分包商付款担保和工资支付担保等。

(2) 保险转移。保险转移通常直接称为工程保险，即通过购买保险，业主或承包商作为投保人将本应由自己承担的项目风险(包括第三方责任)转移给保险公司，从而使自己免受风险损失。

需要说明的是，保险转移并不能转移工程项目的所有风险，一方面是因为存在不可保风险，另一方面则是因为有些风险不宜保险。因此，对于工程风险，应将保险转移与风险回避、损失控制和风险自留结合起来运用。

10.1.8　工程实施常见的风险管理策略及相应的措施

工程实施中的风险管理主要贯穿在项目的进度控制、成本控制、质量控制、合同控制等过程中，工程实施常见的风险管理策略及相应的措施如表 10-1 所示。

表 10-1　工程实施常见的风险管理策略及相应的措施

风险目录	风险管理策略	相应措施
财务和经济 通货膨胀 汇率浮动	风险自留 风险转移 风险自留 风险利用	执行价格调整、投标中考虑应急费用 投保汇率险、套汇交易 合同中规定汇率保值 市场调汇
分包商或供应商违约 业主违约	风险转移 风险回避 风险自留	履约保函 进行资格审查 索赔
项目资金无保障 标价过低	风险回避 风险分散 风险自留	严格合同条款 放弃投标 分包 控制成本、加强管理、加班加点节省人力开支，加强索赔
设计 设计不充分 设计错误码或忽略 不充分的细节 地下条件复杂	风险自留 风险转移	索赔 合同中分清责任

续表

风险目录	风险管理策略	相应措施
政治环境		
法规变化	风险自留	索赔
战争内乱	风险转移	保险
没收	风险自留	援引不可抗力条款索赔
禁运	损失控制	降低损失
污染及安全	风险自留	保护措施
规则约束		制订安全计划
施工		
恶劣自然条件	风险自留	索赔、预防措施
劳务争端	风险自留	预防措施
内部罢工	损失控制	预防措施
现场条件恶劣	风险自留	改善恶劣条件
	风险转移	投保第三者险
工作失误	风险控制	严格规章制度
	风险转移	投保工程全险
设备损坏	风险转移	购买保险
工伤事故	风险转移	购买保险
自然条件		
对永久结构的损坏	风险转移	购买保险
对材料和设备的损坏	风险控制	加强保护措施
造成人身伤亡	风险自留	购买保险
火灾	风险自留	购买保险
洪水	风险转移	购买保险
地震	风险转移	购买保险
塌方	风险转移	预防措施
社会环境		
宗教节日影响工期	风险自留	预防措施，合理安排进度、留出损失费
工作效率低	风险自留	预留损失费
社会风气腐败	风险自留	预留损失费

10.2 建筑工程项目沟通管理

10.2.1 沟通管理概述

1. 沟通的概念

沟通是信息的交流，是人际(或组织)之间传递和交流信息的过程。

在工程项目管理中工程项目相关各方通过信息的交流和传递进行沟通，建立人的思想和信息之间的联系。沟通是工程项目管理的重要内容，它包括为了确保工程项目信息的合理、收集和传输，保证相互动作协调的一系列过程。

2. 沟通的作用

对工程项目管理而言，良好的信息沟通对组织、指挥、协调和控制项目的实施过程，对促进和改善人际关系具有重要作用。其作用体现如下几个方面。

(1) 为项目决策和计划提供依据。来自项目内外的准确、完整、及时的信息有利于项目领导班子作出正确的决策。

(2) 为组织和控制管理过程提供依据。在工程项目管理组织内部，没有良好的信息沟通，情况不明就无法实施科学的管理。只有通过信息沟通，项目班子在掌握了项目的各个方面信息之后才能为科学管理提供依据，才能有效地提高工程项目组织的效能。

(3) 是项目经理领导工作的重要手段。项目经理依赖于各种途径将意图传递给下级人员并使下级人员理解和执行；下级人员与项目经理之间是带着一定的动机、目的、态度通过各种途径传递信息、情感、态度、思想、观点等，因此沟通能力与领导过程的成功性关系极大。

(4) 有利于建立和改善人际关系。沟通是人的一种重要的心理需要，是人们用以表达思想感情与态度、寻求同情与友谊的重要手段。信息沟通、意见交流可以将许多独立的个人、团体、组织贯通起来，成为一个整体。畅通的信息沟通，可以减少人与人之间的冲突，改善人与人、人与项目班子之间的关系。

3. 沟通的内容

沟通内容包括人际关系、组织结构关系、供求关系和协作配合关系。

(1) 人际关系沟通是指与项目相关单位或部门人与人之间在管理工作中的沟通。包括项目组织内部、施工项目组织与关联单位的人际关系沟通。

(2) 组织机构关系沟通是指与项目相关的组织机构各层面在管理工作中的沟通。包括项目组织与上级公司各职能部门、项目组织与分包商之间的关系沟通。

(3) 供求关系沟通是指与项目相关的物资供应部门和生产要素供应部门之间的沟通。包括材料供应商、设备供应商等之间的关系沟通。

(4) 协作配合关系沟通是指与项目相关的协作单位或部门之间的沟通。包括远、外层单位的协作配合，以及内部各部门、上下级、管理层与作业层之间的关系沟通。

10.2.2 沟通的特征

1. 复杂性

在工程项目建设周期的各阶段中，项目的各相关方在所建立的组织模式下不仅要进行组织间的相互沟通，还要与政府有关机构、公司、企业、居民等进行有效的沟通，同时由于项目各相关方的利益和角色不同，沟通的途径、方式方法与技巧也千差万别。另外，由于工程项目一次性的本质特点，使项目所建立的管理组织也具有临时性，所有这些都注定了工程项目沟通的复杂性。

2. 系统性

工程项目建设是一个复杂的系统工程，工程项目建设的各阶段将会全部或局部地涉及社会政治、经济、文化等多方面，对生态环境、能源将产生或大或小的影响，这就决定了工程项目沟通管理应从整体利益出发，运用系统的观点和分析方法，全过程、全方位地进行有效的管理。

10.2.3 项目管理主要的沟通与协调工作

1. 内部的沟通与协调

1) 建立完善、实用的管理系统

内部人际关系的沟通与协调应依靠各项规章制度，通过做好思想工作，加强教育培训，提高人员素质等方法实现。

2) 建立项目激励制度

项目经理应注意从心理学、行为科学的角度激励各成员的积极性，有激励措施。工作作风要民主、不专行，让成员独立工作，充分发挥成员的积极性和创造性，公平、公正地处理事务。员工的工作成绩要向上级及时汇报，并及时表彰。

3) 形成较稳定的项目管理及施工队伍

相对稳定的施工队伍，管理层和操作层沟通较容易，配合较默契，会使项目管理工作进行得较顺畅。

4) 做好考核评价工作

建立公平、公正的考核工作业绩的办法、标准，并定期客观地对成员进行考核并且作出合理的评价。

2. 项目经理部与企业管理部门的沟通与协调

(1) 项目经理部与企业管理层关系的沟通与协调应严格执行《项目管理目标责任书》，在行政和生产管理上，根据企业最高领导者的指令以及企业管理制度来进行。项目经理部受企业有关职能部门的指导，二者既是上、下级行政关系，又是服务与服从、监督与执行的关系，即企业层次生产要素的调控体系要服务于项目层次生产要素的优化配置，同时项目生产要素的动态管理要服从于企业主管部门的宏观调控。

(2) 企业要对项目管理全过程进行必要的监督与调控，项目经理部要按照与企业签订的责任状，尽职尽责、全力以赴地抓好项目的具体实施。在经济往来上，根据企业法定代表人与项目经理签订的《项目管理目标责任书》，严格履约、按实结算，建立双方平等的经济责任关系；在业务管理上，项目经理部作为企业内部项目的管理层，必须接受企业职能部、室的业务指导和服务。

(3) 项目经理部要按时准确上报一切统计报表和各种资料，包括技术、质量、预算、定额、工资、外包队伍的使用计划及工程管理相关资料。

3. 近外层次和远外层次的沟通与协调

项目经理部进行近外层关系和远外层关系的沟通必须在企业法定代表人的授权范围内实施。

1) 项目经理部与发包人的沟通与协调

(1) 项目经理部与发包人之间的关系沟通与协调应贯穿于施工项目管理的全过程。沟通与协调的目的是搞好协作，沟通与协调的方法是执行合同，沟通与协调的重点是资金问题、质量问题和进度问题。

(2) 项目经理部在施工准备阶段应要求发包人按规定的时间履行合同约定的义务，保证工程顺利开工。项目经理部应在规定时间内承担合同约定的义务，为开工后连续施工创造条件。

(3) 项目经理部应及时向发包人或监理机构提供有关的生产计划、统计资料、工程事故报告等。发包人应按规定时间向项目经理部提交技术资料。

(4) 让发包人投入到项目全过程，实施必须执行发包人的指令，使发包人满意。

① 使发包人理解项目和项目实施的过程，减少非程序干预。特别应防止发包人内部其他部门人员随便干预和指令项目，或将发包人内部矛盾、冲突带入到项目中。让发包人投入项目实施过程，使发包人理解项目和项目实施的过程，学会项目管理方法，以减少非程序干预和超级指挥。

② 项目经理作出决策时要考虑到发包人的期望，经常了解发包人所面临的压力，以及发包人对项目关注的焦点。

③ 尊重发包人，随时向发包人报告情况。在发包人作出决策时，提供充分的信息，让其了解项目的全貌、项目实施状况、方案的利弊得失及对目标的影响。

④ 加强计划性和预见性，让发包人了解承包商和非程序干预的后果。

2) 项目经理部与监理单位的沟通与协调

(1) 项目经理部应按《建设工程监理规范》的规定和施工合同的要求，接受监理单位的监督和管理，应充分了解监理工作的性质、原则，尊重监理人员，对其工作积极配合，始终坚持目标一致的原则，并积极主动地工作，搞好协作配合。

(2) 在合作过程中，项目经理部应及时向监理机构提供有关生产计划、统计资料、工程事故报告等，应注意现场签证工作，遇到设计变更、材料改变或特殊工艺以及隐蔽工程等情况应及时得到监理人员的认可，并形成书面材料，尽量减少与监理人员的摩擦。

(3) 项目经理部应严格地组织施工，避免在施工中出现敏感问题。与监理意见不一致时，双方应以进一步合作为前提，遵循相互理解、相互配合的原则进行协商，项目经理部应尊重监理人员或监理机构的最后决定。

3) 项目经理部与设计单位的沟通与协调

(1) 项目经理部应注重与设计单位的沟通，对设计中存在的问题应主动与设计单位磋商，积极支持设计单位的工作，同时也要争取设计单位的支持。

(2) 项目经理部在设计交底和图纸会审工作中，应与设计单位进行深层次交流，准确把握设计要点，对设计与施工不吻合或设计中的隐含问题应及时予以澄清和落实。

(3) 项目经理部应在设计交底、图纸会审、设计洽商变更、地基处理、隐蔽工程验收和交工验收等环节与设计单位密切配合，同时应接受发包人和监理工程师对双方的沟通与协调。

(4) 对于一些争议性问题，应巧妙地利用发包人和监理工程师的职能，避免正面冲突。

4) 项目经理部与供应商的沟通与协调

(1) 项目经理部与材料供应商应依据供应合同，充分运用价格机制、竞争机制和供求机制搞好协作配合，建立可靠的供求关系，确保材料质量和服务质量。

(2) 项目经理部应在项目管理实施规划的指导下，认真制订材料需求计划，认真调查市场，在确保材料质量和供应的前提下选择供应商。

(3) 为了保证双方的顺利合作，项目经理部应与材料供应商签订供应合同，供应合同应明确供应数量、规格、质量、时间和配套服务等事项。

5) 项目经理部其他部门的沟通与协调

项目经理部与公共部门有关单位的关系应通过加强计划性和通过发包人或监理工程师进行沟通与协调。

6) 项目经理部与分包商的关系的沟通与协调

(1) 项目经理部与分包人关系的沟通与协调应按分包合同执行，正确处理技术关系、经济关系，正确处理项目进度控制、质量控制、安全控制、成本控制、生产要素管理和现场管理中的协作关系。

(2) 项目经理部应对分包单位的工作进行监督和检查。

(3) 项目经理部应加强与分包人的沟通，及时了解分包的情况，发现问题及时处理，并以平等的合同双方的关系支持分包人的工程施工管理活动。

7) 项目经理部与其他单位关系的沟通与协调

项目经理部与其他公用部门有关单位的沟通与协调应通过加强计划性和通过发包人或监理工程师进行。

10.2.4 沟通方式

沟通方式包括正式沟通、非正式沟通，书面沟通、口头沟通、言语沟通与体语沟通。沟通方式的选取取决于欲沟通的对象。

1. 正式沟通

1) 正式沟通的方法

正式沟通是组织内部的规章制度所规定的沟通方法，沟通的形式主要包括组织正式发布的命令、指示、文件，组织召开的正式会议，组织正式颁发的法令规章、手册、简报、通知、公告，以及组织内部上下级之间和同事之间因工作需要而进行的正式接触。

2) 正式沟通的特点

正式沟通的优点是沟通效果好，比较严肃而且约束力强，易于保密，可以使信息沟通保持权威性；缺点是沟通速度慢。

2. 非正式沟通

1) 非正式沟通的方式

非正式沟通指在正式沟通渠道之外进行的信息传递和交流，是一类以社会关系为基础，与组织内部的规章制度无关的沟通方式。它的沟通对象、时间及内容等都是未经计划和难以辨别的。因为非正式沟通是由于组织成员的感情和动机上的需要而形成的，所以其沟通渠道是通过组织内的各种社会关系，这种社会关系超越了部门、单位及层次。

2) 非正式沟通的特点

非正式沟通的优点是沟通方便，沟通速度快，而且能提供一些正式沟通中难以获得的信息，通常情况下，来自非正式沟通的信息反而易于获得接收者的重视。缺点是容易失真。

3. 书面沟通

1) 书面沟通的方式

书面沟通一般采用通知、文件、报刊、会议记录、往来信函、报告、备忘录以及电子邮件等书面形式进行的信息传递和交流。

2) 书面沟通的特点

书面沟通的优点是可以作为资料长期保存，反复查阅，沟通显得正式和严肃。书面沟通资料可以作为档案。

4. 口头沟通

1) 口头沟通的方式

口头沟通就是运用口头表达方式，如谈话、游说、演讲等进行信息交流的活动。口头沟通的方式有私下联系、团队会议或者打电话。

2) 口头沟通的特点

口头沟通的优点是沟通方便，具有很大的灵活性且沟通速度快，能提供一些正式沟通中难以获得的信息，双方可以自由交换意见。缺点是约束力不强。

3) 口头沟通的注意事项

(1) 应对反映参与者文化差异的身体语言保持敏感。

(2) 不要使用可能被误解成歧视、偏见或攻击性的言辞。

(3) 在项目初期，高度的面对面沟通对促进团队建设、发展良好的工作关系和建立共同目标特别重要。

(4) 要注意沟通的主动性。

(5) 口头沟通应该坦白、明确。

(6) 口头沟通的时间选择很重要。

(7) 要注意有效地聆听。

5. 言语沟通和体语沟通

言语沟通是利用语言、文字、图画、表格等形式进行的。体语沟通是利用动作、表情、姿态等非语言方式(形体)进行的，一个动作、一个表情、一个姿势都可以向对方传递某种信息，身体语言和语调变化是丰富口头沟通的重要因素。身体语言不仅可被讲话人使用，同时也可被听者作为向讲话人提供反馈的一种方式使用。

思考题与习题

一、简答题

1. 简述风险的内涵及其特性。
2. 简述风险的分类。
3. 简述工程项目风险管理的内容。

4. 简述工程项目风险识别的过程。

5. 列举工程项目风险识别的方法。

6. 简述工程项目风险分配的原则。

7. 简述工程项目沟通管理的特征。

二、单项选择题

1. 由人类需求的改变、制度的改进和政治、经济、社会、科技等环境的变迁导致的风险是(　　)。

A. 自然风险　B. 人为风险　C. 静态风险　D. 动态风险

2. 风险的基本性质不包括(　　)。

A. 风险的客观性　B. 风险的确定性　C. 风险的不利性　D. 风险的可变性

3. 风险管理的基础是(　　)。

A. 风险识别　B. 风险信号　C. 风险控制　D. 风险因素

4. 损失发生前为了消除损失可能发生的根源，并减少损失的频率，在风险事件发生后减少损失应采取的具体措施是(　　)。

A. 损失预防　B. 损失控制　C. 损失抑制　D. 损失防范

5. 风险转移主要包括(　　)。

A. 非保险转移和保险转移　B. 安全转移和非安全转移

C. 暂时转移和永久转移　D. 不定向转移和定向转移

三、多项选择题

1. 不属于风险的基本性质的是(　　)。

A. 风险的客观性　B. 风险的不可变性

C. 风险的确定性　D. 风险的不利性

2. 项目沟通的方式有(　　)。

A. 正式沟通与非正式沟通　B. 单向沟通与双向沟通

C. 书面沟通与非口头沟通　D. 非言语沟通与信息沟通

3. 属于书面沟通方式的有(　　)。

A. 通知、文件、报刊　B. 会议记录、往来信函、报告

C. 电子邮件　D. 电话记录

第 11 章　建筑工程项目管理规划

【学习要点及目标】

- 了解建筑工程项目管理规划大纲及实施规划的概念。
- 了解建筑工程项目管理规划大纲的内容。
- 了解建筑工程项目管理规划大纲的编制依据和方法。
- 了解建筑工程项目实施规划的内容。
- 了解建筑工程项目实施规划的编制依据和方法。

【核心概念】

项目管理规划大纲　项目管理实施规划

【引导案例】

【案例 1】新疆金石建设监理有限公司投标新疆圣雄能源开发公司的“年产 60 万吨电解石项目”。该工程项目管理招标的《项目管理规划》内容有：项目管理目标(包括进度控制目标、成本控制目标、质量控制目标、安全控制目标)、项目管理体系、项目管理工作内容、项目管理工作方法、工程招标与合同管理工作细则。(摘自百度名片)

【案例 2】某市经济创新研发中心项目，建筑规模 9.62 万平方米，地下 2 层，地上 37 层，建筑物高度 148 米，工程造价约 5.2 亿元，工期 530 天。该建筑功能复杂，拥有现代化设备及监控安防系统。是地区的标志性建筑。

该工程由中国建筑一局(集团)公司总承包承建。在招标文件中，业主要求承包商在完成主体工程任务的基础上，承担与设计单位的协调，并进行本工程的消防工程、弱电工程、高级装饰工程的分标和招标管理。

中建一局(集团)公司编制了项目管理规划。该规划的内容和编制程序如图 11-1 所示。本章主要介绍工程项目管理规划的作用、内容、编制方法。

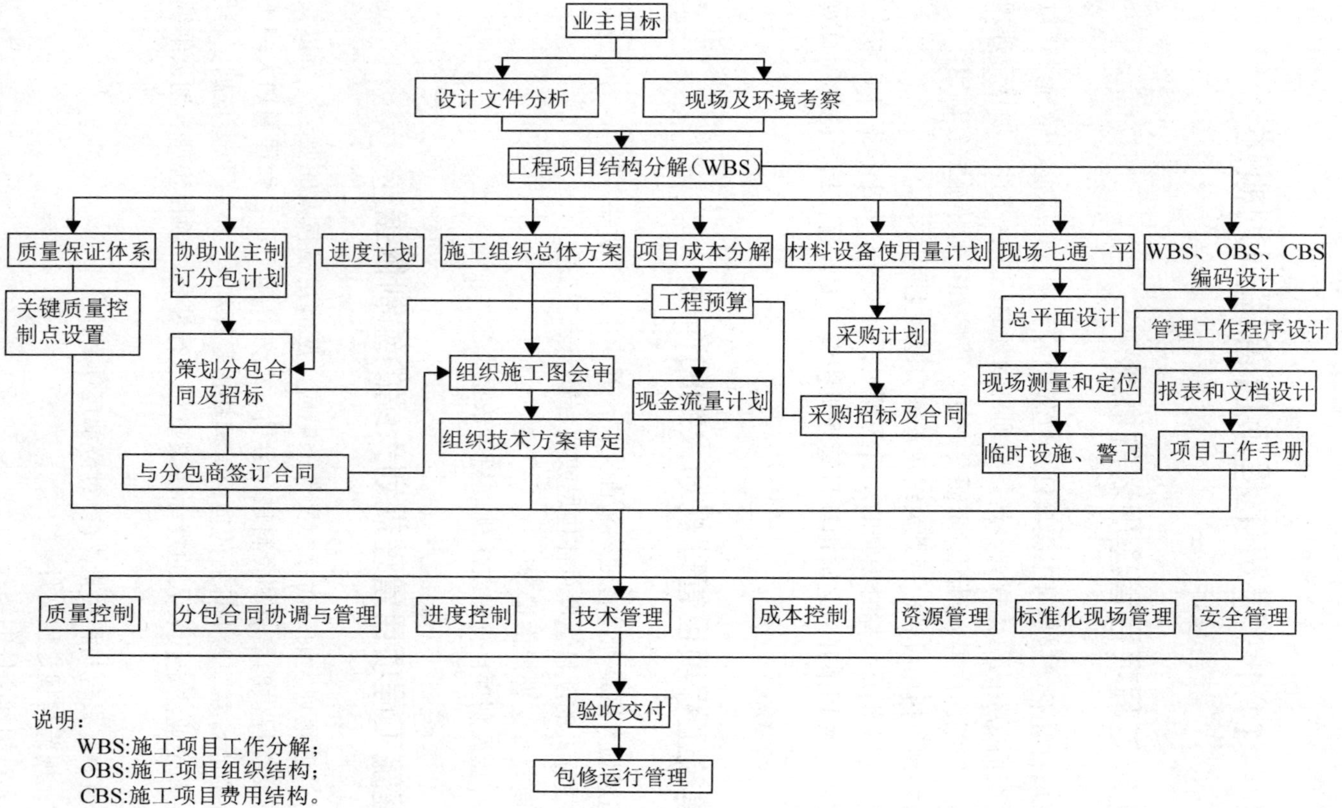

说明：
WBS:施工项目工作分解；
OBS:施工项目组织结构；
CBS:施工项目费用结构。

图11-1 项目管理规划的内容和编制程序

11.1 建筑工程项目管理规划概述

11.1.1 建筑工程项目管理规划的概念

建筑工程项目管理规划是对工程项目全过程中的各种管理职能、管理过程以及各种管理要素进行系统而完整的总体规划，是指导项目管理的纲领性文件。项目管理规划应对项目管理的目标、依据、内容、组织、资源、方法、程序和控制措施进行确定。

项目管理规划包括项目管理规划大纲及管理实施规划两大类。

项目管理规划大纲是投标时编制的，旨在满足招标文件的要求和签订合同的要求。

项目管理实施规划是开工之前由项目管理机构编制的，旨在指导施工项目实施阶段的管理。

11.1.2 建筑工程项目管理规划大纲的作用

项目管理规划大纲是项目管理纲领性文件，其作用如下所述。

(1) 作为投标人的项目管理总体构思或项目管理宏观方案。

(2) 为编制投标文件提供指导。

(3) 为中标后编制项目管理实施规划提供依据。

11.1.3 建筑工程项目管理规划大纲的编制依据

施工项目管理规划大纲是对招标文件的响应，应满足发包人的要求，所以要依据招标文件，对招标文件提供的信息和资料进行分析。此外，施工项目管理规划大纲还要满足承包人竞争和交易的需要，为中标后的项目管理提出目标和构思，所以要依据工程现场情况、有关市场信息和企业法定代表人的投标决策意见进行编制。项目管理规划大纲编制的一般依据如下所述。

(1) 可行性研究报告与相关批文(针对拟承包项目)。

(2) 标准、规范与规定性文件。

(3) 招标人对招标文件的解释。

(4) 企业管理人员对招标文件的研究结果。

(5) 工程现场环境调查结果。

(6) 发包人提供的资料。

(7) 有关工程竞争的信息。

(8) 企业法人的投标决策意见。

11.1.4　建筑工程项目管理规划大纲的内容

国家标准《建设工程项目管理规范》(GB/T 50326—2006)规定，建筑工程项目管理规划大纲的内容包括以下各点。

(1) 项目概况。包括产品的构成、基础特征、结构特征、建筑装饰特征、使用功能、规模、建设意义等。

(2) 项目实施条件分析。包括合同条件分析、现场条件分析、市场条件分析、自然条件分析、社会条件分析、国家政策分析等。

(3) 项目管理目标规划。包括质量、成本、工期、安全等总体目标方面的规划。

(4) 项目管理组织规划。包括项目组织机构的形式、确定项目经理、职能部门组成、主要成员配备、制度建立等方面的规划。

(5) 项目质量管理规划。包括管理依据、程序、计划、实施、控制和协调等方面的规划。

(6) 项目职业安全与环境管理规划。包括管理依据、程序、计划、实施、控制和协调等方面的规划。

(7) 项目成本管理规划。包括管理依据、程序、计划、实施、控制和协调等方面的规划。

(8) 项目采购与资源管理规划。包括管理依据、程序、计划、实施、控制和协调等方面的规划。

(9) 项目信息管理规划。主要是明确信息管理的总体思路、内容框架和信息流设计。

(10) 项目风险管理规划。主要是对重大风险进行预测，估计风险量，进行风险控制。

(11) 项目收尾管理规划。主要是工程收尾管理。

11.1.5　不同层面项目管理规划的编制

1) 业主的项目管理规划

业主的项目管理规划主要是对项目进行总体控制。业主项目管理规划的内容、详细程度、范围与业主采用的项目管理模式有关。如果采用“设计—施工—供应”承包模式，则项目管理规划比较宏观；如果采用分阶段、分专业平行发包，则管理规划必须详细、具体。

业主的管理规划可由咨询公司协助编写。

业主方项目管理规划大纲包括如下内容。

(1) 项目策划与项目目标。主要有项目管理纲要、目标管理及项目 WBS。

(2) 项目管理组织。主要有组织模式、职能分工，以及管理工作流程与制度。

(3) 项目发包模式与合同结构。主要有项目发包模式、资源计划与采购管理计划以及合同选型。

(4) 项目目标控制方法与措施。

(5) 项目信息管理。

(6) 咨询服务的选择。包括选择咨询单位、勘察设计单位、监理单位、施工单位以及材料与设备的供应单位。

(7) 前期手续。

(8) 建设实施与交付管理。包括施工管理、竣工验收管理，以及项目全过程的跟踪审计。

2) 监理公司(或项目管理公司)的项目管理规划

监理公司(或项目管理公司)为业主提供咨询管理服务。它们通过投标与业主签订合同，按照我国《建筑工程管理规范》，监理单位在投标文件中必须提出本工程的监理规划大纲。

监理规划大纲主要内容如下所述。

(1) 建设项目概况。包括工程项目的名称、地点、规模、结构、预算投资额、计划工期、质量目标、设计单位、结构图表等。

(2) 监理工作范围。监理工作范围应根据业主的委托加以确定，如果监理从项目立项阶段开始，监理工作范围则包括工程立项阶段监理、设计阶段监理、招标阶段监理、施工阶段监理和保修阶段监理。

(3) 监理工作目标。包括投资目标、工期目标、质量目标，以及合同管理目标、信息管理目标、组织协调目标等。

(4) 监理机构人员配置。包括人员配置与岗位责任。

(5) 监理工作内容。包括立项阶段、设计阶段、施工招标阶段的监理，材料与设备的采购监理等。

(6) 监理工作程序。

(7) 监理工作方法。包括施工准备阶段的监理工作、工程质量控制工作、工程造价控制工作、工程进度控制工作、竣工验收、保修期监理工作等的工作方法。

(8) 监理工作制度。包括立项、设计、施工招标、施工阶段的工作制度，以及项目监理组织内部工作制度。

(9) 监理设施。包括监理工作需要的办公、交通、通信、生活设施，以及满足监理工作需要的常规的检测设备和工具。

3) 工程承包商项目管理规划

承包商项目管理规划内容要根据承包范围确定，一般包括 13 个方面的内容，即项目概况、项目范围管理规划、项目管理目标规划、项目管理组织规划、项目成本管理规划、项目进度管理规划、项目质量管理规划、项目职业健康安全与环境管理规划、项目采购与资源管理规划、项目信息管理规划、项目沟通管理规划、项目风险管理规划和项目收尾管理规划。

11.2 建筑工程项目管理实施规划

建筑工程项目管理实施规划作为项目经理部实施项目的管理依据，必须由项目经理组织项目部成员在工程开工之前编制完成。在《建筑工程项目管理规范》(GB/T 50326—2006)中规定承包人的项目实施规划可以用施工组织设计代替，但是大中型项目应单独编制项目管理实施规划。

11.2.1 建筑工程项目管理实施规划的编制依据

建筑工程项目管理实施规划应依据下列资料编制。

(1) 项目管理规划大纲。

(2) 项目管理目标责任书。

(3) 施工合同及相关资料。

(4) 同类项目的相关文件。

11.2.2　建筑工程项目管理实施规划的编制程序

建筑工程项目管理实施规划编写按下列程序进行，如图 11-2 所示。

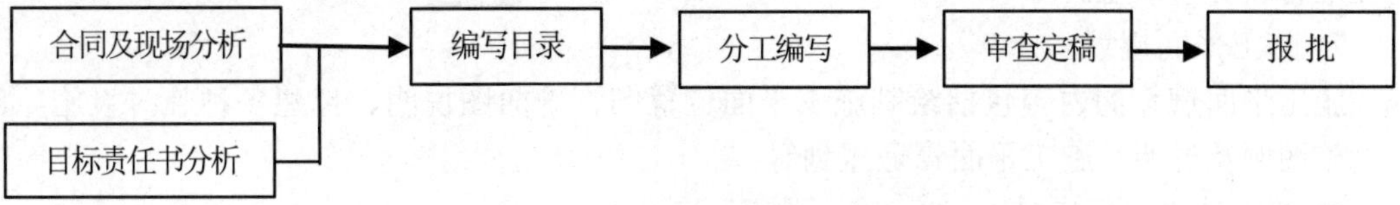

图 11-2　项目管理实施规划编制流程

11.2.3　建筑工程项目管理实施规划的内容

项目管理实施规划是项目经理部实施项目管理的文件，编制规划应明确下述各点。

1) 工程概况

(1) 工程建设概况。主要介绍拟建工程建设单位、工程名称、性质、用途和建设目的，资金来源及工程造价，开竣工时间，总工期，设计单位、施工单位、监理单位、施工图纸的情况，以及施工合同等。

(2) 工程地点特征及环境特征。主要介绍建筑的地理位置、地形、地貌、地质、水文、气温、冬雨季时间、主导风向、风力和抗震防裂程度。

(3) 建筑结构设计概况。结合图纸和调查资料简练概括工程全貌，对新结构、新材料、新工艺、新技术的难点作重点说明。建筑设计主要介绍建筑面积，平面形状和平面组织情况，层数、层高、总高、总长、总宽、尺寸及室内外装饰的情况。结构设计主要介绍基础、埋置深度、设备基础形式、主体结构类型，以及墙、柱、板、梁的材料及截面尺寸。

(4) 施工条件。主要介绍“三通一平”情况，现场的大小及周围情况，临时设施、供水、供电情况，当地的劳动力供应、物资供应、外委加工条件、预制件生产及供应情况，当地的交通情况等。

(5) 工程特点分析。介绍拟建工程特点和施工中关键问题和难点所在。

2) 施工部署

施工部署的内容包括项目的质量、进度、成本及安全管理目标，施工顺序，项目管理总体安排(即组织、协调、控制、总结与分析拟投入的最高人数和平均人数)，分包计划，劳动力计划，材料供应计划，机械设备供应计划，以及项目管理总体安排。

3) 施工方案

施工方案的内容包括施工流向和施工程序，施工段划分，专业工程(分部分项工程)施工方法和机械选择，以及安全施工设计。

4) 施工进度计划

如果是建设工程项目施工，则应编制总体施工进度计划；如果是单项或单位工程施工，则应编制单项或单位工程施工进度计划。

5) 资源供应计划

资源供应计划包括劳动力资源供应计划、机械设备(包括机具)供应计划、主要材料和周转材料供应计划。各种计划应分类明确，需用时间和数量要详细。

6) 施工准备工作计划

包括施工准备工作组织及时间安排、技术准备、施工现场准备；作业队伍和人员准备；物资准备和资金准备。

7) 施工平面规划

施工平面规划的内容包括绘制施工平面位置图、平面图说明、拟建各种临时设施、施工设施图例及说明、施工平面管理规划等。

8) 施工技术组织措施

施工技术组织措施包括保证质量目标的措施、保证进度目标的措施、保证成本目标的措施、保证安全目标的措施、保护环境的措施、文明施工措施和季节性施工措施。

各种技术组织措施均应包括技术措施、组织措施、经济措施及合同措施。

9) 项目风险管理

项目风险管理的内容包括风险因素识别一览表，风险可能出现的概率和估计损失计算，风险管理特点、风险防范对策，风险管理责任。

10) 信息管理

信息管理的内容包括项目组织信息流通系统、信息中心建设规划、项目管理软件的选择和信息管理实施规划。

11) 技术经济指标的管理与分析

针对总工期、分部工程及单位工程达到的质量标准、单项工程和建设项目的质量水平、总造价和总成本、单位工程造价和成本、成本降低率、总用工量、用工高峰人数、平面人数、劳动力不平衡系数、单位面积用工人数、主要材料消耗量及节约量、主要大型机械设备使用量、台班量及利用率等规划指标进行分析和评价，针对实施难点提出对策。

小贴士　监理实施细则

1. 工程概况
2. 监理组织机构
3. 监理工作流程
4. 编制依据
5. 监理工作细则

(1) 施工前组织保证。

(2) 施工中技术保证。

(3) 测量放线及地基基础。

(4) 砖混结构主体工程。

(5) 混凝土生产和施工过程。

(6) 钢筋工程。

(7) 地面与楼面工程。

(8) 装饰工程。

(9) 塑钢门窗工程。

(10) 屋面工程。

(11) 给排水工程。

(12) 电气电信电视智能监理实施细则。

6. 监理工作方法

(1) 组织措施。

(2) 技术监理工作的方法及措施。

(3) 质量监理工作的方法及措施。

(4) 合同及经济监理工作的方法及措施。

(5) 安全进度监理工作措施。

思考题与习题

一、简答题

1. 简述项目管理规划的作用。
2. 项目管理规划有哪些基本要求？
3. 项目管理规划大纲有哪些基本内容？
4. 项目实施规划有哪些基本内容？
5. 如何分解项目结构？

二、单项选择题

1. 对工程项目全过程中的各种管理职能、管理过程以及各种管理要素进行系统而完整的总体规划的是(　　)。

A. 建筑工程项目管理规划　　B. 建筑工程范围管理规划
C. 项目管理规划大纲　　D. 管理实施规划

2. 项目管理规划大纲是(　　)时编制的，旨在满足招标文件的要求和签订合同的要求。

A. 招标　　B. 定标　　C. 评标　　D. 投标

3. 结合图纸和调查资料简练概括工程全貌，对新结构、新材料、新工艺、新技术的难点做重点说明的是(　　)。

A. 工程地点特征及环境特征　　B. 工程建设概况
C. 建筑结构设计概况　　D. 施工概况

4. 应作为项目管理的基本工作并贯穿于项目全过程的是(　　)。

A. 项目管理确定　B. 项目结构分析　C. 项目范围管理　D. 项目结构分解

5. 项目范围是指为了顺利实现项目的目标，完成项目可交付成果而必须完成的(　　)。

A. 专业工作　　B. 管理工作　　C. 全部工作　　D. 行政工作

6. 项目环境分析是项目管理规划的(　　)工作。

A. 特定性　　B. 目标性　　C. 基础性　　D. 确定性

7. 对项目范围进行结构分解的工作是(　　)。

A. 项目结构分析　B. 项目范围控制　C. 项目范围确定　D. 项目范围管理

三、多项选择题

1. 建筑工程项目管理实施规划依据(　　)编制。

A. 项目管理规划大纲　　B. 项目管理目标责任书

C. 施工组织总设计　　D. 同类项目的相关文件

2. 监理规划大纲主要内容包括(　　)。

A. 建设项目概况　　B. 监理工作目标

C. 监理机构人员配置　　D. 咨询服务的选择

3. 业主方项目管理规划大纲包括(　　)。

A. 项目策划与项目目标　　B. 项目管理组织

C. 项目发包模式与合同结构　　D. 项目信息管理

4. 按照我国《建设工程项目管理规划》，项目管理类规划包括(　　)两类文件。

A. 项目管理规划大纲　　B. 项目管理建设要义

C. 项目管理实施规划　　D. 项目管理规划

5. 项目管理规划大纲包括(　　)。

A. 项目概况　　B. 项目实施条件分析

C. 项目管理目标规划　　D. 项目成本管理规划

参考文献

[1] 中国建设监理协会. 建设工程进度控制[M]. 北京：中国建筑工业出版社，2011.
[2] 王敏. 建筑工程项目管理[M]. 北京：中国建筑工业出版社，2009.
[3] 翟丽旻. 建筑施工组织与管理[M]. 北京：北京大学出版社，2009.
[4] 国向云. 建筑工程施工项目管理[M]. 北京：北京大学出版社，2009.
[5] 危道军. 工程项目管理[M]. 武汉：武汉理工大学出版社，2009.
[6] 陆俊. 建筑装饰工程施工组织与管理[M]. 北京：北京大学出版社，2008.
[7] 缪长江. 建设工程项目管理[M]. 北京：中国建筑工业出版社，2007.
[8] 田金信. 建设项目管理[M]. 北京：高等教育出版社，2010.
[9] 许程洁. 工程项目管理[M]. 武汉：武汉理工大学出版社，2012.
[10] 曾庆军. 建设工程监理概论[M]. 北京：北京大学出版社，2009.
[11] 孙慧. 项目成本管理[M]. 北京：机械工业出版社，2012.
[12] 唐菁菁. 建筑工程施工项目成本管理[M]. 北京：机械工业出版社，2009.
[13] 范红岩. 建筑工程项目管理[M]. 北京：北京大学出版社，2008.
[14] 周鹏. 建筑工程项目管理[M]. 北京：冶金工业出版社，2010.
[15] 项建国. 施工项目管理实务模拟[M]. 北京：中国建筑出版社，2009.
[16] 王延树. 建筑工程项目管理[M]. 北京：中国建筑出版社，2007.
[17] 谷学良. 工程招投标与合同[M]. 哈尔滨：黑龙江科学技术出版社，2004.
[18] 李翠红. 招投标与合同管理[M]. 西安：西安交通大学出版社，2011.
[19] 全国一级建造师执业资格考试用书编写委员会. 建设工程项目管理[M]. 北京：中国建筑工业出版社，2012.
[20] 全国造价工程师执业资格考试培训教材编委会. 工程造价管理基础与相关法规[M]. 北京：中国计划出版社，2006.
[21] 中国建设工程造价管理协会. 建设工程造价管理基础知识[M]. 北京：中国计划出版社，2010.